本书受广西高校人文社科重点研究基地“区域社会治理创新研究中心”资助

垂改背景下环保部门
职责履行机制研究

熊超◎著

吉林大学出版社
长春

图书在版编目（CIP）数据

垂改背景下环保部门职责履行机制研究 / 熊超著
.—长春：吉林大学出版社，2019.1
ISBN 978-7-5692-4253-9

Ⅰ.①垂… Ⅱ.①熊… Ⅲ.①环境保护－工作－研究
－中国 Ⅳ.①X-12

中国版本图书馆 CIP 数据核字（2019）第 019278 号

书　　名：垂改背景下环保部门职责履行机制研究
作　　者：熊　超　著
策划编辑：卢　婵
责任编辑：卢　婵
责任校对：刘　佳
装帧设计：汤　丽
出版发行：吉林大学出版社
社　　址：长春市人民大街 4059 号
邮政编码：130021
发行电话：0431-89580028/29/21
网　　址：http：//www.jlup.com.cn
电子邮箱：jdcbs@jlu.edu.cn
印　　刷：北京虎彩文化传播有限公司
开　　本：787mm × 1092mm　　1/16
印　　张：17.75
字　　数：260 千字
版　　次：2019 年 1 月　第 1 版
印　　次：2019 年 1 月　第 1 次
书　　号：ISBN 978-7-5692-4253-9
定　　价：70.00 元

序

改革开放四十年中国取得的成就举世瞩目，但是我们面临的环境难题和挑战也前所未有。目前，中国的改革开放已经进入深水区，环境管理和环境治理领域的改革也向着纵深发展。随着中国进入全面建成小康社会关键阶段的到来，人民群众对于环境质量的要求日益提高。环境管理只有顺应民众对环境质量的需求，才能得到人民群众的充分理解和大力支持。为此，中国“十三五”规划提出了环保工作要以提高环境质量为核心，以解决生态环境领域突出问题为重点，加大生态环境保护力度，提高资源利用效率，为人民提供更多优质生态产品。传统的以污染控制为主的环境管理模式正逐步为以环境质量改善为核心的环境管理模式取代。

为了顺应时代要求，党的十九大报告提出，要改革生态环境监管体制，加强对生态文明建设的总体设计和组织领导，设立国有自然资源资产管理和自然生态监管机构，完善生态环境管理制度。中国环境管理体制改革正在进行的两年大事，一是纵向环境管理机构权责的再分配；二是跨部门之间生态环境保护职责的重整。长期以来，我国的环境保护管理体制呈现出区域性和分散性的特点，环保机构的设置、人员和经费均由地方政府负责，这种以块为主的属地管理体制容易导致地方政府重发展轻环保以及对环境监测监察执法的干预。为了解决这些问题，2016 年 9 月 22 日，中共中央办公厅和国务院办公厅印发了《关于省以下环保机构监测监察执法垂直管理制度改革试点工作的指导意见》。针对我国环境管理职能重复交叉、叠床架屋、角色定位不清等问题，2018 年 3 月 17 日，十三届全国人大一次会议表决通过了新的《国务院机构改革方案》，根据最新《方案》，国家将以原环境保护部为主体组建新的生态环境部，新组建的生态环境部不仅继承了原环境保护部的所有职责，还涵括了原国家发展和改革委员会的应对气候变化和减排职责；原国土资源部的监督防止地下水污染职责；原水利部的编制水功能区划、排污口设置管理、流域水环境保护职责；原农业部的监督指导农业面源污染治理职责；原国家海洋局的海洋环境保护职责；原国务院南水北调工程建设委员会办公室的南水北调工程项目区环境保护职责。新组建的生态环境部代替原环境保护部作为国务院组成部门。这些密集的改革动作必将对环保部门职责履行产生重大影响，对这些影响进行分析评估，并对改革过程提出建设性意见是学者们的重要使命。

本书是在作者博士论文的基础上完成的，其以垂改为切入点，主要从保障机制、监督机制、激励机制、风险防范机制四个方面对环保部门职责履行机制进行了深入分析研究。作者认为，垂改一旦实施，必定会对环保部门的履责产生影响，而环保部门履责的好坏、充分与否又直接相关到垂改实施的效果，甚至关系到垂改的最终成败。本书要解决的就是弄清垂改可能对环保部门履责机制产生的挑战，以及如何应对这些挑战，将垂改带来的负面影响降到最小，从而保障垂改制度的顺利实施以及环保部门职责的充分履行。为实现初衷，作者首先从垂改对环保部门职责履行机制带来的挑战分析开始，指出垂直改革将会对环保部门产生重大影响。垂改后环保部门将在法定职责、主管部门、职责重心、履责方式等方面发生重大改变，而这些改变将直接对现有环保部门职责履行机制产生新的挑战。在此基础上，本书从保障机制、监督机制、激励机制、风险防范机制四个方面进行了详细阐述，并从四个方面以及整体上尝试找出解决问题的办法。此外，

 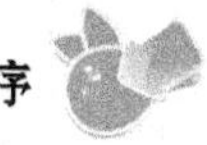

本书还与时俱进，将环保部门垂直改革与政府其他有关环保最新政策改革内容进行有效衔接，使研究更具时效性。

相比以往环保部门职责履行机制研究成果零星散布于政府环境责任研究成果之中，本书以最新环保体制改革为背景，较系统地对环保部门职责履行机制进行梳理研究，特别是将激励机制引入环保部门自身建设之中，这是本书特色所在。此外，将环保部门职责履行机制按照功能划分为保障机制、监督机制、激励机制和风险防范机制，并分别独立成章系统分析，这一研究路径也是本书的独特之处。当然，环境管理体制没有最好，只有更好，改革永远在路上，研究也不能一劳永逸。

本书作者为我2013级的博士研究生，自2007年考入中国政法大学民商经济法学院环境法专业研究生以来就从事政府环境责任方面的研究工作，在政府环境责任研究方面也取得一定成果，在读博期间更是刻苦努力，发表了一系列研究成果，并与2016年顺利获得博士学位。学海无边、学无止境，我希望并相信作者会继续努力，深入扎实地学习研究，在今后的研究工作中取得新的、更大的成绩，为环境法学的繁荣发展做出自己的贡献。

特此为序！

中山大学法学院　李挚萍教授

2018年12月16日

前　言

本书为本人博士论文扩展本，在原博士论文基础上增加了 2017 年后政府体制创新改革的内容，以期让本书更具时代性和全面性。为了读者能更好、更快地了解全书内容，现在前言部分就本书各章内容做一个简介。

党中央为了解决现行环保体制中存在的对地方政府及相关部门的监督责任难以到位，地方保护主义对环境监测监察执法的干预，难以统筹解决跨区域、跨流域环境问题，难以规范和加强地方环保机构队伍建设等 4 个方面的突出问题，2015 年 10 月 29 日中国共产党第十八届中央委员会召开第五次全体会议，会议通过了《中共中央关于制定国民经济和社会发展第十三个五年规划的建议》（下文简称《建议》），要改革环境治理基础制度，实行省以下环保机构监测监察执法垂直管理制度（简称垂改）。根据党中央部署，该项改革要在试点基础上全面推开，争取在“十三五”时期完成改革任务。垂改后，新的环保管理体制将改变环保部门原有的法律地位，对环保部门的履责机制也会产生深刻影响。为了保障垂直改革的顺利推进，以及垂改后环保部门能更充分、严格地履行其法定职责，对垂改背景下环保部门职责履行机制进行深入研究就显得尤为紧迫和重要。

为此，本书就垂改背景下如何加强环保部门的职责履行展开了全面研究。本书包括导论、正文和结论三个部分。正文分为两大部分。第一部分（本书第一章）提出问题，分析指出垂改可能对环保部门职责履行带来一些新的挑战。第二部分（本书第二至第七章）是分析和解决问题部分。这一部分主要是通过对环保部门职责履行机制之保障机制、监督机制、激励机制，以及风险防范机制进行深入研究，找到垂改对于这些机制的影响，并分别施以对策。此外，对 2017 年后政府创新体制改革，以及环境质量目标主义的确立对于垂改的影响也进行了相关分析。各章具体内容如下。

第一章有关环保部门职责履行与环保机构垂直管理改革。我国环保部门作为环境领域法定的统一监督管理部门，在环境行政法制、环境监测执法、环境影响评价及环保验收、排污收费及污染治理投资等职责履行方面都取得了一定成绩，但政府不同部门之间在环境保护监督管理方面缺乏协调配合，影响了一些环境管理制度和措施的实施效果，使许多重要环保法律制度并未得到良好的执行，此外，环境执法力量不足、执法能力不强影响环保制度和措施的全面、充分执行和遵守，环保执法力量、执法技术和手段、执法经费的“倒金字塔”现状使得基层环保部门很难承担起繁重的执法任务。现有环境管理体制已经远远不能适应现有的环境状况，环保机构垂直改革势在必行。垂改后环保部门将在法定职责、主管部门、职责重心、履责方式等方面发生重大改变，这些改变总体上有利于环保部门充分履行自身职责，但也会对现有环保部门职责履行机制产生新的挑战。

第二章有关环保部门职责履行之保障机制。现有财税体制及党政干部考评指标的不当偏向，导致在环保领域内人、财、物投入严重不足，制约了我国地方环保部门履职的效果与质量。在执法手段方面，由于环保执法权威性不高、环保部门权力配置不合理、执法权力被地方分割，以及环保内部执法权限设置不合理、执法权限合法性不足等原因，虽然新环保法赋予了环保部门更多的“查处”职责，但实际工作中，环保部门仍无权应对诸多环境问题，执法效果欠佳。垂改后，情况会有所好转，但地方各级环

保部门无论在物质保障方面还是在执法手段保障方面都还存在很多的问题需要面对和解决，为此，我们不仅需要从环境法律法规的完善和修订，以及垂改本身来找出口，更要从财税体制的源头来看待问题，将垂改与财税体制改革放在一起进行宏观考虑来解决垂改后所面临的新挑战。

第三章有关环保部门职责履行之监督机制。根据材料分析及实地调研发现，现有监督机制存在监督主体众多但严格履责者少、监督方式多但监督程序启动难、社会监督机制发展缓慢等问题。垂改后，可能在某些方面会对环保部门的监督作用加强，但在另外一些方面却对现有体制提出了新的挑战。如改革后部分体制内监督方式会失效，地方监督职能会减弱，社会监督门槛提高等。多元治理模式的采用将是解决环保，特别是垂改后的环境治理问题最好的路径选择，也是减轻垂改对原有监督机制产生冲击的最好解决方案。具体来讲就是要做到强化社会监督的基础作用、培养社会公众的社会监督意识，以及正确引导社会监督方向。

第四章有关环保部门职责履行之激励机制。本章首先对环保部门职责履行激励机制法律适用的两种理论——“行为规范说”和“责任规则说”进行了分析介绍，紧接着对环保部门职责履行激励机制法律适用的现实契合点进行了归纳总结。对现有激励机制的激励对象、激励方法、激励内容等要素进行了深入分析并指出现有激励方法的不足，在此基础上总结了垂改在激励方法、激励内容方面可能会带来的挑战，如垂改后职位晋升机制对环保人员的激励效果将急剧减弱，基层环保部门工作的成就感严重不足，改革期的不稳定状态削弱了激励机制的激励作用，等等。为了解决这些问题，需要建立合理高效的环境目标激励机制，强化和完善环保社会激励机制，加强激励机制的透明化和制度化，建立一个相对稳定与权威的环保激励机制。

第五章有关环保部门职责履行之风险防范机制。本书“风险”一词特指环保部门在正常履职中承担超出其职权、能力范围以外责任的可能。环保人员正常履职被追责现状比较严峻，还存在许多体制以及客观不能履职等深层次原因而导致的工作风险。垂改后，职责风险在某些方面可能会有所减少，但在其他方面可能表现更突出。如风险来源增多、风险向上级环保部门转移、风险的范围和控制难度加大等，所有这些都要求在垂改的同时建立职责履行风险防范机制。为了减少或避免现实中法律对环保部门人员的“误伤”，解决环保人员尽职工作的后顾之忧，风险防范机制的构建势在必行。环保部门履职风险防范机制的构建应该坚持以法律为依据，充分依靠人大力量，争取政府最大支持，并利用社会力量的广泛监督来参与其中，在此基础上，发挥环保部门自身主观能动性，统筹完善环保责任体系，构建自身的尽职免责机制。为此，环保部门首先要划清自身职责范围，明确自身的尽职要求，在此基础上公开确认部门的免责条件，通过这种自证清白的方式构建一个和谐统一、相互制衡的风险防范机制。

第六章有关环保部门职责履行之体制分析与完善。本章首先依法对环保部门在政府内部的主体地位进行界定，明确其权力范围，增强主体的权力自信。并主张建立和完善超越部门利益的立法启动和起草体制，完善党内法规与国家法律间的制度衔接，吸收激励理论等新成果用于环保创新立法来完善立法机制，增强环保部门环境法律责任规定的有效性和可操作性，并通过对职责履行之各组成机制的建立和完善来对环保部门职责履行机制整体进行完善与加强。

第七章有关环保部门职责履行的跨越。随着人们生活环境的逐步改善，人们对环境质量的要求也逐步提高，由污染控制为主的传统环境管理模式已经不能适应当前的环境管理工作目标要求。环境质量目标主义将成为环保部门管理模式转型的重要理论来源，如何将该理论与垂改相结合，在本章有更深入探讨。此外，随着国家体制改革创新的进一步深入，特别是党的十九大召开后，我党在河长制、生态损害赔偿、监察体制、环境保护税等方面都做了重要的改革创新。本章也针对这些新的有关环保工作的创新

方式结合垂改进行了深入探讨，以期给出有针对性的办法让环保部门能更充分地履行好自身职责。

附录部分为本书在撰写过程中所涉及的重要政策文件。为了读者更好地理解本书主旨内容，特附于书后，供读者查阅。

综合现有研究成果，本书将环保部门职责履行机制按照功能划分为保障机制、监督机制、激励机制和风险防范机制，并分别独立成章系统分析，成为本课题独特的研究路径。此外，将激励机制系统引入环保部门自身建设之中，亦为本书特色之一。而且，本书相对较为系统地对环保部门职责履行机制进行了全面研究，并糅和了最新党和国家体制改革内容，具有明显的时代性。

目　录

导 论

一、选题背景与意义

党的十九大报告指出，我国社会主要矛盾已经转化为人民日益增长的美好生活需要和不平衡不充分的发展之间的矛盾。其中，环境保护与经济发展之间的矛盾，便是这种不平衡、不充分的体现之一。2005 年 11 月，吉林石化公司爆炸使松花江遭受重大污染，造成 8 人死亡，60 人受伤，直接经济损失 6908 万元，并引发松花江水污染事件，导致哈尔滨停水 4 天。据环保部统计，自 2005 年 11 月至 2006 年 4 月中旬以来，全国各地发生各类突发环境事件 76 起，平均每两天发生一起，而且该记录还在不断地刷新。2016 年 4 月，环保部部长陈吉宁向全国人大常委会作《国务院关于 2015 年度环境状况和环境保护目标完成情况的报告》时指出，2015 年全国发生各类突发环境事件同比下降近三成，但也达到了 330 起，环境风险问题已经严重影响到了社会的稳定。①

环境污染和破坏给整个社会带来了巨大压力，这个压力最终落实到了政府，人们对于政府提出了与传统不一样且更高的要求，特别是在环境整治方面，约定俗成“环境治理靠政府”的惯有心态使政府承担了巨大的压力与责任，政府可谓“任重而道远”。环境保护部门作为政府环境事物主

① 王姝 .2015 年全国共发生各类突发环境事件 330 起［N］. 新京报，2016-04-26.

管部门，如果勤于职守、严于履行环境职责，则环境问题会越来越好，但如果环保部门监管不到位、怠于履行环境职责则环境污染问题会越来越恶化。然而，现实中环保部门职责履行状况并不理想，如何让环保部门充分严格地履行职责是环境治理成功的关键。

为了改变这种状况，2015年1月1日，我国颁布实施了新的《环境保护法》，号称史上最严环保法。该法给予环保部门大量新的执法手段、赋予了更多的执法权力，如按日处罚制度；取消限期补办环评手续做法、采取新的限制生产、停产整治措施；对严重污染行为还可采取查封、扣押直至移送公安机关拘留等行政强制措施。进一步加大了对违法企业处罚的力度，对企业的要求也更加严格，明确规定政府对环境质量负责，并纳入考评制度。政府对环保的投入和支持力度逐年加大，工作内容也随之拓宽，这是对环保部门职责履行有利的一面，但随之而来对环保部门无论是工作能力还是水平上都提出了更高要求，新环保法要求环保部门更严格地履行对企业的监管责任。此外，环保部门还得应对地方政府在经济发展与环境治理中的矛盾选择，在此之余环保部门还得适应新环保法下严格的环境追责制度。

当前社会正处于一个改革的关键时期，许多新事务、新方法层出不穷，如环境多元治理措施的出现，特别是中共中央关于环保部门垂直管理制度改革建议的提出与逐步实验实施，这些都对环保部门职责履行给出了新的方法与思路，但同时也提出了新的挑战。本书即是基于环保部门垂直改革这一大背景下对环保部门职责履行机制进行的深入的研究。

在新环保法颁布实施不到11个月时，为了解决现行环保体制存在的4个方面的突出问题。[①]2015年10月29日，中国共产党第十八届中央委员会召开第五次全体会议，会议通过了《中共中央关于制定国民经济和社会发展第十三个五年规划的建议》（下文简称《建议》），在《建议》中明

① 4个方面的突出问题为：难以落实对地方政府及其相关部门的监督责任，难以解决地方保护主义对环境监测监察执法的干预，难以适应统筹解决跨区域、跨流域环境问题的新要求，难以规范和加强地方环保机构队伍建设等。具体参见关于《中共中央关于制定国民经济和社会发展第十三个五年规划》的说明。

确指出，要改革环境治理基础制度，实行省以下环保机构监测监察执法垂直管理制度（简称垂改）。其中垂直管理制度的主要内容包括省级环保部门直接管理市（地）县的监测监察机构，承担其人员和工作经费，市（地）级环保局实行以省级环保厅（局）为主的双重管理体制，县级环保局不再单设而是作为市（地）级环保局的派出机构。实行省以下环保机构监测监察执法垂直管理，是“对我国环保管理体制的一项重大改革，有利于增强环境执法的统一性、权威性、有效性”。根据中央文件精神，该项改革先试点，在试点成功基础上再全面推开，通过努力，力争“十三五”时期全面完成改革任务。

该项改革对于环保部门加强队伍建设、充分履行自身职责具有积极作用，但也存在诸多困难与不确定性。其一，新环保法刚颁布实施不到一年，很多制度和措施刚刚磨合到位；其二，改变将会影响到工作的延续性，可能也会对工作人员的积极性产生一定影响。改革后，由于强化了环保部门的独立地位，对地方政府是一个大的冲击，近似于斩断了地方环境治理的“手脚”，影响了地方政府环境治理的能力，也减弱了地方政府对当地环境质量负责的动力，这从侧面也会影响到环保部门履责的效果。此外，改革后，新的体制对环保部门原有法律地位也产生了明显冲击，如地方环保部门在工作职责、法定主管部门、履责方式等方面都发生了改变，其职责重心也发生了转移，由此对环保部门的履责机制也产生了深刻影响。[①] 为此，我们有必要对垂直改革背景下环保部门履责机制进行全面的深入研究，为垂直改革的顺利推进提供理论支撑，为环保部门充分履行法定职责提供保障。

此外，“深入推进依法行政，加快建设法治政府”是全面推进依法治国的重大任务之一，一切改革都必须在法治的前提下进行，从环境法学角度研究环保部门的履责机制对推动环保部门依法行政、全面履行其职责具有重要的现实意义。

---

① 具体内容参见第一章第三节。

二、研究的目标、思路和方法

（一）本书的研究目标

对环保机构垂直改革背景下的我国环保部门履责机制之保障机制、监督机制、激励机制、风险防范机制进行深入分析研究，找到垂直改革后各机制可能会出现的问题，并尝试找到解决问题的方法，构建和完善垂改后符合中国国情的职责履行机制，为环保机构垂直改革的顺利进行，以及改革后环保部门职责的充分履行提供理论上的支持与帮助。

（二）研究框架

本书研究内容主要包含七个部分。第一部分是问题的提出，交代本课题的研究背景和需要解决的问题。第二部分则是就垂改背景下环保部门职责履行中的保障机制进行了分析，对垂改前后保障机制存在的问题进行了梳理，并就垂改背景下现有保障机制提出完善建议。第三部分就垂改背景下环保部门职责履行中的监督机制进行了分析，对垂改前后监督机制存在的问题进行梳理，并就垂改背景下如何完善监督机制提出自己的看法。第四部分对环保部门构建履责激励机制的理论和现实基础进行分析，论证环保部门履责激励机制建立的可行性，之后对环保部门构建履责激励机制的要素进行着重分析，并就垂改后环保部门可能面对的具体情况进行分析，在此前提下就垂改后的环保部门提出完善现有履责机制的建议。为垂改后各环保部门（单位）构建符合自身情况的履责激励机制提供借鉴，为其充分履行职责“添砖加瓦”。第五部分就垂改后环保部门职责履行中的风险防范机制进行了分析，通过调研对环保部门执法风险的来源进行分析，并就垂改后环保部门在履职风险防范方面可能存在的问题进行梳理，考察环保部门规避法律风险的必要性，在此基础上对垂改后环保部门履职风险防范机制进行具体的构建设想。第六部分从环保部门政府内部法律主体地位分析，提出完善中国环保部门职责履行机制的建议。第七部分就环保部门职责履行与环境质量目标主义、政府体制改革创新举措之关系进行补充论述。

（三）研究方法

本研究拟使用的主要方法有归纳演绎法、多学科综合法、制度分析法、历史的研究方法等社会科学研究方法。

1. 归纳演绎法

本书在全面、深入收集党中央有关环保机构垂直改革的权威信息前提下，将这些信息与自身掌握的法律知识，特别是环境法知识相结合，归纳演绎出环保部门垂改后的发展方向、存在的法律问题以及解决的办法。

2. 多学科综合法

本研究是一个涉及公共管理学、政治学、经济学、法学等学科的交叉与综合研究，因此本研究也采纳了相关学科的一些研究方法，如新制度经济学中的规范分析方法、实地调研、实证分析等方法。

3. 制度分析法

本研究针对现有以及垂改后的政府环保部门职责履行的相关制度进行分析，并对其进行评判，在此基础上重新构建相关制度。

4. 历史的研究方法

本书在对四大机制的分析研究中，为了更好地了解机制的运行情况，在分析过程中会采用历史的方法对机制的历史由来情况进行一个全面分析，从而提出一个符合历史发展脉络的建议。

三、相关研究文献综述

环境保护部门存在的历史并不久远，只是近代工业社会到来后环境急遽恶化，污染问题严重的背景下，各国政府为了应对这一问题、履行自己的环境责任而成立的专业部门，现大部分国家都将其划归为各级政府的组成部门，承担了各级政府承担的绝大部分的环境保护职责。在我国，环境保护部门作为政府的工作部门，是环境保护工作主管部门，对环境保护工作实施统一监管。环境保护部门的职责其实就是政府的职责，只是随着环境问题的复杂化、专业化，政府组建了专门的环境管理机构（或环境保护部门），将一部分（甚至一大部分）环境职责委托给该机构，从而该机构（或环境保护部门）就承担了对应的环境职责。为此，研究环保部门的职责履行首先要对政府的环境责任进行了解。

（一）风险社会理论与我国依法治国理念的发展

1. 风险社会理论的产生

“风险社会”这个专有概念最初来自乌尔里希·贝克的著作。在1986年，德国社会学家乌尔里希·贝克用德文出版了其成名作《风险社会》一书，1992年被玛克·里特（Mark Ritter）译成英文。该书第一次提出了风险社会的概念，并对风险社会理论进行了首次全面阐述。继《风险社会》以后，乌尔里希·贝克先后发表了《风险时代的生态政治学》（1988）、《世界风险社会》（1994）、《风险社会理论修正》（2000）、《第二次现代性的社会与政治：世界主义的欧洲》（2004）。并且乌尔里希·贝克还与安东尼·吉登斯（Anthony Giddens）、斯科特·拉什（Scott Lash）三人在1999年合著了《反身性现代化》一书。这一系列著作发展完善了风险社会理论，将风险一词从技术——经济领域引进到社会理论领域之中，对“反思的现代性”“消解传统观念”“有组织不负责任”“关注生态问题”的社会全球性难题进行了阐述，对风险社会特质进行了深刻阐述。为风险社会理论奠定了坚实基础。

贝克的风险理论在社会学领域产生了重大影响，而且还扩散至政治学、经济学、管理学、法学等诸多学科领域。此外，还有道格拉斯（Douglas）、威尔达夫斯基（Wildavsky）、卢曼（Nikals Luhmann）等学者对风险社会进行了不同角度的观察和解析。

2. 风险社会的理论构成

西方社会学家对于风险社会中风险的理解主要有两大立场，一种是主观主义的立场，该立场认为“风险”更多的是通过文化建构起来的产物，与文化关系密切。道格拉斯（Douglas）、威尔达夫斯基（Wildavsky）、卢曼（Nikals Luhmann）等学者就持这一看法。道格拉斯（Douglas）和威尔达夫斯基（Wildavsky）在其《风险与文化》一书中就风险与文化之关系做了比较深刻的研究，认为风险和风险社会的相关概念是由处于特定风险文化中的群体和个人建构起来的。而卢曼则通过系统理论对风险社会进行了观察，其著作《社会分工》《法律社会学理论》表达了他对风险社会的理解。他认为，“风险是一个社会用来描述其未来的一般形式理念，所以，风险是时间问题，正确地说是未来的问题。”① 卢曼还认为风险的存在并不客观，风险是被建构出来的，有建构主体，其建构主体就是那些制定决策的观察者，而其他观察者则很大程度上受制于决策结果的影响，可能构思出同样的危险。② 因而，基于观察者立场和角度的不同等，他们对风险评估也有较大差异。③ 此即卢曼所言的“第一秩序观察”和“第二秩序观察”。

另外一种是客观主义的立场，该立场又细分为两个流派，一类是现实主义者，以劳（Lau）的“新风险”理论④ 为代表，认为风险社会的出现是由于出现了新的、影响更大的风险，如极权主义增长，种族歧视，贫富分化，民族性缺失等，以及某些局部的或突发的事件能导致或引发潜在的社会灾难，比如核危机、金融危机等。⑤ 另外一派客观主义立场的是以贝克、吉登斯为首的“制度主义者”，作为“风险社会”理论的首倡者和构建者。

---

① Luhmann，N.，Risk：A Sociological Theory，Berlin：de Gruyter，1991.

② Luhmann，N.，Ecological Communication Cambridge：Polity，1989.

③ Luhmann，N.，Risk：A Sociological Theory，Berlin：de Gruyter，1991，p.34，pp.111-134.

④ C.Lau.1991. “Neue risiken und gesellschaftliche konflikte” .in U. Beck（ed.）Politik in der Risikogesellschaft. Rankfurt M.：Suhrkamp.，pp. 248-265. Maarten Hajer &Sven Kesselring. “Democracy in the risk society?Learningfrom the new politics of mobility in Munich” ， Environmental Politics，1999，No.3， pp.1- 23.

⑤ 杨雪冬 . 风险社会理论述评［J］. 国家行政学院学报，2005（1）：87-90.

相较而言，他们对于风险的分析更为全面深刻，尽管依然带有拉什所批评的用一种制度结构替代另一种制度结构来应对当代失去结构意义的风险的缺陷。贝克声称自己既不是“现实主义者”也不是“建构主义者”，而是“制度主义者”。制度最重要的东西是责任。对他来说，责任包含在简单现代性的“保险原则”中。在反思的现代性中，随着对危险应负的责任陷入空间、时间和社会的不可预测性，保险原则不再能够成立。[①] 贝克与吉登斯对风险持坚定客观立场，都将风险概念视为现代概念，将风险视为伴随现代性发展而来的用以描述社会未来发展前景的不确定性和可能性的一个概念。

贝克用风险社会概念概括了当下现代社会特质，即现代社会由于工业性和技术性带来了巨大的物质财富，使整个人类社会结构都发生了巨大变化，现代化已经无法概括这种社会的巨变，只能用新的词汇“反思性现代化”，也就是“风险社会”来概括。贝克在《风险社会》一书中批判了风险管理的说法，认为以科学为主的风险测量与风险评估是不可靠的，而且对于仅建基于科学解决方案的风险决策也是不切实际的。贝克认为需要重新审视整个社会和国家的制度结构，以批判的眼光审视科学技术对人类的影响，通过实现亚政治的真正作用来应对连科学也无法解释和应对的风险。吉登斯认为风险有外部风险和人造风险之分，来自外部的，因为传统或者自然的不变性和固定性带来的风险为外部风险。而由我们不断发展的知识对这个世界的影响所产生的风险以及我们没有多少历史经验的情况下所产生的风险叫人造风险。[②] 其中最大的威胁是人造风险，其来源于科学与技术不受限制的推进，现代科学还正在一步步制造新的不确定性，而对于这些不确定性我们无法用过去有限的经验来消除。[③] 迅猛推进的现代化和全球化进程中所引发的风险已经超越了地域限制，“全球风险社会”已经来临。

---

① 斯科特·拉什.是专家系统还是受制于处境的伦理？分崩离析的资本主义中的文化和制度［A］.贝克，吉登斯，拉什.自发性现代化［C］.赵文书（译）.北京：商务印书馆，2001.

② ［英］安东尼·吉登斯.失控的世界［M］.周红云译.南昌：江西人民出版社，2001：22.

③ ［英］安东尼·吉登斯.现代性后果［M］.田禾译.上海：译林出版社，2000：115.

3. 依法治国理念在我国的发展历程

依法治国理念在我国的发展并非一帆风顺，甚或可以说是艰难异常，即使在中华人民共和国成立后也是一波三折。现仅就中华人民共和国成立后依法治国理念的发展历程做一个简单梳理，使我们对依法治国有一个清醒的认识。中华人民共和国的法制建设主要经历以下几个阶段。

（1）中华人民共和国成立到 1957 年反右运动：法制从无到有时期

中华人民共和国成立后，共产党人在打破旧世界的同时积极构建一个新世界，在废除国民党统治时期的法律制度的同时积极建立我们自己的法律体系。在此期间，颁布了一批重要的法律法规，如《中华人民共和国宪法》（1954）、《中华人民共和国全国人民代表大会组织法》、《中华人民共和国国务院组织法》、《中华人民共和国地方各级人民代表大会和地方各级人民委员会组织法》，1951 年 2 月 21 日公布了新中国第一个单行刑事法规《中华人民共和国惩治反革命条例》，1952 年 4 月公布了《中华人民共和国惩治贪污条例》，7 月 17 日，公布了《管制反革命分子的暂行办法》，1950 年 6 月 28 日公布了《中华人民共和国土地改革法》，11 月公布了《关于劳动争议解决程序的规定》，1951 年通过了《企业中公股公产清理办法》《关于国营企业清理资产核定资金的决定》《国营企业资金核定暂行办法》等。

在民事法方面，1950 年 5 月公布实施《中华人民共和国婚姻法》，1950 年 10 月通过了《新区农村债务纠纷处理办法》。在此期间，法制建设取得了初步的进展，但因为中华人民共和国刚成立，时间太短，各方面的工作都刚起步，法制建设有待社会实践的激发和促进。

（2）1957 年到改革开放前：法制倒退期

自 1957 年反右斗争开始后，不断的群众运动使我国法制建设被迫一度中断，“文革”的发动更是使党和国家的工作陷入空前混乱，公检法被砸烂，法制遭到空前破坏，状况堪忧，人权受到严重侵犯，中华人民共和国成立以来所取得的法制建设成果几乎丧失殆尽。

自 1957—1976 年人大的立法工作几乎停滞，在此期间，全国人大除通过1975年宪法外，未制定一部法律[①]。而且这阶段制定的唯一一部法律，即七五宪法不仅没有对法制建设起到促进作用，反而极大地破坏了法制建设已有的成就。它大量地删减了宪法必须明确规定的内容，缩小了公民的基本权利和自由的范围，而且取消了“公民在法律上一律平等”，把“文化大革命”合法化，把“继续开展阶级斗争”作为宪法的指导思想，规定不再设置中华人民共和国主席职位。七五宪法的颁布使我国的法治进程严重倒退。这一时期社会正常生活严重混乱，人们的思想也受到严重干扰。

（3）改革开放后到1999年依法治国方略正式写入宪法：法制全面发展期

在邓小平等一批老同志的不懈斗争努力下，终于拨乱反正，并树立了改革开放的发展新方向，为了配合改革开放的历史进程，党的十一届三中全会公报明确指出：“为了保障人民民主，必须加强社会主义法制，使民主制度化、法律化，使这种制度和法律具有稳定性、连续性和极大的权威，做到有法可依、有法必依、执法必严、违法必究。从现在起，应当把立法工作摆到全国人民代表大会及其常务委员会的重要日程上来。检察机关和司法机关要保持应有的独立性；要忠实于法律和制度，忠实于人民利益，忠实于事实真相；要保证人民在自己的法律面前人人平等，不允许任何人有超于法律之上的特权。”在这段时间，党和国家领导人高度重视法制工作，早在1980年第五届全国人大三次会议上最高人民法院院长江华就明确提出“以法治国”，大会也批准了他的报告。在此期间国家先后出台了刑法、刑事诉讼法、民法通则、民事诉讼法及行政诉讼法等基本法律；法学理论研究也繁荣起来，研究深入涉及法的概念、法制要求、法律与政策关系等诸多主题。

从1986年开始，全民普法第一个五年计划开始实施，自上而下的法制宣传运动正式拉开帷幕。1992年党的十四大隆重召开，大会明确提出“中国经济体制改革的目标是建立社会主义市场经济体制”。在这一强力政策

---

① 秦前红．宪政视野下的中国立法模式变迁［J］．中国法学，2005（3）．

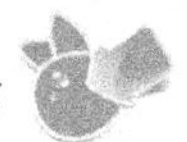

推动下，围绕建立市场经济法律体系的立法活动全面展开，先后制定或修改了一系列有关市场经济方面的基本法律。法学理论研究也再掀高潮，在大量引进和介绍国外法学思想理论的同时，也提出并探讨了适应中国现实的一系列新的法学理论与法制观念，如法治经济、立法平等、社会主义市场经济法律体系、现代法的精神等等。

1996 年 2 月，时任中共中央总书记的江泽民在一次中共中央举办的法制讲座上的讲话中首次提出了"依法治国"概念，指出"加强社会主义法制建设，依法治国，是邓小平建设中国特色社会主义理论的重要组成部分，是我们党和政府管理国家和社会事务的重要方针。"[①]1997 年，在国家领导人的推动下，党的十五大召开后，首次明确将"依法治国，建设社会主义法治国家"确立为政治体制改革的根本目标和治理国家的基本方略，并对依法治国与法制发展战略作了深刻而精辟的阐述。在此推动力作用下，中国的立法和执法监督力度进一步加大，立法质量明显提高。立法部门也终于在 1999 年将"依法治国"正式写入宪法，这是中国法制史上一个跨越性的里程碑。同时，法学研究也找到新的契机和更高的研究平台，理论界掀起了探讨依法治国，建设社会主义法治国家的研究热潮，对民主政治、法治与德治、法治模式、立法行政、司法改革等方面也进行了深入的理论探讨，并出版了大量有关法治方面的论著。

（4）1999 年依法治国方略正式写入宪法之后：法治蓬勃发展期

我国依法治国的历史进程，经历了前期的理论准备和法治实践，1999 年依法治国战略正式写入宪法，使"依法治国"基本方略发展到进一步推进法治国家建设这个大的发展阶段。我国的法治进程达到了一个崭新的高度，依法治国理念更加成熟。2011 年 3 月 10 日，全国人民代表大会常务委员会委员长吴邦国同志向十一届全国人民代表大会四次会议作全国人大常委会工作报告时庄严宣布，以宪法为统帅，以宪法相关法、民法商法等多个法律部门的法律为主干，由法律、行政法规、地方性法规与自治条例、单行条例等

---

① 江泽民文选 . 第 1 卷［M］. 北京：人民出版社，2006：511.

三个层次的法律规范构成的中国特色社会主义法律体系已经形成。

截到2010年底，中国已制定现行有效法律236件、行政法规690多件、地方性法规8600多件，并全面完成对现行法律和行政法规、地方性法规的集中清理工作。涵盖社会关系各个方面的法律部门已经齐全，各法律部门中基本的、主要的法律已经制定，相应的行政法规和地方性法规比较完备，法律体系内部总体做到科学和谐统一。①

在总结依法治国方略入宪十来年的历史经验的基础上，2014年10月23日，党的十八届四中全会审议通过了《中共中央关于全面推进依法治国若干重大问题的决定》（以下简称《决定》），从七个方面对我国全面推进依法治国目标指出了方向和要求。并明确提出全面推进依法治国的指导思想、总体目标和基本原则，提出了一系列新观点、新举措，对科学立法、严格执法、公正司法、全民守法、法治队伍建设、加强和改进党对全面推进依法治国的领导做出了全面部署。可以说是我国自共产党执政以来对于依法治国理念的一个最全面的和最深刻的总结和阐述，将依法治国放在一个极其重要的位置，为我们今后的法治道路指明了方向。《决定》提出："全面推进依法治国，总目标是建设中国特色社会主义法治体系，建设社会主义法治国家。""实现科学立法、严格执法、公正司法、全民守法，促进国家治理体系和治理能力现代化。"

4. 风险社会理论与依法治国理念的发展

风险社会是贝克教授用以反思西方工业国家现代性提出的概念，是对资本主义无限利用科学技术的一种批判，是后工业时代的一种后果，其最初主要目的就是为了应对全球的环境风险。但由于风险社会所具有的全球性，中国虽还仅在迈向工业社会的征途中，但也无法避免风险社会的到来，中国进入了"压缩的现代化"阶段。风险社会的提前到来给整个社会带来了巨大压力，这个压力最终落实到了国家和政府，人们对于政府提出了与

① 吴邦国．中国特色社会主义法律体系已如期建成［DB/OL］．财新网 http：//china.caixin.com/2011-03-10/100234767.html，2011-03-10/2017-12-20.

传统不一样且更高的要求。风险社会下环境风险具有的不确定性特征严重超越了传统政府的治理能力，现有的治理措施与手段已不能完全适应时代发展的需要，如，环境风险发生的不确定性对政府传统环境决策模式提出了挑战，环境风险发生后果的严重性及影响范围的不确定性更是对政府现有的救险应对模式提出了严重挑战，现有政府应对不确定性环境风险的能力严重不足。

风险社会理论认为，环境风险其实就是我们人类自身造成的危险，是决策和制度的风险，政府作为环境的管理者和决策者，健全其生态环境保护的环境责任就显得尤为重要，特别是应对风险社会。在风险时代，对风险的预防与治理、明确责任主体、合理界定与担当风险责任，理应成为政府部门为公众提供公共物品的一个基本职责，而且这一职责无人可以替代。风险社会的到来，给中国社会治理提供了新的挑战，原有的治国理念需要进一步的发展，将风险社会理论融入依法治国理念之中，建立符合中国国情、能应对风险社会的法治国家。本书将主要以贝克、吉登斯的风险理论为视角来探讨风险社会理论与依法治国理念融合发展之关系。法治国家的建立主要表现在四个方面：立法、司法、执法、守法。现从这四个方面逐一论述风险社会理论与依法治国理念之发展融合。

（1）在立法层面的融合与发展

在党的十八届四中全会审议通过的《中共中央关于全面推进依法治国若干重大问题的决定》中就明确指出要科学立法，在风险社会下，所谓科学立法就是要改变传统的立法观念。其一，需要改变人类中心主义的立法价值观，树立可持续的立法观念。其二，立法主体多元化，能够表达社情、民意。其三，立法观念向精细化立法观念转变。其四，改变风险治理的观念，从传统风险治理的立法观向现代风险治理的立法观的转变。①

实现从形式法治国到实质法治国再到风险法治国的转变，传统的形式法治国下法律只是一种工具的表现形式，而实质法治国法律不仅表现为一

① 李香民．风险社会与我国法律观念的变革［D］．吉林大学，2012：95-122.

种应用工具，而且必须具有一定质量，特别是在保障人民基本权利方面的规定要有足够的质量。当然，即便经由形式法治国到实质法治国的发展，法律依然是在间接民主的方式上对国家权力进行规范，而在风险法治国的论题上，必须着重强调风险的不确定性与动态性，强调立法过程对这种不确定风险的认知、评价与整合，如此才能使法律足以应对风险社会的需求，实现保护人民基本权利的目的。在风险社会，风险无处不在，每个人随时都有可能受到风险的影响，根据贝克风险社会条件下的亚政治理论，每个公民都是一种政治力量，进入政治领域并开始接受政治任务，由此形成“亚政治”概念，在此情形下，公民可以与国家和政府一样实质性地参与政治生活。

公民积极参与国家治理与立法，通过这种公民参与，国家增加了民主正当性与合法性，提高了国家机关的效率。通过这种良性互动而形成的“风险法”更能从动态意义上“质”地保护公民的基本权利。在此过程中，专家的作用显得越发重要，我们需要借助专家的专业知识来评估和预测风险、提出技术解决方案来供民众选择，当然专家提出的方案也只能仅供参考，不能代替民众做出抉择，最终应该由民众自主决定，毕竟风险是由民众自身来承担和感受的，而且风险发生的后果也不是专家或者政府独自能够承受的。“风险法”治国是我们依法治国理念在立法层面一个新的、更高的追求方向。

（2）在执法方面的融合与发展

在依法治国理念下，严格执法是重要一环，但在风险社会下并不能仅仅如此，它还有更深的内涵。风险社会的到来，有其相应的特征，如财富相对富裕，“人造风险”不断增多。社会已经从单纯生产财富，分配财富到逐步重视对社会风险的分配，基于风险社会中的风险特征，贝克认为：“阶级社会的驱动力可以概括为这样一句话：我饿！另一方面，风险社会的驱动力则可以表达为：我害怕！焦虑的共同性代替了需求的共同性。”[①] 而且

① ［德］乌尔里希．贝克．风险社会［M］．何博闻译．上海：译林出版社，2004：57.

在风险社会下，风险无处不在，包括政府本身就是一种风险。

为此，我们的很多观念都需要进一步的更新与发展。从执法角度看，我们的执法行为要进一步脱离统治权的意味，要向社会治理的方向转变；要将现代社会风险纳入治理活动的视野之内。在风险治理活动中树立开放性风险治理的思想，政府应当充分地认识到自身能力的有限性，应当顺应社会对社会权力的需求以及社会组织蓬勃发展的趋势，适当地向社会“放权”，并保障和鼓励国民必要的人权和自由。从而引导社会建立社会治理型的权力，并对社会权力的走向进行指引及规制，使社会权力能够协助政府权力进行风险治理的活动。[①] 即我们在整个社会的风险治理中要深刻地认识到社会权力存在的客观性与必要性，政府并非万能，在某些时候它也可能是风险的制造者。只有承认多元权力的存在和相互配合，执法才能落到实处，简单的统治型执法并不能达到预期效果，还会增加社会的不安定风险。

（3）在司法方面的融合与发展

风险社会是一种“人为风险”，制度风险，也是一种技术风险，由此而产生的社会纠纷也意味着是高技术含量的，个人能力是很难抵挡的，环境污染损害案件很多就是一种典型的环境风险引起的社会纠纷。在环境污染损害纠纷案件中很多特别处理方法都值得司法部门进行深入研究、评价和总结，有针对性地加以推广来应对风险社会对司法部门的挑战。比如原告的举证责任倒置制度，污染损害的因果关系认定方法，污染损害案件的诉讼时效的确定，案件的管辖，案件的公益性及环境案件行政、民事、刑事一体性等带有鲜明的和以往普通诉讼案件不同的特征，这也可以说是风险社会下司法的一种新常态，我们应该转变原有司法理念，将一些现实司法中出现的新事物与风险社会相联系，通过总结与升华，提升我们的司法水平，做到创新司法、能动司法。

2007 年 11 月 20 日，我国环境司法保护跨出了重要一步，为创新应对

---

① 李香民 . 风险社会与我国法律观念的变革［D］. 吉林大学，2012：75.

现实环境案件的复杂状况，贵阳市中级人民法院环境保护审判庭、清镇市人民法院环境保护庭挂牌宣告成立。随后，无锡、昆明、玉溪等地也相继成立了专门的环境法庭，环境法庭（包括环境合议庭）等改革举措就是对于环境风险的一种创新性司法应对，有别于以往简单的公正司法理念。这种应对在实践中也体现了它的强大生命力，在各地不断被效仿和采纳，取得了非常好的效果。据初步统计，自 2007 年贵阳清镇市人民法院成立我国第一家生态保护法庭以来，迄今已有 16 个省（区、市）设立了 134 个环境保护法庭、合议庭或者巡回法庭。[①]2014 年 7 月，最高法公布了《最高人民法院关于全面加强环境资源审判工作为推进生态文明建设提供有力司法保障的意见》[②]（以下简称《意见》）《意见》中明确指出，本着确有需要、因地制宜、分步推进的原则，建立环境资源专门审判机构，为加强环境资源审判工作提供组织保障；高级人民法院要按照审判专业化的思路，设立环境资源专门审判机构，中级人民法院应当在高级人民法院的统筹指导下，合理设立环境资源审判机构，个别案件较多的基层人民法院经高级人民法院批准，也可以考虑设立环境资源审判机构。

为积极回应人民群众对环境资源司法新期待，为生态文明建设提供坚强有力的司法保障， 在公布《意见》的同时，最高院也宣布成立专门的环境资源审判庭，首任庭长郑学林。此外，《意见》要求积极探索环境资源刑事、民事、行政案件归口审理，实现环境资源案件的专业化审判；探索建立与行政区划适当分离的环境资源案件管辖制度，实行对环境资源案件的集中管辖，有效审理跨行政区划污染等案件。可喜的是环境领域中的这些特别的司法举措在《中共中央关于全面推进依法治国若干重大问题的决定》（以下简称《决定》）中也有所涉及，比如《决定》中提到，最高人民法院设立巡回法庭，审理跨行政区域重大行政和民商事案件，探索设立跨行政区

---

① http：//epaper.jinghua.cn/html/2014-07/04/content_102884.htm.

② 最高人民法院关于全面加强环境资源审判工作为推进生态文明建设提供有力司法保障的意见[DB/OL]. 中国法院网 http：//www.chinacourt.org/law/detail/2014/06/id/147914.shtml， 2011-03-10/2017-12-20.

划的人民法院和人民检察院，办理跨地区案件。以及修改后的《民事诉讼法》对公益诉讼进行了明确的规定，这些都是对于风险社会下创新司法、能动司法的一种具体表现，我们有必要沿着这条路继续大踏步前行。

（4）在守法方面的融合发展

风险社会语境下，风险关乎每个人的生存与发展，在风险社会中，"'不平等'的社会价值体系被'不安全的'社会价值体系所取代。"[①] 法律的目的就在于通过对权利的设定来推动社会个体对利益的追求，促进社会个体自我价值的实现。[②] 在风险社会中，"风险生产和分配的'逻辑'比照着财富分配的'逻辑'而发展起来"。[③] "人造风险"作为社会风险的主要表现形式，和普通人的社会行为息息相关。传统法治语境中的"守法"字面意义上是遵守国家的法律，其本质其实就是对他人权利的尊重和对权力的制约。在近代历史上，人类社会先后产生了以寻求自由为核心的权利需求，以寻求平等为核心的权利需求，以寻求发展为核心的权利需求。[④] 现在，以寻求人类安全为核心的权利需求正在被人类逐步接受和认可。在这一大的背景下，守法不应该仅是一个被动的、静态的个人行为，它应该被赋予更多的内涵。

第一，个人在追求自身发展的同时，还必须考虑我们人类自身的安全，包括关注我们身边自然环境、生态的安全，这意味着守法是一个能动的过程，随着社会科学技术的实时发展，守法的范围会逐步变化，如生态的维护，物种的保护，保护耕地，节约能源，谣言被转发超500次可判刑的"网络诽谤"入罪标准。这些都是在新的技术条件和社会语境下的守法范围的改变，从只关心人类本身到对大自然的关爱，从只关心当代人向考虑后代人的方向转变，同时也对技术的发展对人类社会本身的风险进行规范。当然，要让这些都让人接受，我们的政府和相关部门还必须加大宣传力度，充分

---

① ［德］乌尔里希．贝克．风险社会［M］．何博闻译．上海：译林出版社，2004：56.

② 李香民．风险社会与我国法律观念的变革［D］．吉林大学，2012：37.

③ ［德］乌尔里希．贝克．风险社会［M］．何博闻译．上海：译林出版社，2004：7.

④ 李香民．风险社会与我国法律观念的变革［D］．吉林大学，2012：39.

运用传统媒体和微信、微博、新闻客户端等新媒体，通过公开审判、以案说法等形式，宣传提高公众的社会责任感、风险意识、守法意识，使公众的守法境界与时俱进，适应时代的发展。

第二，“风险社会”中，“人造风险”成了风险的主要表现形式，并且这种风险威胁远比传统的风险所带来的威胁要大得多，侵害的范围也更广。在风险治理活动中，权力通过其影响力、支配力来调动更多资源来应对潜在的风险，其中很多法律法规就是为了应对风险而颁布的，而这些法律法规大部分都有一个共有的特征，那就是没有强制性，是一种任意性法律规范，规定公众“可以”从事某种行为，或者鼓励公众从事某种行为，这些法规表现出来更多的是一种倡议和导向。为此，更深层次的公众（包括社会组织）守法应该从法的精神内核出发，与公权力合作，利用本身的权利完成法律赋予的义务（有时候也表现为权利），如法律监督、公益诉讼、举报、批评、参与法律修改、各种社会事务的听证，以及对号召的响应。当然，要做到如此有质量的守法，首先需要对公众的风险意识进行启蒙，让公众意识到风险社会已经到来，风险一旦成为现实，危害巨大，每个人都将受损。当代社会公民作为风险社会的亲历者，仅有行动起来通过与权力部门的合作积极地介入并参与到风险治理的活动中才能真正形成风险治理的合力，有效地预防风险，降低风险给每个人带来的不利影响。而通过对民众进行风险启蒙教育获得高质量的守法也是依法治国理念发展的新路径。

（二）有关政府环境责任的研究成果综述

1968 年，意大利罗马俱乐部的成立，是人类生态意识从觉醒走向成熟的里程碑，它不仅唤醒了人类的生态意识，而且激发了当代人类对全球危机的社会责任感，引起人们对政府环境责任的重视。国外学者对于政府环境责任的系统研究源于美国密执安大学法学教授约瑟夫·萨克斯于 1970 年发表的著名论文《为环境辩护》，论文提出了著名学说“环境公共财产论”和“环境公共委托论”。萨克斯教授认为，为了合理支配、利用和保护空气、

水等类似国家环境资源（或公共财产），全体公民应作为共有人委托国家对环境资源（或公共财产）进行管理，在管理的同时，政府不得滥用该委托权。即“公众对环境拥有利益，政府对环境承担责任”，从而奠定了政府承担环境责任的理论基础。

政府环境责任的产生并非是我们现代社会的独特产物，在公元前11世纪，在我国西周时期就有相关的文字记载，表明当时的西周政府已经承担起了部分的环境保护职责。据考察，政府环境法律责任经历了注重第一性环境法律责任向第二性环境法律责任的转变。[①]但在我国，关于政府环境法律责任方面的研究还是一个比较新的课题，研究的历史也不长，而且以政治学、管理学方面的学者居多，环境法学方面的学者较少，因本书为环境法专业方向，故主要从环境法学方面的研究做一个简要综述，为后面的研究做一个学术梳理。在环境法学方面，关于政府环境法律责任的研究直到2007年后才引起主流环境法学界的重视，国内知名环境法学者蔡守秋、钱水苗、李挚萍教授等陆续涉足了这方面的研究，他们的研究主要从政府解决环境问题的地位与作用、政府对环境质量负责与政府的环境法律责任、追究政府第二性环境法律责任方面展开。下面对其分别做一简要概括。

（1）在政府解决环境问题的地位与作用方面，钱水苗教授认为环境保护是现代政府的重要职能，环境保护作为一项巨大的社会系统工程，政府在治理环境中可以通过公众参与、市场机制等手段，通过一系列全方位的工作，把部分环境权力下放，从而逐渐从单一的政府统治走向政府善治。[②]吴志红教授另辟蹊径，转而从行政法的行政公产理论出发论证了政府在环境保护和治理中的主导地位。[③]

（2）在政府对环境质量负责与政府的环境法律责任方面，蔡守秋教授认为，我国现行环境法还是管制法。管制法的主要问题就体现在政府责权不统一，具体而言就是，规定政府职权的法条明显要多于规定政府义务

① 熊超，王英辉．论政府环境责任的演进与发展［J］．广西教育学院学报，2014（3）．

② 钱水苗，沈玮．论强化政府环境责任［J］．环境污染与防治，2008（3）．

③ 吴志红．行政公产视野下的政府环境法律责任初论［J］．河海大学学报（哲社版），2008（3）．

的法条，且义务法条执行效力差①。李挚萍教授认为，政府应当对环境质量负责，而且对环境质量负责的法律责任主体只能是政府，其责任相对方则是广大的公众，其责任的具体表现就是政府具有保护环境的职责和一旦政府未履行这一职责必承担相应的法律后果②。胡静教授认为，地方政府环境责任具体可划分为三种，即政治责任、行政责任和法律责任。在这三种责任之间存在着严重冲突，三种责任间的冲突实质上是国家利益与地方利益之间矛盾的集中体现，只有完善地方政府的环境法律责任才可以化解三种责任间的严重冲突。③张建伟教授认为，政府环境法律责任根据所辖区域范围可以划分为中央政府和地方政府的环境法律责任。政府机关和公务员具有如同其他社会个体一样的自利性，在面对各种诱惑时，作为"理性经济人"的本质暴露无遗，通过自律的软约束通常很难发挥应有的效果，这时就需要外部的硬约束——环境法律责任来监管。④

（3）在追究政府环境责任研究方面，张建伟教授认为，要对政府进行全面问责、构建完整的政府环境责任监督体系，就必须发挥立法机关、司法机关、行政机关、社会公众的合力，强力约束政府的行政行为，从不同角度对政府实施监督，从而保障政府环境法律责任的实现。⑤王曦教授认为，我国当前环境法制建设重点就是要改变当前普遍的"政府失灵"现象。通过对我国资源环境管理现状的分析，王曦教授提出通过修改《环境资源保护法》，或者制定新法来解决政府环境管理失灵，落实科学发展观及社会监督等重大问题。⑥常纪文教授通过对环境执法现状评估后认为地方政府或有关部门的执法态度有偏差、执法社会监督不够。需要在政府内部优化环境管理体制，在环保领域形成监管统分结合、工作中法律实施与监督

① 蔡守秋. 论政府环境责任的缺陷与健全［J］. 河北法学，2008（3）：17-25.

② 李挚萍. 论政府环境法律责任——以政府对环境质量负责为基点［J］. 中国地质大学学报（社会科学版），2008（02）：37-41.

③ 胡静. 地方政府环境责任冲突及其化解［J］. 河北法学，2008（03）：34-36，46.

④ 张建伟. 政府环境责任论［M］. 北京：中国环境科学出版社，2008.

⑤ 张建伟. 政府环境责任论［M］. 北京：中国环境科学出版社，2008.

⑥ 王曦. 论美国《国家环境政策法》对完善我国环境法制的启示［J］. 现代法学，2009（4）.

相结合的局面。全面推行“党政同责、一岗双责和失职追责”的体制和机制，在健全人大监督的体制机制下使各级政府和党委依法行使环境保护职责；强化政府尤其是地方政府的领导责任，建立健全权力和责任清单机制；建立健全责任终身追究制，保证依法、公正、科学行使环境监管和决策权；通过完善环境民事公益诉讼制度、建立环境行政公益诉讼制度来充分发挥社会监督作用。①

以上学者的研究成果为进一步完善和加强我国政府的环境管理提供了很好的解决思路。随着科技的不断进步，环境问题越来越复杂化、专业化，传统的政府分散管理环境事务的模式受到了越来越大的挑战，专业的环境管理部门由此而生，这也是一个世界潮流。在我国，这一专业的环境管理部门就是环境保护主管部门，简称环保部门。我国真正意义上的环境保护主管部门从产生到现在也就三十来年，历史并不久远，所以单纯研究环保部门法律责任的环境法学者并不多，更多学者是将其统归于政府环境责任来进行研究，导致现有研究成果主要是针对政府环境责任缺失的整体状况进行分析，在此基础上提出若干宏观层面的完善建议，缺少直接针对环保部门职责履行方面的研究成果，让整个环境责任研究成果显得大而虚，不利于指导环保工作的具体实施开展，特别是指导环保部门独立开展业务工作。

（三）我国环境多元治理研究综述

随着环境污染和环境破坏所引发的环境危机和群体性事件不断上升且呈多发态势，政府采用何种公共管理模式来实现环境善治成为很多学者关注的论题。②环境纠纷所具有的复杂性，以及环境危机爆发的不确定性使传统的以国家行政机关为主的公共行政方式应对乏力，无法实现环境善治。于是，通过构建由政府主体、私人组织、第三部门及其他社会自治组织共同参与的环境多元治理模式来共同应对环境危机就显得尤为重要。这种模

---

① 常纪文，焦一多．还有多少执法难题亟待破解［J］．环境经济，2015（Z7）．

② 郑艺群．论后现代公共行政下的环境多元治理模式——以复杂性理论为视角［J］．海南大学学报，2015（2）：66．

式为环境危机的化解提供了新的途径。新环保法最大亮点之一就是环境治理模式的转变，从环保部门“单打独斗式”的一元治理向政府、企业和公众等第三方主体互动的多元治理模式转变。[①] 鉴于多元治理模式在政府环境治理中的重要作用，特别是环保机构垂直改革后会不可避免地带来一些负面效果，而在消除或减少这些负面效果的工作中，多元治理模式将会产生重要作用。本书也将其作为解决现实问题的基本路径之一和重要理论基础，为此，有必要对国内环境多元治理方面的研究成果做一简要梳理。国内关于多元治理方面的研究主要集中在对多元治理概念的阐释，主体的界定以及对多元治理构建途径的探索三个方面[②]。

在概念阐释方面：林美萍（2010）[③] 提出，环境善治是政府与公民社会致力于实现人类与自然和谐共处和可持续发展的共同目标而形成的一种新型关系，是二者共同合作管理的最佳状态，是对传统环境管理的一种突破，这种突破就是一种使生态环境利益最大化的公共管理过程。朱德米（2008）[④] 认为，环境多元治理体系就是通过整合行政、市场和社会参与三种机制的力量来解决复杂的环境问题。其构建主要围绕着两个方面进行，一是环境行政机构内的行动者合作，二是体制内行动者和体制外行动者之间的合作。朱教授还根据合作中行动者地位、性质等将合作管理分为垂直性（vertical）合作和水平型（hori-zontal）合作。

在主体界定方面：肖建华、彭芬兰（2007）[⑤] 认为政府在生态环境治理中除了直接提供环境服务之外，政府应走出去，主动寻求企业、非政府组织、公民的支持，在环境管理领域与社会各界建立合作型的伙伴关系，

---

① 王曦，唐瑭．环境治理模式的转变：新《环保法》的最大亮点［J］．经济界，2014（5）9–10.

② 杨斌，田千山．近五年来国内生态环境多元治理的研究综述［J］．中共云南省委党校学报，2012（4）：58–59.

③ 林美萍．环境善治：我国环境治理的目标［J］．重庆工商大学学报（社会科学版），2010（2）.

④ 朱德米．从行政主导到合作管理：我国环境治理体系的转型［J］．上海管理科学，2008（2）.

⑤ 肖建华，彭芬兰．试论生态环境治理中政府的角色定位［J］．中南林业科技大学学报（社会科学版），2007（2）.

主动建立容纳多主体的政策制定和执行框架，各主体形成共同分担环境责任的机制。秦昊扬（2009）[①]认为，非政府组织在生态治理领域发挥着不可替代的重要作用。它既是培养公众生态意识的有力主体，也是弥补政府失灵和市场失灵的重要力量。李慧明（2011）[②]认为，公众参与是指“在公共当局（主要是政府及其管理机构）和有关企事业单位所进行的与环境相关的活动中，利益相关的个人、团体和组织（比如环境 NGOs）获得相关信息，参与有关决策，并督促有关部门有效实施相应的环境政策，以保障自身的权利并促进环境改善的所有涉及环境问题的活动。”它是环境治理过程中的一项重要原则。韩从容（2009）[③]认为，在农村环境治理中，“政府引导、社区自治、农民参与”三位一体为主要内容的环境多元治理模式是对政府环境治理的有益补充。

对多元治理构建途径的探索方面：张紧跟（2007）[④]等认为：我国环保领域多元共治模式虽初显雏形，但其制度化仍然不够，需要各级政府在理念上有所转换，落实公众的知情权和表达权，完善可靠的专家论证和咨询制度，将环保公众“利益组织化”。张雅京（2010）[⑤]提出了完善城市环境多元治理的几项对策措施。具体有加强宣传教育、完善环境法律法规体系、加强城市电子政务建设、加强对生态环境社会组织的扶持与合作、完善政府绩效评估体系等几个方面。

多元治理模式在我国的发展时间并不长，还处于探索阶段，理论成果还主要是借鉴西方的成熟理论，有中国特色的多元治理理论还有待于进一步形成。此外，现有多元治理模式的探讨还大多处于理论阶段，在实践中并没有发挥其应有作用。根据国内外已有实践，将其应用于环境治理必定

---

① 秦昊扬．生态治理中的非政府组织功能分析［J］．理论月刊，2009（4）．

② 李慧明．环境治理中的公众参与：理论与制度［J］．鄱阳湖学刊，2011（2）．

③ 韩从容．新农村环境社区治理模式研究［J］．重庆大学学报（社会科学版），2009（6）．

④ 张紧跟，唐玉亮．流域治理中的政府间环境协作机制研究——以小东江治理为例［J］．公共管理学报，2007（3）．

⑤ 张雅京．城市行政生态环境建设需要共同治理［J］．行政论坛，2010（2）．

是长久发展方向、正确的选择。特别是在环保机构垂直改革这一大背景下，改革一旦启动，很多现实难题的解决靠常规管理模式几乎没有办法，往往只能依赖发展多元治理模式，发挥公众的力量来弥补现有管理方式的不足。为此，如何更进一步地发展该治理模式，构建更加完善的公众参与制度，完善参与程序，丰富参与内容都是需要研究的课题。而在这些方面环保部门的职责又有哪些，在环保机构垂直改革大背景下如何将多元治理模式融于环保部门职责履行机制之中等都是需要解决的新问题。这也是本研究努力的方向。

（四）有关环保机构垂直改革的归纳分析

为了解决现行环保体制存在的4个方面的突出问题。2015年10月29日，中国共产党第十八届中央委员会召开第五次全体会议，会议通过了《中共中央关于制定国民经济和社会发展第十三个五年规划的建议》（下文简称《建议》），在《建议》中明确指出，要改革环境治理基础制度，实行省以下环保机构监测监察执法垂直管理制度（简称垂改）。其中垂直管理制度的主要内容包括省级环保部门直接管理市（地）县的监测监察机构，承担其人员和工作经费，市（地）级环保局实行以省级环保厅（局）为主的双重管理体制，县级环保局不再单设而是作为市（地）级环保局的派出机构。实行省以下环保机构监测监察执法垂直管理，是“对我国环保管理体制的一项重大改革，有利于增强环境执法的统一性、权威性、有效性”。

根据党中央的部署，这项改革要在试点基础上全面推开。力争在2017年6月底前完成试点工作，争取在“十三五”时期全面完成改革任务。为了保障改革在预定轨道的顺利实施，2016年9月14日，中共中央办公厅、国务院办公厅联合下发了《关于省以下环保机构监测监察执法垂直管理制度改革试点工作的指导意见》（以下简称《指导意见》），对省以下环保机构监测、监察执法垂直管理制度改革试点提出了具体指导意见。《指导意见》对已公布中央会议精神进行了具体细化并对有关细节进行了些许的修正，就推动改革责任的主体进行了明确，就环境监测、环境监察、环境执法机构如何改革进行了具体路线规划。

在环境监测机构改革方面修正了以前有关垂直管理层级的相关政策精神，仅垂直管理到市级监测机构，具体操作就是将现有市级环境监测机构调整为省级环保部门驻市环境监测机构，其人员和工作经费由省级环保部门承担，而现有县级环境监测机构则随县级环保局一并上收到市级，具体工作接受县级环保分局领导，主要职能调整为执法监测，支持配合属地环境执法，同时按上级要求做好生态环境质量监测相关工作。县级环境监测机构随同县级环保分局一样由市级承担人员和工作经费。在加强环境监察工作方面，《指导意见》要求试点省份将市县两级环保部门的环境监察职能上收，其监察职能均由省级环保部门统一行使，行使的形式可以是通过向市或跨市县区域派驻环境监察员来实施环境监察。

在加强环境执法工作方面，《指导意见》明确指出环境执法重心要向市县下移，强化属地环境执法。由于在环保工作实践中，环保部门的监察与行政执法为同一机构（一般称为监察总队、支队或大队），导致专家学者包括政府人员一直以来认为环境执法机构与环境监察机构会一并垂直管理，按照《指导意见》精神，环保执法力量要进一步加强，省级环保部门对省级环境保护许可事项进行执法，对市县两级环境执法机构给予指导，对跨市相关纠纷及重大案件进行调查处理。市级环保部门负责属地环境执法，统一管理、统一指挥本行政区域内县级环境执法力量。县级环保部门主要进行现场环境执法，由于县级环保部门改革后成为市环保部门的派出机构，故县级环境执法的人员和工作经费由市级承担。

此外，《指导意见》就改革后地方各级环保部门职责进行了原则性的规定，认为县级环保部门要强化现场环境执法，将现有环境保护许可等职能上交市级环保部门。明确指出试点各级党委和政府对环保垂直管理制度改革试点工作负总责，涉及需要修改法律法规的，按法定程序办理。

根据中央文件，环保垂直改革势在必行。本次改革号称“垂直”改革，但改革后，环保部门与其他垂直管理部门，如国税部门，海关部门并不一样，具有自己的独特之处，改革只是对环保部门内部部分机构实施垂直管理，这种独特的行政管理体制创新是其他机构部门都未曾有过的，具有独创性，如何保障环保垂直改革的实验成功并向全国推广，需要学者们对环保垂直改革与环保部门职责履行机制间的影响做深入的研究，由于改革提出的时间较短，这方面的成果还比较欠缺。基于现有这方面成果的稀缺及现实的迫切需要，本人希望尽自己的绵薄之力，就垂改背景下环保部门职责履行机制方面做些尝试性研究，为垂直改革的顺利推进提供理论支撑，为环保部门充分履行法定职责提供保障。

四、本书的特色、创新与不足

（一）本书的特色与创新

纵观现有研究成果，本书有以下特色和创新点。1. 相比以往环保部门职责履行机制研究成果零星散布于政府环境责任研究成果之中，本书较系统地对环保部门职责履行机制进行了梳理研究，且以最新的环保垂直改革为背景，为本书的特色之一。2. 将环保部门职责履行机制按照功能划分为保障机制、监督机制、激励机制和风险防范机制，并分别独立成章系统分析，成为本书独特的研究路径。3. 现有研究绝大部分都是将经济激励机制引入环保的监管治理之中，主要是针对企业和社会群体使用，极少有针对环保部门本身激励的系统研究和运用。本书将激励机制系统引入环保部门自身建设之中，亦为本书特色之一。4. 在对环保部门面临的职责风险进行系统分析的基础上，提出构建环保部门履职风险防范机制的整体架构和具体实施建议，这是本书的一个创新点。5. 将多元治理模式引入到环保部门职责履行监督之中，提出公众监督是解决垂改后环境治理问题的最好路径选择，也是减轻垂改对原有监督机制产生冲击的最好解决方案。这是本书的另外一个创新点。

（二）本书的不足

本书还存在以下不足之处：1. 由于个人外语能力的不足，外文文献引

用相对较少，文献综述存在一定缺憾。2. 由于环保部门方面原因，有些数据特别是最新实时数据并不对外公布，本书数据引用相对有些陈旧，需要及时更新。3. 由于经费原因，本课题调研主要在广西境内完成，存在一些样本偏窄的问题，可能会影响对某些现象的判断。

第一章　环保部门职责履行与环保机构垂直管理改革

第一节　环保部门履行法定职责的理念基础

在我国，环保部门作为各级政府组成部门之一，履行着政府保护和改善环境的主要职责，环保法律、行政法规以及地方性法规和各类行政规章都有相关规定。但环保职能历史上并非一直是政府承担的一项公共职能，政府承担环境法律责任只是近现代才有的现象。当然，历史上政府环保部门也并非一直存在，甚至作为政府的组成部门，环保部门承担环境法律责任是在政府承担环境法律责任之后。虽然政府承担环境法律责任已有其法律依据，但为了更好地理解这些法律规定，有必要对其理念基础加以探讨，而且，这些理念对于政府环保部门也是适用和有效的。

一、政府（环保部门）履行法定环保职责的理论基础

（一）公共信托理论

所谓信托（Trust），是指委托人基于对受托人的信任，将其财产权委托给受托人，由受托人按委托人的意愿以自己的名义，为受益人的利益或

者特定目的，进行管理或者处分的行为。[①] 根据信托目的是为特定受益人的利益还是为了不特定社会公众的利益，信托可以分为私益信托与公益信托；公共信托即是一种类似于公益信托的一种特殊信托模式。该理论借用了信托法中关于“信托”这一概念表达，并且沿用了信托法中关于信托主体之间信托关系的基本框架，从而界定委托人、受托人和受益人之间的权利与义务，具有公益信托的性质。

公共信托理论的起源可追溯至古罗马时期，《查士丁尼法典》就明确规定“从法律性质上看，空气、流动的水体、海洋和海岸对人类来讲是共同拥有的”。[②] 共有物（Res Communes）是指供人类共同享有的东西。“就其自身性质而言，共用（有）物是那些被认为不宜由个人获取或者实行经济管理的物品；因而它们不是由法来调整，而是放任大家使用。”[③] 罗马人已经认识到可航行河流等许多自然资源具有很强的公共性，这类自然资源如果私人所有，出于私人的目的来占有、使用、收益和处分，将会带来严重的社会问题。为了避免私人所有权与公共自由利用之间的矛盾，罗马法将这类自然资源排斥在私人所有之外，归属于国家所有，国家作为公共权利的管理者或者受托者来行使其权力。确保共有物和公有物不用于经济目的，对侵犯公共用途的行为予以制裁，同时，为了保障共有物的公共用途，包括国家在内，都无权对共有物进行排他性的占有，侵害社会公众的使用权。依罗马法，“没有一个人可以被禁止钓鱼，正如没有一个人可以被禁止捕鸟一样，但某人可能被禁止进入他人的土地。”[④] 随着历史的不断推进，公共信托理论的雏形随着英国商人阶层的不断壮大逐渐得以形成，这一时期主要是私人财产权的泛滥对商人进行货物运输和商品交易构成严重妨害

---

① 见《中华人民共和国信托法》第 2 条。

② The Institutes of Justinian bk. 2, tit. 1, pts. 1–6, at 65. “By natural law, these things are common property of all: air, running water, the sea, and with it the shores of the sea”.

③ ［意］彼德罗 . 彭梵得 . 黄风译 . 罗马法教科书［M］. 北京：中国政法大学出版社，2005：141 .

④ ［意］桑德罗 . 斯奇巴尼 . 范怀俊译 . 物与物权［M］. 北京：中国政法大学出版社，1999：12 .

和不利影响。为了保护商业自由，促进内河运输与贸易发展，1215 年 6 月 15 日，英国贵族胁迫英王约翰签署《自由大宪章》(以下简称《大宪章》)，根据《大宪章》之规定，除海岸以外，其他在泰晤士河、美得威河及全英格兰各地一切河流之上堰坝与鱼梁概须拆除。以保障人们有畅通无阻的通行权，使公共利益原则得以回归。同时，霍尔大法官通过判例发展了这种公共利益原则，认为在可航行水域存在的三种类型的权利：即私人权利（Jus Privatum）、公共权利（Jus Publicum）以及国王的权利（Jus Regium）。私人权利可以理解为授予私人主体对公共信托资源的权利，不管这种权利是以付费、特许或者地役权的形式获得，这些权利都要服从于公共权利。公共权利本质上代表了未能组织起来的公众对公共信托资源的权利，在受潮汐影响的水域的背景中，这样的公共权利被定义为诸如进入水域钓鱼和航行的权利。国王的权利则本质上体现了州的“警察权”（Police Power，也被译为“管制权力”)，即为了公共安全和福利对公共信托水域的管理权力。[①] 即主权者应该对海岸、流水、野生动物等资源进行管制，最大限度地保护这些资源的公共用途。另外，主权者作为公共信托资源的受托人，对这些资源的处置不能脱离公共福利。作为受托人，主权者享有对这些资源的所有权，有权力和义务清除航道里的障碍或对航道进行改善，以促进航运；而对于公众则保有为通行自由使用航道的权利以及捕捞权利。这就是公共信托理论的雏形——公共权利（Jus Publicum）理论。随着英国在北美建立殖民地，其普通法和公共信托理论亦随之输入。在美国，第一个关于公共信托的案件是 1821 年的阿诺德诉芒迪（Arnold v. Mundy）案[②]。随后通过一系列经典案例确认了公共信托理论在司法实践中的适用，[③]1970 年，约瑟夫·萨克斯教授在《密歇根法律评论》（Michigan Law Review）中发表

① Karl P. Barker and Dwight H. Merriam，The Law and Planning of Public Open Spaces：Boston’s Big Dig and Beyond，Symposium Article and Essay：Indelible Public Interests in Property：the Public Trust and the Public Forum，32 B. C. Envtl. Aff. L. Rev. 275，279（2005）.

② Robert Arnold v. Benajah Mundy，6 N.J.L. 1，（1821）.

③ 罗文君 . 论我国地方政府履行环保职能的激励机制［D］. 上海：上海交通大学，2012：24.

了其关于公共信托理论的专题论文——《公共信托理论在自然资源法：有效的司法干预》，开创了公共信托理论的新纪元。在论文中，萨克斯教授对公共信托理论从传统的通航水域向整个自然资源领域进行拓展提出自己的看法与建议。“第一，像大气、水这样的一定的利益对于市民全体是极其重要的，因此将其作为私的所有权的对象是不贤明的；第二，由于人类蒙受自然的恩惠是极大的，因此与各个企业相比，大气及水与个人的经济地位无关，所有市民应当可以自由地利用；第三，增进一般公共利益是政府的主要目的，就连公共物也不能为了私的利益将其从可以广泛地、一般使用的状态而予以限制或改变分配形式。”[①] 萨克斯教授认为，空气、阳光、水等人类生活所必需的环境要素在当今受到了严重的污染和破坏，以至于在威胁到人类的正常生活的情况下，不应再视为“自由财产”而成为所有权的客体；环境资源就其自然属性和对人类社会的重要性来说，它应该是全体国民的“共享资源”，是全体国民的“公共财产”，任何人不能任意对其占有，支配和损害。为了合理支配和保护这一“公共财产”，共有人将其委托给国家来进行管理。国家作为全体共有人的委托代理人，必须对全体国民负责，不得滥用委托权。[②] 萨克斯教授创造性地将公共信托理论在自然资源法中进行历史性的拓展运用，这种创造性的运用也得到法律学者、环保人士、法院以及其他政府机构的积极回应。实践中人们通过诉讼和具有创举性的判例，对其适用范围进行不断拓展。公共信托理论从最初的可航行水域，扩展到不可航行水域，再到可航行水域下的土地、海岸和湿地，后来进一步运用到公共绿地和土地、森林、树木、野生动物等，成为环境资源保护的最重要理论武器，有学者评价：“在此前的三十年中，没有哪一个问题能像公共信托理论那样在自然资源法中受到学者们如此的关注与重视。”[③]

---

① 汪劲．环境法律的理念与价值追求［M］．北京：法律出版社，2000：240．

② 参见吕忠梅．环境法新视野［M］．北京：中国政法大学出版社，2000：105．

③ James R. Rasband，The Public Trust Doctrine：a Tragedy of the Common Law，77 Texas Law Review. 1335，1339–1345（1999）．

在公共信托理论之下，学者们，特别是环境法学者们在此基础上进行了理论挖掘，引申出了影响较大的环境权理论和可持续发展理论，用此更进一步论证了政府承担环境责任的理论基础。在此分别做一简要论述。

1. 环境权理论

对于环境权的概念，学者专家的意见并不一致，但对环境权这一提法基本都予以认可。流传最广，认可度最高的数《斯德哥尔摩人类环境宣言》中原则的宣告:“人类有权在一种有尊严的和福利的生活环境中，享有自由、平等和充足的生活条件的基本权利，并且负有保证和改善这一代和世世代代的环境的庄严责任。”该宣告被认为是环境权的最经典解释，被环境法学家们经常引用。根据公共信托理论，增加公共利益是政府的主要目的，水、空气等自然要素作为维持人类生存的公共物品，全体国民已经将其委托给国家进行管理，国家作为委托代理人必须对委托人负责，即对全体国民负责，不得滥用委托权，侵犯委托人的环境利益。作为人类有这样一种在有尊严的和福利的生活环境中生活的必然权利，政府有义务提供这样一种好的、符合人类生存的良好环境给自己的子民，政府承担环境责任理所应当，在当今的法治社会下，该责任主要是一种法律责任，即政府环境法律责任。环保部门作为政府的环境行政部门，履行环境职责，承担环境法律责任，实属法治国家之必然。如若政府侵犯了公民的环境权，公民可以起诉和控告政府；如若公民之间存在侵犯环境权的行为，政府应该主持公道，进行处理维护公民的正当环境权益，否则就是失职。

2. 可持续发展理论

“可持续发展”概念系统的提出是在 1987 年联合国世界环境与发展委员会在《我们共同的未来》中，所谓可持续发展是指“既满足当代人的需要，又不对后代人满足其需要的能力构成危害的发展。”① 走可持续发

---

① 世界环境与发展委员会．王之佳等译．我们共同的未来［M］．长春：吉林人民出版社，1997：52.

展道路，即要求政府在引导经济发展的同时，还需要充分考虑人口承载力、资源支撑力、生态环境的承受力，既要满足当代人的利益需求，又要不牺牲后代人的利益。

美国学者魏伊丝教授发展了可持续发展思想，在可持续发展思想基础上提出了环境的世代间衡平理论，试图为前者提供具体的实现路径。所谓“环境的世代间衡平”是指“作为物的一种，我们与现代的其他成员以及过去和将来的世代一道，共有地球的自然、文化的环境。在任何时候，各世代既是地球恩惠的受益人，同时也是将来世代地球的管理人或受托人。为此，我们负有保护地球的义务和利用地球的权利”。[①] 在这里，所谓“我们”既指每一个自然人，更是针对政府本身，而且也只有政府才有这样的能力做到。作为一个对人民负责任的政府，它有义务、有责任担当起这样一个维持地球可持续发展的义务。

在我国，可持续发展思想也得到了全面的落实和深化，党的十六届三中全会在《中共中央关于完善社会主义市场经济体制若干问题的决定》中指出：“坚持以人为本，树立全面、协调、可持续的发展观，促进经济社会和人的全面发展。”这是党的文件第一次提出科学发展观的科学概念。[②] 也意味着我国在可持续发展思想体系创新中做出了自己独到的理论贡献。随后，胡锦涛总书记在党的十七大报告中全面系统地阐述了科学发展观的具体思想。指出科学发展观的第一要义是发展，不发展没有出路；科学发展观的核心是以人为本，发展为人民、发展靠人民；科学发展观的基本要求是全面协调可持续，全面推进经济建设、文化建设、政治建设、社会建设，促进现代化建设各个环节、各个方面相协调，促进生产关系与生产力、上层建筑与经济基础相协调，实现经济社会永续发展。既要遵循经济规律，又要遵循自然规律；既要考虑当前发展的需要，又要考虑未来发展的需要；既要注意代际公平，又要注意代内公平；既要讲究经济社会效益，又要讲

---

① ［美］E. B. 魏伊丝 . 未来世代的公正：国际法、共同遗产、世代间公平［M］. 国际联合大学，日本评论社，1992：33–34.

② 江金权 . 论科学发展观的理论体系［M］. 北京：人民出版社，2007：18.

究生态环境效益，统筹兼顾各方利益，达到科学发展、可持续发展、永续发展。

科学发展观对我们的政府要求极高，各级政府要带领人民群众抓各方面建设，建设“资源节约型、环境友好型”两型社会，从经济、文化、自然环境上改善当代人民生活水平，在资源上留给后代人发展的机会。这是共产党人的责任，也是政府的责任，环保部门理应当仁不让。

（二）公共物品理论

公共物品是现代经济学上的一个概念，该理论常常运用于研究公共事务，环保事务作为典型的公共事务理应适用之。所谓公共物品，即“每个人对这种物品的消费，都不会导致其他人对该物品消费的减少的物品”。[①] 其与私人物品是相对应的概念。公共物品具有两大最显著特征，即消费的非竞争性与非排他性。所谓公共物品消费的非竞争性指只要公共物品存在（无论谁提供），消费者的多寡与消费量的多少与该物品的数量和成本的变化无关，即前面消费者不因后加入消费者而导致该物品各方面效用的减损。用经济学术语描述就是边际生产成本为零，边际拥挤成本为零。公共物品还具有非排他性的特点，公共物品一旦提供，一般不易排除他人对其消费（技术不可行或成本过高）。典型的公共物品有国防、公共安全、社会保障等，这些物品一旦被提供，所有居民都能享用，而且即使增加一些居民一般也不会降低其他居民享受这些产品时的效用。

完全满足公共物品概念的为纯公共物品，其实并不是很多，更多的是介于纯公共物品与私人物品之间，为准公共物品。经济学理论指出，市场有一只看不见的手在指挥人们的各种行为，推动经济社会向前发展，而这只手就是价格形成机制，他指导人们的交易行为，而且在市场机制运行充分的领域，政府应当退出，仅充当“守夜人”角色，公共物品消费的排他性和非竞争性决定了政府供给的必要性，普通私人物品只能是占有人才可

① 保罗·萨缪尔森．公共支出的纯粹理论［J］．当代经济研究，1999（8）：326.

消费，即谁付款谁受益，满足所有人（或占有人）的需要，这给了私人企业生产的动力和方向。而公共物品则丧失了这些市场功能，从非竞争性角度看，因为公共物品边际生产成本为零，边际拥挤成本为零，在这种情形下，价格形成机制将完全失效，市场将无法提供这类产品。再从非排他性角度观察，公共物品在技术上的不易排除他人消费，或者能够通过技术进行排除，但成本过高，甚至超出了排他而带来的好处，在经济学领域，人都是自私的“经济人”，这些都会促使大家产生“蹭车”的心理，也就是经常看到的搭便车现象。总结得出，通过市场行为来提供公共物品是不可能的，在这个领域，市场已经完全失灵。政府不得不承担起提供公共物品这样一个责任。

环境物品具有公共物品的典型特征，如空气、水等自然要素的消费就不具有竞争性和排他性，搭便车的现象极其严重。环境公共物品主要分为三类。第一类是纯公共物品，如水、清洁的空气、平衡的生态系统、生物多样性、适宜的生存环境、环保法律政策与信息等。第二类为俱乐部物品（仅供成员消费），一般包括垃圾填埋地、污水处理厂、容量有限的旅游区、公共游泳场、地方性环保法规政策等。第三类是共有资源，包括：公共捕鱼区、公共林木采伐区、公共牧场、水资源、环境容量、排污区等。与纯公共物品的区别在于它具有一定竞争性，即某人对环境共有资源的使用会影响到其他人对该资源的使用。[①] 环境公共物品比一般公共物品更具复杂性，它在时间、空间领域渗透到人类生活的各个方面，而且具有天然性与生产性相结合的特点。一般普通公共产品主要是人类劳动得来的物品，传统的观点认为，只有凝聚人类劳动的物品才值得人们去用规则来分配、保护它的归属，而环境公共物品则把具有天然性的物品也纳入其中，这使政府在制定物品分配与保护规则时，不再将天然的物品排除在外。以上各类环境公共物品的管理与供给便是政府环保职能中的应有内容，而且环境公

---

① 罗文君．论我国地方政府履行环保职能的激励机制［D］．上海：上海交通大学，2012：.27.

共物品的复杂性决定了政府环保职能内容的复杂性。环境公共物品对于人们生存和生产活动的基础性作用决定了政府的环保职能是非常基础与重要的职能。而且随着政府职能的急剧膨胀，环保职能的专业化不断得到加强，环保业务逐渐从其他部门中独立出来自成体系，成为政府相对独立的环保部门，承担政府的环保业务，履行环境法律责任。

二、环保部门履行法定职责应当遵循的基本原则

环境保护作为一个世界性的议题已经超越了国界，成为世界关注的焦点，任何国家都不能置身事外。我国作为一个负责任的世界大国，在环境保护领域理应承担属于自己的责任，而这个责任的实现首先就是政府要保护好自身国土环境，而这个历史的重担最终具体落实到了我国环保部门的身上，环保部门任重而道远。要让环保部门完成这一历史任务，落实环保部门的法律责任就显得尤为重要。环保部门履行环境法律责任的基本原则，是指环保部门在从事环保监管活动中所应遵循的、体现环保法律规范要求的根本准则。环保部门履行环境法律责任的基本原则可以归纳为依法进行原则、权责一致原则和公众参与原则等三个方面，这三个方面也基本概括了环保部门在履行环境法律责任时所应遵循的要求和标准。其中依法进行是程序性原则，权责一致原则是目标性原则，公众参与原则是手段性原则。三者相互影响制约，共同为达到环境善治服务。

（一）确立基本原则的依据

确立环保部门履行环境法律责任基本原则的依据主要体现在如下几个方面。

首先，法律的价值理念和立法目的。法律之所以存在，有其自身的价值，环保法亦不例外。法的生命力就在于能够被遵守和执行，否则等于没法。此外，法律也有其自身的特性，如权利与义务须对等。这些内容在法律责任规定中体现得尤其突出。将其作为基本原则亦不过分。

其次，现有研究成果的借鉴。在公共管理领域，传统的自上而下的、

上级管理下级的统治模式已经被证明是落后和低效的，多元治理模式作为西方后现代公共行政所倡导和推崇的一种社会治理模式，在提出以来备受关注和推崇。美国公共管理学者查尔斯·古德赛尔就曾明确指出：“在公共行政管理领域的研究中，就目前来看，它代表了最高水平。”① 对环境法律责任的研究需要吸收管理学的最新研究成就。公众参与原则就是对多元治理模式的回应。

再次，法律和政策的规定。新环保法最大亮点就是环境治理模式的转变，从环保部门“单打独斗式”的一元治理转向政府、企业和公众等第三方主体互动的多元治理模式。《中共中央关于制定国民经济和社会发展第十三个五年规划的建议》明确指出要“改革环境治理基础制度，建立覆盖所有固定污染源的企业排放许可制，实行省以下环保机构监测监察执法垂直管理制度。”“形成政府、企业、公众共治的环境治理体系。”

最后，所选原则都是环保部门履行环境法律责任中所应遵循的具有根本性、指导性的原则。一般原则并没有放入其中。

（二）依法进行原则

1. 依法进行原则的内涵

法治并非现代人所独有的观念，其实很早以前人类就已经认识到法治与国家治乱兴亡之间的规律性关联。秦商鞅说：“以治法者强，以治政者削。”汉王符说：“法令行则国治，法令弛则国乱。”古希腊柏拉图也观察到，现实中那些统治者能不能服从法律乃是决定城邦兴衰成败的关键问题。法治是迄今为止人类所能找到的治国理政的最好方式。②

依法进行原则作为环保部门履行环境法律责任的首要原则，该原则主要包含以下内容。

---

① 查尔斯·J.福克斯，休·T.米勒.后现代公共行政：话语指向[M].楚艳红，曹沁颖，吴巧林.译. 北京：人民出版社，2013.

② 江必新.法治社会的制度逻辑与理性建构[M].北京：中国法制出版社，2014：总序.

首先，在环保部门履行法律责任过程中，必须立足于现有生效法律法规之上，不能以改革名义超越现有法律法规。现有法律法规也许有一些漏洞或者不足之处，但也是立法者深思熟虑后的成果，在当时或者当前条件下往往是具有极大甚至最大可行性的方法，如果轻易改变它可能会造成严重后果，不能因为一点瑕疵而否定整个法律制度，而且也有架空法律的嫌疑，这会给那些别有用心的人以口实，从而扰乱依法行政进程，耽误法治国家建设的顺利完成。其次，在环保部门履行环境法律责任的过程中如遇到法律的空白点也应该服从于公认的法律原则，并尽快立法填补之。即无规则则适用原则，不能以工作需要为名随意违背法律原则，破坏法律统一性和权威性。此外，环保部门要在法律规定之内行使自由裁量权，不能以使用自由裁量权之名超越法律规定。再次，环保部门在对外履行工作职责时要依法进行，对内管理工作也必须依法进行，而且这也是环保部门履行环境法律责任的两个重要方面，两方面都要严格依法进行，不能内外有别，而引起公众的不满，降低环保部门的公信力，影响部门职责的顺利履行。最后，环保部门依法履责，依法行政能有效地降低工作的阻力，能够有力地保障环保工作的顺利推进，此外，一切在法律的框架下进行还有利于降低环保部门的各种风险，将职责风险降低在可控的范围内，有利于保护环保部门工作的积极性，避免人为政策下的不稳定性和不可持续性，甚至由此带来的职业风险。

2. 依法进行原则的法律政策依据

在中国，将法治提升为治国方略则是近几十年才有的事，根据王利明教授的研究分析，我国依法治国方略的形成和发展大致经历了三个阶段，第一阶段（1978—1997）为孕育阶段。在此阶段，邓小平同志在党的十一届三中全会召开前的中央工作会议上就强调：为了保障人民民主，必须加强法制，使民主制度化、法律化，做到有法可依、有法必依、执法必严、违法必究。第二阶段（1997—2012）为形成和发展阶段。1997 年召开了党的“十五大”，“十五大”报告明确提出：“依法治国是党领导人民治理

国家的基本方略，是发展社会主义市场经济的客观需要，是社会文明进步的重要标志，是国家长治久安的重要保障。”到2010年底，已制定现行有效法律236件、行政法规690多件、地方性法规8600多件，涵盖社会关系各个方面的法律部门已经齐全。我国已基本建成以宪法及其相关法、民法、商法等多个法律部门的法律为主干，由法律、行政法规及地方性法规等多个层次的法律规范构成的具有中国特色的社会主义法律体系。第三阶段（2012年至今）为完善阶段。党的十八届四中全会全面规划了依法治国方略的实现步骤和具体内容，为完善和推进国家的法治现代化指明了方向，随着依法治国方略全面规划的逐步实施，在可预见的将来，法治国家必将得以实现。

在依法治国方略的大背景下，所有建设与改革都必须依法进行，不能逾越，否则会有将现有改革成果毁于一旦的风险。环保部门在履行环境法律责任时更不应例外。

（三）权责一致原则

1. 权责一致原则的内涵

“如果把权利作为数轴的正侧，把义务作为数轴的负侧，则权利每前进一个刻度，义务必向另一方向延展相同的刻度，权利的绝对值总是相同于义务的绝对值。”① 权利与义务的对等性在国家环保部门权力的行使过程中具体表现为权（权力）责（责任）一致原则。所谓权责一致，是指行为人（包括法人和社会组织）仅对其法定职权行为所产生的消极性后果承担否定性或对其不利的法律后果，遭受制裁或惩处等否定性评价的原则。权责一致既是行政管理学的基本目标，也是行政法学的基本原则，更是公共权力行使的一条重要法则。具体到本书，“权责一致”特指环保机关及其公务员在依法享有环保权力的同时，应当对其权力的行使及其后果承担相应的责任。权责一致的具体内容是权责罚相一致，即包括权力、责任、

① 张文显．法理学［M］．北京：高等教育出版社，北京大学出版社，1999：88.

惩罚三个方面，权力是一种行为能力，表现为控制能力，责任是一种行为要求，表现为合法要求，惩罚是一种行为评价，表现为否定评价。[①]即有多大权力就应当承担多大责任，拥有什么样的权力就承担什么样的责任，责任与权力是统一、对等和平衡的。

从内容上讲，“权责一致”中的“权”天生具有扩张性，必须是法律明确授权，而且对于行政权力的授予必须合理、合法、清晰，否则就有越权之嫌，应当禁止。“责”则可分为刑事责任、民事责任和行政责任。刑事责任是指公务员因渎职等违反国家刑法而须承担的法律责任。民事责任是指由于权力不当行使或不行使给国家和人民造成了经济损失，公务员承担某种程度的经济赔偿责任。

2. 权责一致原则的政策法律依据

《中华人民共和国立法法》第六条明确规定，“立法应当从实际出发，科学合理地规定公民、法人和其他组织的权利与义务、国家机关的权力与责任。”这个“科学合理”其实就是权责一致原则。

在我国，各级环保部门众多，环保公务员队伍庞大，他们之间的职责权限、工作内容等也都不一样，即使不同地域的同一级环保部门因为地区经济、地形地貌等差异而工作内容侧重点也有所不同，在对其问责时，就应当遵循权责一致原则，采用定性和定量原则以及与具体情况相结合的办法，做到涵盖全面，又具有很强的针对性与可操作性。在问责过程中，权责一致要求适用的归责原则为过错责任制与无过错责任制的统一。法学领域中的归责原则主要包括过错原则、无过错原则和公平责任。大多数违法行为、违约行为都适用过错责任，承担相应的过错法律责任；而在一些特殊的侵权法领域，适用严格责任即无过错责任，如产品责任、动物致损、建筑物搁置物致人损害等；公平责任则主要是在于社会公平考虑，在责任难以界定或者是明显有失公平的情形下采取的归责原则。政治领域也应秉

---

① 张华民．行政问责法治化的基本理念［J］．当代行政．2010（4）．

承权责一致性原则，既应承担过错责任，也要承担无过错责任。不仅对失职、渎职、滥用权力和以权谋私等行为承担过错责任，对于上级用人不察、监管不力等行为也要承担无过错责任。

根据《中华人民共和国公务员法》等规定，行政责任则包括警告、记过、记大过、降级、撤职、开除公职等处分。在政治领域，承担责任的主体包括政府组织（包括立法、行政、司法机关）和个人，但政府组织对社会的管理最终还是依靠众多的个人来完成的，包括决策也是由个人（或几个人集体）来完成的。为此，除了不可抗拒的因素（如自然灾害），一切消极性后果的责任一般都应追及到个人。为避免组织承担责任（或集体承担责任）而实际上却变成了无人承担责任情况发生，集体做出决策的，对该决策投赞成票的人应承担相应的责任， 一把手应承担主要责任。对于上下级间责任的分担在《公务员法》第五十四条也有规定，“公务员执行公务时，认为上级的决定或者命令有错误的，可以向上级提出改正或者撤销该规定或者命令的意见；上级不改变该决定或者命令， 或者要求立即执行的，公务员应当执行该决定或者命令，执行的后果由上级负责，公务员不承担责任；但是，公务员执行明显违法的决定或者命令的， 应当依法承担相应的责任。”该条规定有效理顺了行政级别服从关系与上下级责任分担之间的理性关系，既是对环保部门履行环境法律责任须依法进行原则的有力注脚，也是权责一致原则在法律条文中的具体呈现。

（四）公众参与原则

1. 公众参与原则的内涵

所谓公众参与原则是指公众有权通过合法途径参与一切与己相关或与公众相关的有关环境开发、利用与保护等活动中，并且有权获得相应的法律保障，以确保环境决策的科学、公正与民主。环境保护需要公众参与，这已经是众所周知的道理，不仅在我国如此，全世界也是如此。 1998 年 6 月 25 日，联合国欧洲经济委员会在第四次部长级会议上通过了《在环境问题上获得信息公众参与决策和诉诸法律的公约》（即《奥胡斯公约》，下文简称《公约》）。《公约》于2001年10月31日生效。该《公约》体现了国际社会在环境管理方面所提倡的环境民主、促进公众参与环境决策等一系列的新思想、新机制，是各国确立公众参与原则的重要参考 。截至2014年7月，该《公约》共有包括欧盟和45个国家在内的46个缔约方。《公约》对“环境信息”“公共当局”等基本概念进行了定义，对政府环境信息公开的主体、内容、例外以及司法救济机制进行了规定，对企业环境信息公开与产品环境信息公开的原则及实施路径进行了规定，明确了环境信息公开制度的完善与发展机制。《奥胡斯公约》成为环境信息公开制度发展的里程碑。①

公众参与原则之公众特指对决策所涉及的特定利益做出反应的、或与决策的结果有法律上的利害关系的一定数量的人群或团体。它不仅包括不特定的公民（自然人）个人，也包括与特定利益相关的政府机构、企事业单位、社会团体或其他组织。②

2. 公众参与原则的理论与现实基础

由于环境问题通常具有系统性、科技性、复杂性、不确定性等特点，随之，环境行政过程也往往呈现出科技化、政治化、民主化、社会化和市场化等趋势。现实中，环境行政活动往往是因为环境行政机关所具有的专业性以及公众参与环境行政过程才获得了行为的合法性与正当性。把“裁量”和“参与”有机地结合起来，让环境行政机关以及公众在环境行政过程中发挥各自的功能，共同完成环境治理工作。环保部门通过从“依‘法’行政”发展到“依‘裁量’行政”，再进一步发展到“依‘裁量＋参与’行政”，从而圆满地完成环保部门担负的环境管理职责。王明远教授在北大法学院的讲座中也明确提出：“从‘自由法治国家’下的‘传送带’行

---

① 佚名.《奥胡斯公约》［DB/OL］.http：//www.chinaenvironment.com/view/ViewNews.aspx?k=20130516175342718，2013-05-16/2015-11-04.

② 汪劲.环境法学（第三版）［M］.北京：北京大学出版社，2014：116.

政模式发展到‘社会福利国家’下的‘专家知识’行政模式，再进一步发展到‘环境国家’下的‘专家知识+民主决策’行政模式。这是环境行政的内在结构、逻辑和规律所必然要求的理论模型、制度模型和实践模式。”① 从这一角度来看，公众参与这一民主决策形式是环境行政的必然发展趋势。此外，公众参与也是环保部门全面履责的客观需要。

首先，客观方面有利于保障环保部门全面履责。环保部门能否全面地履行自己的环境职责，承担环境法律责任，需要有足够的物质保障和执法手段保障，而这些保障的获得不应该仅仅是上级部门闭门开会所得出的结果，它应该在最大范围内获得相关公众的参与，倾听他们的声音，在了解他们需要的前提下综合进行决策，才能获得最大范围内的认可，体现最大的社会效益和综合效益。当然，值得一提的是，此处“公众”还包括环保部门本身，包括其工作人员。他们作为第一线工作人员，他们最懂得自己部门最缺乏什么、最需要什么。只有这样，环保部门才能将人力、物力、权力配备最合理，从而保障能充分地履行其法定职责。

其次，公众参与有助于环保部门安全履责。环保部门作为环境保护工作的主管部门，工作内容极度繁杂，环保工作和其他部门工作都有千丝万缕的关系，如安监部门、工商部门、农业部门、国土部门、公安部门等。而这些部门工作中如果出现问题最终表现形式往往就是环境污染事件，如无证开采导致的矿难（一般一定会伴随发生环境污染）、无证无照的野工厂（往往随意排放污染物导致周边环境污染）以及脱离规划的畜牧养殖等，所有这些群众反映强烈的环境问题其实主要责任并非在环保部门，但由于其外在表现形式为污染问题，环境保护就成为一个大口袋，只要有环境污染就是环保部门的问题，就要被问责，环保部门将百口难辩。这时只有通过大家的力量，通过公众参与，及时将相关信息反馈到环保部门或相关政府部门，及时将隐患消除在萌芽之中，而且在环境信息的及时公布下，公

① 王明远．环境行政的困境与出路：从“依‘法’行政”到“依‘裁量+参与’行政”［DB/OL］. http://erelaw.tsinghua.edu.cn/news_view.asp?newsid=1258，2015-04-14/2016-3-04.

众参与意识的提高有助于及时厘清政府有关部门的权力义务界限，公众参与质量提高的同时也极大地减少了环保部门的工作风险。此外，公众参与还有助于减少政府针对环保部门正常开展工作的压力，如环境信息定期公开制度，重大工程项目的环境影响评价公众参与制度、公益诉讼等制度的实施有力地扭转了重大事务地方政府一言堂的局面，改善了环保部门在政府中的专业性地位，其可以借助公众参与的力量来化解政府的不当干预，而这种不当干预一旦成功后发生不良后果则往往由环保部门担责。

再次，责任监督方面。公众参与有助于纠正环境行政机关决策的部门利益惯性，降低决策和执行成本，通过举报或者诉讼等方式协助环保部门打击环境违法行为，并且纠正环保部门的违法行政行为。公众通过这些监督方式督促环保部门严格履行法律职责，承担环境法律责任。此外，公众参与环保在广度与深度上的提升不仅有利于环保部门顺利履行好自身职责、减少来自政府本身及社会各方面的阻力，而且提升了环保部门在政府部门中的地位，而且随着公众参与广度与深度的继续扩大，公众对于环保部门的要求也会越来越高，期望也越来越大，这也是对环保部门的一个目标激励。

第二节　政府环境管理体制与环境保护主管部门

环境管理作为一项社会公共事务，是现代政府必须承担的一项职责，如何承担该职责各国都有所不同，涉及政府具体环境管理体制。不同的环境管理体制决定了不一样的环境管理部门，也决定了其权力范围及履责的方式。

一、国外环境管理体制介绍

根据国家社科院常纪文教授的研究成果，国外环境监管体制主要有三种类型。[①] 一是环境监管职能趋向独立和综合型。如 1994 年希腊承担环境

① 常纪文. 国外环境管理体制建设有哪些新趋势［N］. 中国环境报，2015-4-6.

监管职责的相关机构为环境、计划和公共工程部，到 2014 年，希腊环境保护部门从这一部门独立出来，被命名为环境、能源和气候变化部；在 1994 年前，冰岛尚未成立专门的环境保护机构，在 2014 年才成立环境和自然资源部、渔业和农业部等部门来承担环境监管职责；新西兰亦是如此；在 2014 年，加拿大将包括环境部、公园管理局、自然资源部和核安全委员会等有关环境与资源保护机构整合为环境部和核安全委员会；同年，波兰将 1994 年已设立的环境部、环境监察总局、能源管理局统一并入到环境部中，由环境部统一行使环境保护职能；保加利亚与捷克合并后的职能部门分别为环境和水资源部与环境部。二是环境保护和其他临界领域监管职能趋向合并型。如在 1994 年，德国的环境保护相关机构包括联邦环境、自然保护和核安全部，联邦食品、农业和林业部，到 2014 年，除维持联邦食品、农业和林业部的机构名称不变外，联邦环境、自然保护和核安全部吸收建设职能并更名为联邦环境、自然保护、建设和核安全部；2014 年，西班牙将 1994 年已设立的环境部、工业能源部和农业、渔业和食品部整合成农业、食品和环境部；同年，意大利将 1994 年专门设立的环境部和其他部门合并成为环境、领土和海洋部；与意大利类似，拉脱维亚也将环境报和其他部门合并成为农业、自然资源和环境部；澳大利亚在 1994 年成立环境和水资源部，但在 2014 年将人口、社区等监管职能纳入进来，成为可持续发展、环境、水、人口和社区部。有些国家还在中央政府内设立由政府首脑牵头的部际委员会，如意大利的环境问题部际委员会，日本的公害对策审议委员会，他们的职权内容主要有制定环境保护政策、协调各部环境资源保护职能和行动。三是环境保护职能趋向分散型。如在 2014 年，美国除了保全环境保护署和能源部这两个环境与资源保护机构外，还增设了联邦核管会；法国亦在 2014 年将环境部和国家公园管理局这两个环境监管机构合并成立生态、可持续发展和能源部，并在此基础上独立成立核安全局；1994 年的英国，它的环境监管机构有英格兰环境部、北爱尔兰环境部、苏格兰环境部，农业、渔业和食品部等部门；到 2014 年，核监管办公室已经独立，环境部则和其他部门合并成为环境、食品和乡村事务部；立陶宛则在2014年在环境部之外增设能源部；1994年，爱尔兰的环境监管相关机构为环境部，农业、食品和林业部，到2014年，环境监管职权则由环境、社区和地方事务部，农业、海洋和食品部，通讯、能源和自然资源部等3个部门分担；俄罗斯则在设立了自然资源与生态部、能源部之外还设立俄罗斯联邦环境、技术与核能监督总局来行使环境监管职责。

二、国内环境管理体制的历史沿革

1973年8月，国务院委托国家计委召开了第一次全国环境保护会议，首次将环保提上了国家管理的议事日程。这次会议除了确立全面规划，合理布局，综合利用，化害为利，依靠群众，大家动手，保护环境，造福人民的中国环保工作32字方针外，还制定了贯彻实施该方针的执行文件《关于保护和改善环境的若干规定》。在第一次全国环境保护会议结束后，国务院成立了环境保护领导小组及其办公室，各省、直辖市和自治区以及国务院各有关部门也相应设立了环保机构;国务院有关部门还制定实施了一些环保标准，如中华人民共和国计划委员会、中华人民共和国基本建设委员会、中华人民共和国卫计委批准1974年1月1日试行的《工业“三废”排放试行标准》、1976年的《食品卫生标准》和《生活饮用水卫生标准》等，值得一提的是在《工业“三废”排放试行标准》中还明确规定了“三同时”措施。

1978年3月，五届全国人大二次会议对1975年《宪法》进行了重要修改。鉴于环保行政组织已基本成为各级政府与工矿企业的执行机构之一，且环保已经成为中国发展外交事业的重要手段，1978年《宪法》在第11条首次明确规定：“国家保护环境和自然资源，防治污染和其他公害。”这为政府实施环保管理和制定专门的环保法律奠定了宪法基础。到1979年，我国颁布了《环境保护法（试行）》，该法明确了环保的基本任务、方针和政策，确立了“将环境保护纳入计划统筹安排”“谁污染，谁治理”“预防为主、防治结合、综合管理”等环保的基本原则，规定了环境影响评价、排污收费等一系列环保基本法律制度。为了促进环保法(试行)的全面施行，

该法对科学研究、宣传教育、奖励和惩罚做出了规定，特别是对环保机构的职责进行了详细规定。虽然自1973年第一次全国环境保护会议后各级政府逐步建立了环保管理机构，但大多只是临时性质的环境保护领导小组办公室。但在1979年《环境保护法（试行）》颁布之后，从中央到省、地、市和相当一部分县都依法建立了专门的环保部门，各级工农业主管部门及相当一部分大中型企业也建立了专门的环保机构，随着专门环保部门的增多与成熟，到1982年，中央政府机构改革，正式成立城乡建设环境保护部，下设环境保护局，结束了国家一级环境管理机构作为临时机构设置的阶段。在紧接着的各省级机构改革中，环保部门有的作为一级局保留，有的决定成立城乡建设环境保护委员会，也有的是把环境保护、环境卫生、园林管理等单位合并成立环境管理局。总之，环保管理机构的设置引起了各级政府的重视，全国也形成了一支具备一定政治素养、业务素质的环保队伍①。

1984年5月，国务院成立了环境保护委员会，办公机构设立在城乡建设环境保护部环境保护局。到1984年底，国务院将环境保护局升格为部委归口管理并自设17个处的国家环境保护局。截止到1985年，各省、自治区和直辖市成立一级局的有11个，成立环境保护委员会的有17个。全国环保系统共有人员45000多人，各行各业环保工作人员已达十多万人。并且有30个部委局设立了环保机构②。在1988年国务院机构改革中，国家环保局又从部委归口管理的部门中独立，升格为副部级的国务院直属局。1993年3月，八届全国人大一次会议决定增设全国人大环境保护委员会，1994年更名为环境与资源保护委员会，简称环资委。自此，我国环保立法和执法监督工作将由国家立法机关进行全面统筹安排。自1995年4月始，全国人大常委会几乎每年都要组织开展一次环保执法大检查活动。

1998年3月，国务院再次进行机构改革，将原本为副部级的国家环保局升格为正部级的国家环境保护总局，并且扩大了其环保方面的行政职能。

---

① 曲格平. 中国环境问题及对策［M］. 北京：中国环境科学出版社，1989：109.

② 国家环境保护局编. 中国环境保护事业（1981—1985）［M］. 北京：中国环境科学出版社，1988：15，265，266.

同年 6 月 23 日国务院办公厅发布了《关于印发国家环境保护总局职能配置内设机构和人员编制规定的通知》，将制定环保产业政策和发展规划的职能交给国家经济贸易委员会，环境保护部参与有关工作；将国务院原环境保护委员会的职能、国家科学技术委员会承担的核安全监督管理职能、管理和组织协调环保国际条约国内履约活动及统一对外联系、机动车污染防治监督管理、农村生态环境保护、生物技术环境安全职能划归国家环境保护总局。环境保护部设 10 个职能司（厅），分别为办公厅（宣传教育司）、政策法规司、规划与财务司、行政体制与人事司、污染控制司、科技标准司、自然生态保护司、核安全与辐射环境管理司（国家核安全管理局）、监督管理司、国际合作司。[①] 在这次机构改革中，本着精简机构的原则，国务院原环境保护委员会被撤销，其职能划归新成立的环境保护部行使。

2008 年 3 月，十一届全国人大一次会议通过了《国务院机构改革方案》。这次改革的主要任务是围绕转变政府职能和理顺部门职责关系，探索实行职能有机统一的大部门体制，合理配置宏观调控部门职能，以改善民生为重点加强与整合社会管理和公共服务部门。其中一项重要内容就是组建环境保护部并取代国家环境保护总局。根据国务院办公厅《关于印发环境保护部主要职责内设机构和人员编制规定的通知》，新设立的环保部强化了职能配置，重点是转变职能，取消和下放了有关行政审批事项，减少了技术性、事务性工作，进一步理顺了部门职责分工，强化了统筹协调、宏观调控、监督执法和公共服务职能；新增了部总工程师、核安全总工程师和污染物排放总量控制司、环境监测司、宣传教育司等 3 个内设机构，增加人员编制 50 名，行政能力得到进一步加强。机构上的升格，使得国家环保机构从国务院直属机构演变成为国务院的组成部门，从而使得环保部门在国家有关规划、政策、执法、解决重大环境问题上的综合协调等方面的能力得到增强。[②]

---

① 参见《通知》，见中国环境资源网。

② 汪劲. 环保法治三十年：我们成功了吗？中国环保法治蓝皮书（1979—2010）[M]. 北京：北京大学出版社，2011：29.

2018年3月13日，第十三届全国人民代表大会第一次会议审议国务院机构改革方案，将环境保护部的职责，国家发展和改革委员会的应对气候变化和减排职责，国土资源部的监督防止地下水污染职责，水利部的编制水功能区划、排污口设置管理、流域水环境保护职责，农业部的监督指导农业面源污染治理职责，国家海洋局的海洋环境保护职责，国务院南水北调工程建设委员会办公室的南水北调工程项目区环境保护职责整合，组建生态环境部，作为国务院组成部门。生态环境部对外保留国家核安全局牌子。

自此，我国在环境管理领域已形成统一监督管理与分级分部门管理相结合的管理体制。其中统管部门就是环境保护行政主管部门，具体指国务院生态环境部（中央环保部门）和地方各级政府环境保护局或厅（地方环保部门），本书统一简称环保部门。分管部门则包括国家海洋行政主管部门、港务监督、渔政渔港监督、军队环境保护部门和各级公安、交通、铁道、民航管理部门，这些部门也有对污染防治实施监督管理的责任。此外，县级以上人民政府土地、矿产、林业、农业、水利部门负责对自然资源保护实施监督管理。根据《水污染防治法》相关规定，重要江河设有水源保护机构的也负有协同环保部门对水污染防治实施监督管理的职责。分管部门本书一般统称为其他负有环境监管职责的政府部门。

三、我国环保部门的职责及其法律依据

环保部门作为各级政府工作部门，专职从事环境保护工作，承担了政府环保职责的主体部分。环保部门作为独立的行政机关法人，在授权范围内独立开展工作，承担法律责任。其职权来源于法律的授权与政府的委托。

《中华人民共和国宪法》第二十六条是政府享有环境管理权的法律源头，也是政府须承担环保责任的宪法依据，也是环保部门承担环保责任的法律源头。[①]《中华人民共和国环境保护法》（以下简称《环境保护法》）（2015）作为环境保护领域基础性、综合性的法律，对于其他环保法律法

① 《宪法》第二十六条规定："国家保护和改善生活环境和生态环境，防治污染和其他公害。"

规具有统领的作用，是最重要和关键的环保法律。该法第十条明确规定环保部门对本行政区域环境保护工作实施统一监督管理。[①]由于《环境保护法》的重要法律地位，该法律规定奠定了环保部门在环保工作领域中不可动摇的统一监管地位，既是中华人民共和国环境保护部（原环境保护总局）全面履行环境职责、承担环境责任的直接法律依据，也是地方各级人民政府环保部门全面履行环境职责的法律依据。

从1979年《环境保护法（试行）》颁布以来，环保机构逐渐发展起来成为一个独立的部门，对全国的环保工作实施监督管理。经过30多年的发展，根据环保部《全国环境统计公报（2014年）》公布的权威数据，至2014年底，环保行政主管部门已达到3180个，有人员5.2万人；环境监测机构2775个，有人员5.9万人；环境监察机构2943个，有人员6.3万人；环境应急（救援）机构146个，有人员0.1万人。环保部门已经成为国家环保工作的最核心力量，有大量专业机构和人员保障。

环保工作必须依法进行，环保工作的开展还需要有足够的法律条文来给予规范指导，自1979年至今，我国颁布了大量的环境法律法规，成就斐然。环境立法分类统计如表1–1所示（从《法规速递》软件搜索获得）。

表1–1　环境立法分类统计表

法规种类	数量
环境污染防治法	9部
自然资源保护法	15部
环境保护行政法规	50余项
部门规章和规范性文件	近200件
国家环境标准	500多项
军队环保法规和规章	10余件
多边国际条约	51项
地方性环境法规和政府规章	1600余件

根据有关法律规定，环保部门主要承担参与环境综合决策、对环境工

① 《环境保护法》第十条规定：“国务院环境保护主管部门，对全国环境保护工作实施统一监督管理；县级以上地方人民政府环境保护主管部门，对本行政区域环境保护工作实施统一监督管理。”

作实施统一监督管理、对工业企业环境行为进行监管等三个方面的职责。其中，对环保工作是否具有统一监督管理权是环保部门与其他负有环保管理职责部门最重要的区别。具体职责见表 1-2。①

表 1-2 环保部门具体工作职责列表

中央环保部门	地方环保部门
（一）负责建立健全环境保护基本制度。	（一）贯彻落实国家关于环境保护方面的法律、法规、规章和政策。
（二）负责重大环境问题的统筹协调和监督管理。	（二）负责本地区环境问题的统筹协调和监督管理。
（三）承担落实国家减排目标的责任。	（三）承担落实辖区污染减排目标的责任。
（四）负责提出环境保护领域固定资产投资规模和方向、国家财政性资金安排的意见，按国务院规定权限，审批、核准国家规划内和年度计划规模内固定资产投资项目，并配合有关部门做好组织实施和监督工作。	（四）负责提出辖区环境保护领域固定资产投资方向、规模及项目安排建议；参与编制总体规划及国民经济和社会发展规划、计划；负责环境形势综合分析。
（五）承担从源头上预防、控制环境污染和环境破坏的责任。	（五）承担从源头上预防、控制辖区环境污染和环境破坏的责任。
（六）负责环境污染防治的监督管理。	（六）负责辖区环境污染防治的监督管理。
（七）指导、协调、监督生态保护工作。	（七）指导、协调、监督辖区生态保护工作。
（八）负责核安全和辐射安全的监督管理。	（八）负责辖区辐射安全的监督管理。
（九）负责环境监测和信息发布。	（九）负责辖区环境监测和信息发布工作。
（十）开展环境保护科技工作。	（十）开展辖区环境保护科技工作。
（十一）开展环境保护国际合作交流。	（十一）开展环境保护国际合作交流。
（十二）组织、指导和协调环境保护宣传教育工作。	（十二）组织、指导和协调辖区环境保护宣传教育工作。
（十三）承办国务院交办的其他事项。	（十三）承办辖区政府交办的其他工作。

地方环保部门的环保职责中，一些宏观性的职责，如开展环境保护国际合作交流；制定环境监测制度和规范；拟订辐射安全相关政策、规划；负责辐射环境事故应急处置；拟订生态保护规划；建立和实行环境质量公告制度、统一发布环境状况公报；起草相关地方性法规草案、政府规章草案；拟订环境保护政策、规划并组织实施；拟订地方污染物排放标准和国家规定项目以外的地方环境质量标准；组织拟订并监督实施重点区域、重点流

① 参见北京市环保局网站（http://www.bjepb.gov.cn/）和中华人民共和国环境保护部网站（http://www.zhb.gov.cn/）.

域污染防治规划和饮用水水源地环境保护规划等职能主要由省级政府环保部门行使，其他职能则由地方各级环保部门分别行使。

此外，环保部门作为一般政府组成部门，除了对外进行环境监管外，对内也有内部管理的职责。《环境保护法》第六十七条就规定："上级人民政府及其环境保护主管部门应当加强对下级人民政府及其有关部门环境保护工作的监督。发现有关工作人员有违法行为，依法应当给予处分的，应当向其任免机关或者监察机关提出处分建议。依法应当给予行政处罚，而有关环境保护主管部门不给予行政处罚的，上级人民政府环境保护主管部门可以直接做出行政处罚的决定。"其中有关部门应该包括但不限于环保部门，针对下级环保部门的错误决定，上级环保部门可以直接做出新的决定，发现有关人员有违法行为的，应该依法给予处分。根据相关法律规定，违法行为主要有以下几种：[①]1. 不符合行政许可条件准予行政许可的；2. 对环境违法行为进行包庇的；3. 依法应当做出责令停业、关闭的决定而未做出的；4. 对超标排放污染物，采用逃避监管的方式排放污染物，造成环境事故以及不落实生态保护措施造成生态破坏等行为，发现或者接到举报未及时查处的；5. 违反本法规定，查封、扣押企业事业单位和其他生产经营者的设施、设备的；6. 篡改、伪造或者指使篡改、伪造监测数据的；7. 应当依法公开环境信息而未公开的；8. 将征收的排污费截留、挤占或者挪作他用的；9. 法律法规规定的其他违法行为。

四、我国环保部门履行职责所取得的成绩和存在的问题

（一）取得的成绩

有了法律法规的指导，环保部门通过调动其机构人员，积极参与环境的保护治理中，做了大量的工作，也取得了一定的成绩。现就主要方面做一些介绍。

---

① 参见《环境保护法》第六十八条。

1. 在环境行政法制方面

根据原环保部《2010年环境统计年报》中环境管理制度执行情况的数据，2010年，全国办理环境行政处罚案件、环境行政复议案件、环境行政诉讼案件、环境犯罪案件分别为11.7万起、694起、228起、11起。当年做出环境行政处罚决定的案件、做出环境行政复议决定的案件、做出判决的环境行政诉讼案件、做出判决的环境犯罪案件依次为11.2万起、598起、168起、8起，分别占当年办理案件的95.9%、86.2%、73.7%、72.7%。到2013年，根据环保部《2013年环境统计年报》，全国办理环境行政处罚案件13.9万件，环境行政复议案件550件。

而根据2016年1月公布《2014年环境统计年报》，2014年全国办理环境行政处罚案件有所减少，仅9.7万件，环境行政复议案件544件。在环境信访方面，环保部门也做了大量具体工作，自2011年有统计数据以来，接受电话/网络投诉数逐年提高，近三年办结率达到98%以上，解决了大量群众急盼解决的问题，增强了群众治理环境的信心。具体数据见表1–3。

表1–3　环境信访数据历年统计表

年度	来信总数（封）	来访批次（批）	来访人次（次）	来信、来访已办结数量（件）	电话/网络投诉数(件)	电话/网络投诉办结数(件)
2005	608245	88237	142360	—	—	—
2006	616122	71287	110592	—	—	—
2007	123357	43909	77399	—	—	—
2008	705127	43862	84971	—	—	—
2009	696134	42170	73798	—	—	—
2010	701073	34683	65948	—	—	—
2011	201631	53505	107597	251607	852700	834588
2012	107120	43260	96145	159283	892348	888836
2013	103776	46162	107165	151635	1112172	1098555
2014	113086	50934	109426	152437	1511872	1491731

2. 环境监测方面

根据环境年报统计数据，截至2014年底，全国环境空气监测点位2497个，酸雨监测点位979个，沙尘天气影响环境质量监测点位数82个，地表水水质监测断面 9568 个，饮用水水源地监测点位数 3451 个，近岸海域监测点位数 765 个，开展环境噪声监测的监测点位数 237923 个，开展生态监测的监测点位数 164 个，开展污染源监督性监测的重点企业数 59123 个。监测条件逐步改善，监测点的设置也逐步完善和合理，监测数据质量也逐步提高，为我国环境整体规划以及环境治理提供了大量第一手监测数据资料，也为地区环境执法提供了重要依据。全国环境监测条件具体情况见表 1–4（参见当年环境统计年报数据）。

表 1–4　环境监测条件改善数据表

项目 时间	监测用房总面积（平方米）	监测业务经费（亿元）	环境监测仪器（万台 / 套）	仪器设备原值（亿元）
2014	302.5	34.9	28.1	183.7
2013	286.8	37.0	26.8	146.3
2012	263.5	45.9	23.4	124.8

3. 自然生态保护方面

在自然生态保护方面，据环境年报统计数据，截至 2013 年底，环保部门在全国建立各类自然保护区共计 2792 个，面积达到 14631.0 万公顷，约占国土面积的 14.6%。其中国家级、省级自然保护区分别占全国总数的 15.1%、31.7%，其面积占 64.3%、26.8%。而到 2014 年底，环保部门在全国共建立各类自然保护区面积达到 14699.2 万公顷。经过多年的发展，自然保护区无论是在数量还是质量上都取得了长远的进步，减缓了生态环境恶化的进程，为国家环境治理赢得了时间，在自然保护区规划和建立方面环保部门功不可没。具体情况如表 1–5 所示。

表 1–5　全国自然保护区数量、面积历年数据统计表

年度	国家级自然保护区		省级自然保护区		地市级自然保护区		县级自然保护区		合计	
	数量（个）	面积（万公顷）	数量（个）	面积（万公顷）	数量（个）	面积（万公顷）	数量（个）	面积（万公顷）	数量（个）	面积（万公顷）
2005	243	8898.9	773	4487.0	421	501.5	912	1107.5	2349	14994.9
2006	265	9169.7	793	4441.8	422	522.4	915	1019.6	2395	15153.5

续表

年度	国家级自然保护区		省级自然保护区		地市级自然保护区		县级自然保护区		合计	
	数量（个）	面积（万公顷）	数量（个）	面积（万公顷）	数量（个）	面积（万公顷）	数量（个）	面积（万公顷）	数量（个）	面积（万公顷）
2007	303	9365.6	780	4260.1	462	537.6	986	1024.9	2531	15188.2
2008	303	9120.3	806	4240.2	432	497.1	997	1036.8	2538	14894.3
2009	319	9267.1	827	4004.5	416	471.2	979	1031.9	2541	14774.7
2010	319	9267.6	859	4174.8	418	468.2	992	1033.4	2588	14944.1
2011	335	9315.3	870	4152.6	421	472.4	1014	1030.9	2640	14971.1
2012	363	9414.6	876	4090.9	406	432.5	1024	1040.8	2669	14978.7
2013	407	9403.9	855	3919.5	–	–	–	–	2697	14631.0
2014	428	9651.6	858	3778.2	–	–	–	–	2729	14699.2

4. 环境影响评价及环保验收

据原环保部统计数据，2014 年，共审批建设项目环境影响评价文件 44.2 万个，其中编制报告书的项目有 3.4 万个，填报报告表的项目有 17.9 万个，编制登记表的项目有 23.0 万个。环境影响评价制度执行率逐年提高，项目质量也得到了较大保障，为环境治理把好了入口关。

到 2015 年，原中央环保部积极推行环境影响评价制度改革，强化战略环评对宏观决策的支撑作用，制定了促进长江中下游城市群、中原经济区产业与环境保护协调发展的指导意见，制定并发布了《关于规划环境影响评价加强空间管制、总量管控和环境准入的指导意见》《关于开展规划环境影响评价会商的指导意见（试行）》《关于加强规划环境影响评价与建设项目环境影响评价联动工作的意见》等一系列环评规范指导意见；通过发布《环境保护部审批环境影响评价文件的建设项目目录（2015 年本）》、修订《建设项目环境影响评价分类管理名录》来进一步简政放权、规范环评管理。环保部通过印发《建设项目环境影响评价信息公开机制方案》来加大环评信息公开力度，并且出台了《建设项目环境保护事中事后监督管理办法（试行）》，以此明确国家和省级环保部门的监督指导责任，以及市县级环保部门属地管理职责，强化了建设单位主体责任，进一步明确了地方党委政府领导职责。到 2015 年，已有 8 家环评机构率先与环境保护部部长直属单位脱钩，各省级环保部门也全部按要求上报了脱钩方案，已有 67 家机构提前完成脱钩任务。

2013 年环保部门共完成环保验收项目 15.0 万个，比 2012 年多完成 1.8 万个，这其中环保验收一次合格的项目有 14.5 万个。近几年实际执行“三同时”[①] 建设项目环保投资也逐年提高，为以后环保的防控工作打下了坚实基础。全国实际执行“三同时”建设项目环保投资情况见图 1-1。

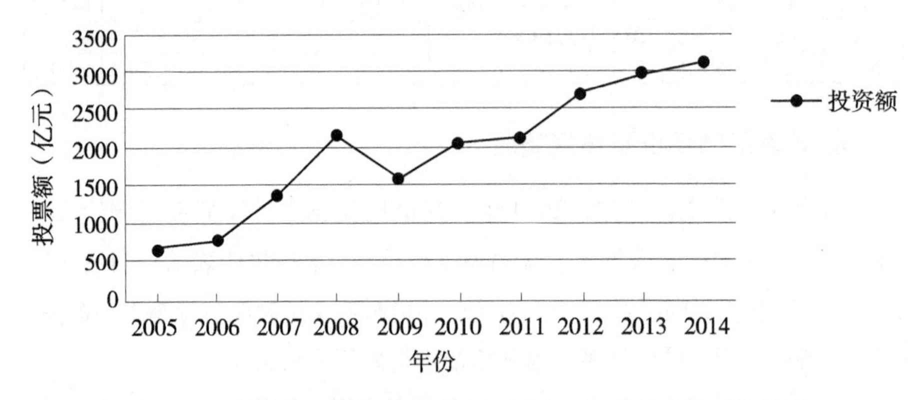

图 1-1　全国实际执行“三同时”建设项目环保投资情况趋势图

5. 排污收费及污染治理投资方面

根据原环保部公布数据，排污收费基本每年都略有提升（2014 年稍有下降），到 2013 年底，入库金额达到了最高值 204.8 亿元，在扣除排污量增减因素后，很大程度上也表明环保部门在征收排污费方面的工作还是富有成效的，为我们后面治理污染提供了资金支持。具体情况见表 1-6。

---

① 三同时”制度指一切新建、改建和扩建的基本建设项目、技术改造项目、自然开发项目，以及可能对环境造成污染和破坏的其他工程建设项目，其中防治污染和其他公害的设施和其他环境保护设施，必须与主体工程同时设计、同时施工、同时投产使用的制度。

表 1–6　近年全国排污费解缴数据表

年度	全国排污费解缴入库单位（万户）	入库金额（亿元）
2014	31.8	186.8
2013	35.2	204.8
2012	35.1	188.9
2011	43.9	201.1
2010	40.1	177.9
2009	44.6	164.2

此外，环保部门针对环境污染状况，在全国范围内对污染源进行了治理工作，投入了大量资金，仅 2014 年，我国污染治理设施直接投资总额为 4846.4 亿元，占污染治理投资总额的 50.6%，且呈递增态势发展。从每年大量资金的投入，可以侧面看到环保部门在污染治理这块还是做了大量力所能及的工作，且富有成效，如表 1–7 所示。

表 1–7　近几年环境污染治理投资数据表

年度	污染治理设施直接投资（亿元）	城市环境基础设施建设投资(亿元)	老工业污染源治理投资（亿元）	建设项目“三同时”环保投资（亿元）	占当年环境污染治理投资总额比例（%）	占当年GDP 比例（%）
2005	1346.4	248.1	458.2	640.1	56.4	0.74
2010	3078.8	648.8	397.0	2033.0	46.3	0.77
2011	3076.5	519.7	444.4	2112.4	51.1	0.65
2012	3765.4	574.5	500.5	2690.4	45.6	0.72
2013	4479.5	665.3	849.7	2964.5	49.6	0.79
2014	4846.4	734.8	997.7	3113.9	50.6	0.76
变化率(%)	8.2	10.4	17.4	5.0	–	–

（二）存在的问题

环保部门在法定职责方面取得了一定的成绩，但也存在许多问题。这也是为什么一方面环境污染损害事件频繁发生、群体性事件不断，另一方面司法诉讼渠道却空置，没有得到当事人的充分利用的原因所在。① 根据以往经验，普通民众对政府、对环保部门给予了厚望，但又充满了担心。

① 熊超．生态文明司法保障之惑与解——环境民事法律责任制度重构之设想［J］．清华法治论衡，2016（1）：217.

有事不愿找法院，而愿意找环保部门处理，但又担心其处理不到位，于是以群体的形式来施压。总之，环保法实施的客观现状并未表现出人们所期望的乐观态势。

首先，政府不同部门之间在环境保护监督管理方面缺乏协调配合，影响了一些环境管理制度和措施的实施效果。许多重要环保法律制度并未得到良好的执行，如环保计划制度目标责任虚制、环保投资项目存在大量虚化状况；环境标准制度构建不科学、污染防治标准与公众健康标准混同；规划环评制度流于形式、项目环评未批先建情况严重；在突发环境事件报告及处理制度中“瞒报”“谎报”情形时有发生。环保监管体制改革需要进一步深化，主管部门与分管部门职责及其相互关系需要进一步明确和理顺。

其次，环境执法力量不足、执法能力不强影响环保制度和措施的全面、充分执行和遵守，环保执法力量、执法技术和手段、执法经费的“倒金字塔”现状使得基层环保部门很难承担起繁重的执法任务。现实中往往出现很多不正常现象，如监测数据严重失真、总量核算依据不足、执法监管不力；排污收费制度中污染源监测方法不规范、排污费资金严重遭挤占；环境监察制度普遍存在“管不动”“管不了”“能管而不管”的问题；限期治理制度中“挡箭牌”“保护伞”现象不断恶化等种种现象发生。

再次，环保部门还缺乏对不同经济发达程度地区、不同规模企业的区分和有针对性的执法措施，一些欠发达地区和中小型企业守法意识和守法能力亟须加强和提升。此外，政府与环保部门给予公众参与环境保护的途径和方式不足，公众参与环境保护的能力有待于进一步提高，环境公益诉讼对象和范围有待拓宽，起诉主体资格限制需要放松。[①]环保法治三十余年，虽取得一定成绩，但政府的环境法治并不十分成功，环保部门的职责履行状况也并不十分理想，还存在一系列的实际问题有待解决。[②]

---

① 王灿发．新《环境保护法》实施情况评估报告［M］．北京：中国政法大学出版社，2016：222.

② 汪劲．环保法治三十年：我们成功了吗？中国环保法治蓝皮书（1979—2010）［M］．北京：北京大学出版社，2011：64-132.

综合起来，就是习近平总书记在大会上总结指出的环保体制存在的4个方面突出问题，[①]这也是党中央要坚决实施环保机构垂直改革的重要依据，实施环保机构垂直改革就是要克服环保领域这些突出问题，以问题为导向，将环保领域改革向纵深推进。

第三节　环保部门职责履行机制的界定与分类

一、环保部门职责履行机制的界定

环保部门作为政府环保工作的主管部门，承担了绝大部分的环保任务，环保部门能否恪尽职守，严格地完成自己的工作职责关系到整个环保工作的成败，在法治国家大背景下，给环保部门创造一个适于履行职责的机制就显得尤为重要。

“机制”原指机器的构造和工作原理，现在常用来泛指一个工作系统的组织结构或组成部分之间相互作用的过程和方式。机制作为一种制度约束关系，在其本质上是用以表示一定机体内各构成要素之间相互联系和作用的关系及其功能。是制约或决定某一系统存在或发展状态深层次各相关因素或各相关过程，遵循一定规律或规则，相互作用形成的连锁互动的过程和内容。[②]

一般来说，凡是能够促进环保部门充分、严格履行职责的措施、办法、制度体系，都可以纳入环保部门职责履行机制的范畴。

二、环保部门职责履行机制的分类

本书根据机制所起到的具体功能将此划分为四个方面：即环保部门履行职责的保障机制、监督机制、激励机制、风险防范机制。

---

① 具体参见习近平：关于《中共中央关于制定国民经济和社会发展第十三个五年规划》的说明。

② 张志军．当代中国领导干部管理机制研究［D］．长春：吉林大学，2005：14.

其中保障机制和激励机制主要起到保障和激励环保部门严守职责的作用。监督机制则主要针对环保部门可能出现的渎职行为进行鞭策和制止。风险防范机制则是让守法尽职者避开被法律“误伤”的风险。

（一）保障机制

环保部门要履行自己的工作职责，顺利开展工作，必须要有足够的外部保障，只有保障到位，环保部门才能有条不紊地开展自己的工作，完成政府与人民交给的环保任务。这也是环保部门履行职责的前提。这里涉及的保障机制主要针对环保部门开展工作时所需要的外部良好条件，具体是指保障环保部门通畅地履行环保法规定的环保职责所应当具备的各项制度安排。该制度安排主要有两块，物质保障和执法手段保障。一个部门要顺利地履行自己的职责必须要有足够的资金来源作为物质保障，特别是环保部门，环境监测设备、后勤保障等相比其他部门要求要高得多，这些不是简单的办公条件所能概括的。如环境执法行为必须要有足够的现场检测设备、通信设备、执法设备等硬件设施，否则严格环境执法只是一句空话，成为真正没有“牙齿”的老虎，会严重影响环保执法人员的士气。此外，环保部门要想高质量地完成法律赋予自己的职责还需要拥有足够的执法手段来作为保障。小的权力却承担大量职责是不现实的，大的权力却承担少量责任是不正常的，权力与职责只有一致才能顺利地推动工作的开展。在第二章中我们将重点分析物质保障和执法手段保障的内容。

（二）监督机制

法谚云：“绝对的权力导致绝对的腐败。”任何一种权力都需要受到牵制与监督，对于权力的监督尤与权力的授予一样重要，权力一旦授予，监督则须立即启动，在环保领域，监督机制的主要功能在于当环境保护部门怠于行使自己的职能或者滥权的时候有充分合理的制度安排来进行管控，使其职能重新回到正常轨道。监督机制根据监督主体是否在体制内可分为内部监督和外部监督；根据监督主体的性质不同可分为群众监督与部

门监督（或体制内监督）；根据监督过程是否有公权力的参与可将监督机制划分为体制内监督与社会监督。监督机制是否严密、执行是否顺畅将决定环保部门能否严格履行职责。监督机制是否完善对于环保部门职责履行具有举足轻重的作用。对监督机制的具体分析见本书第三章。

（三）激励机制

激励制度的产生源于对人类自身的了解，自古就有人性善恶之争，但不可否认人类都有“趋利避害”的本能。激励机制就是要通过制度将人类这种本能利用起来，通过采用物质的、精神的、职位的奖励，使环保人员乐于奉献，勇于担责。2009年，中共中央组织部颁布了《地方党政领导班子和领导干部综合考核评价办法（试行）》（中组发〔2009〕13号），该《办法》进一步规定地方党政领导班子考核的实绩分析主要依据有关方面提供的经济发展、社会发展、可持续发展整体情况和民意调查结果等内容来分析地方党政领导班子和领导干部的工作思路、工作投入、工作成效等，同时明确指出对地方党政领导班子和领导干部进行实绩分析的内容必须包括节能减排与环境保护、生态建设与耕地等资源保护，以及民意调查经济社会发展满意度等。这些考核措施让环保部门的工作内容获得了正面的肯定，有力地提升了环保部门在政府中的地位，改变了环保部门一直在地方上的负面形象，对于环保工作人员也是一个精神和职位的激励。对环保部门职责履行中的激励机制进行研究，研究成果有利于发扬环保人爱岗敬业、积极进取、乐于奉献的环保精神，加快我国环保事业继续向前迈进。

（四）风险防范机制

环保部门工作内容极度繁杂，和其他部门工作都有千丝万缕的联系，很多时候地方政府为了地方经济发展需要，对于环境污染问题刻意回避，甚至包庇保护污染企业，对于未履行正常手续、不符合环保条件的企业强行上马、强行生产，一旦出现环境纠纷、环境群体事件，环保部门（特别是环保部门负责人）则首当其冲，“罪责”难逃，而当地政府也将全部责任推给环保部门，导致很多时候环保部门是代其他部门受过。据本人实地调研，很多地方环保部门人员都有调离本部门的意愿，特别是环保部门的领导层，他们认为自己承担的风险太大，随时都有担责的风险，而且这些风险都是自己所无法预测和掌控的。为此，环保部门本身的风险防范机制亟待完善加强，分清职责范围，强化依法办事，避免政府过度干预环保工作。

根据中央部署安排，将实行省以下环保机构监测监察执法垂直管理制度，形成政府、企业、公众共治的环境多元治理体系。可以预见的是，在不久的将来，省以下环保机构监测监察执法垂直管理系列改革将如火如荼地在全国展开（下文一律简称垂直改革）。而垂直改革的展开无疑会对环保部门现有履责机制产生深刻影响。如何利用好中央政策开展好这次垂直改革将会对我国的环境保护工作的成败产生重要影响。就垂直改革对环保部门现有履责机制的影响研究就显得尤为重要，只有对这些影响提前进行预判才可以指导我们的实务部门进行改革实践，发挥改革正面作用，减少、消除负面影响，保证改革后环保部门能充分、严格地履行其法定职责。

出于研究的需要，本人将就垂直改革中环保部门职责履行机制之保障机制、监督机制、激励机制与风险防范机制四个方面的冲击与影响进行逐一分析，对垂改后环保部门职责履行机制的变化进行分析、评价，并尝试进行重新构建与完善。通过对机制的研究，提出完善建议，解决环保部门垂改后在职责履行中遇到的各种问题，为环保部门垂直改革的顺利进行提供理论支撑。

第四节　环保机构垂直管理改革对环保部门职责履行的冲击

环保部门工作上虽存在这样那样很多问题，但其从无到有，从弱到强，还是为我国环保事业做出了应有的贡献。但随着时代的发展，社会的进步，环保出现了前所未见的新情况，在解决旧问题的同时还需要面对出现的新情况。根据党中央规划，在十三五期间，将实行省以下环保机构监测监察

执法垂直管理制度，形成政府、企业、公众共治的环境多元治理体系。这是我国为扭转环境恶化，补全小康社会突出短板，建立生态社会、美丽中国的一项重要举措。是党和国家重视环保问题的一个重要政策体现。垂改这一新政策虽是解决现实问题的一剂良药，也是一剂猛药，但正因为药性较“强”，改革会对环保部门履责机制产生强烈震动。这可能会对环保部门现行履责机制产生重大冲击，对现有环保管理体制产生重大影响。

一、垂改后环保部门将会发生的重大改变

（一）环保部门法定职责的改变

在这轮的环保机构垂直管理改革中，相对来讲，省级环保部门没有大的改变，最多也只是内部机构的调整与整合。[①] 最大冲击的则是对市（地）县环保部门，而且它们之间的影响还有所不同。

1. 市（地）环保部门职责的改变

改革后，市（地）环保部门不再保留原环境监测监察机构，监测监察职能由省级环保部门统一行使。有些学者就此认为，市（地）环保部门职能将缩减，环保部门原有统一监督管理权将逐步转化为重在宏观行政决策，行使“统一管理权”主要包括环境政策制定、环评审批与排污许可管理、污染防治计划与编制生态保护规划等行政活动。而统一监管权中的对排污者履行环境行政义务情况实施检查监督，包括环境执法、排污收费、环境信访、环境风险控制等具体监督权能则交由省级政府统一行使。[②] 但其实不然，根据最新中共中央、国务院发布的《指导意见》[③] 精神，垂改后，

---

① 环保部环境监管“精细”转型 新设三司实行垂直管理［N］，第一财经日报，2016-03-04.

② 王树义，郑则文. 论绿色发展理念下环境执法垂直管理体制的改革与构建［J］. 环境保护，2015（23）：13.

③ 2016 年 9 月 14 日，中共中央办公厅、国务院办公厅联合下发了《关于省以下环保机构监测监察执法垂直管理制度改革试点工作的指导意见》（以下简称《指导意见》）。

市级环保部门负责对全市区域范围内的环境保护工作实施统一监督管理，负责辖域内环境执法，强化综合统筹协调，上收原县级环保部门拥有的环境保护许可职能，领导县级环保分局展开全面工作。而且，改革后原有县级环境监测机构保留，不并入省级环保部门，而是跟随县级环保局一并上收到市级，成为县级环保分局的组成部分，[①]其主要职能将调整为执法监测。如此看来，市（地）环保部门职能不但没有缩减，还有扩展的趋势。除了监察职能上收至省级环保部门之外，市（地）环保部门其他职能不但没有被削减，还被赋予更多统筹协调的职能，加大了对县域环境管理的力度。原有统一监督管理权逐步转化为重在宏观行政决策、协调指挥辖区环境执法，在环境政策制定、环评审批与排污许可管理、污染防治计划与编制生态保护规划等行政活动中行使“统一管理权”。

此外，鉴于准县级环保部门[②]是市（地）环保部门的派出机构，意味着市（地）环保部门还有直接领导准县级环保部门的职责，而且这一职责有别于以往上级环保部门领导下级环保部门的职责关系，它体现更多的是一种机构内部管理关系。理论上，准县级环保部门是市（地）环保部门的一个组成部分，其工作安排由市（地）环保部门统筹，直接为市（地）环保部门工作服务。这样看来，市（地）环保部门少了一项对其下级县级环保部门的领导职能，增加了一个对内设外派机构管理的职能。当然，这个内设外派机构与县级政府关系现在还比较模糊，具体是接受县级政府与市（地）环保部门的双重管理，还是仅接受市（地）环保部门的直接管理或是以市（地）环保部门为主的双重管理体制。这些还需要有关部门进行统筹设定安排。但无论采取哪种方式，县级环保部门作为市（地）环保部门的派出机构这一法律性质不会改变，这也是习总书记在十五大上提到的改革的基点。[③]

① 原县级环境监测机构最终是成为县级环保分局的组成部分或是下属机构还有待于改革后进行明确，但可以肯定的是无论如何它都将是市环保部门的下属机构，接受市环保部门的领导。

② 原县级环保部门改革后成为市（地）环保部门的派出机构，本书统称为准县级环保部门。

③ 见习近平：关于《中共中央关于制定国民经济和社会发展第十三个五年规划的建议》的说明。

2. 准县级环保部门职责的改变

这次的环保体制改革对县级环保部门来讲最彻底，改革直接将县政府组成部门的县级环保局裁撤掉，成为市（地）环保部门直接在县域设立的派出机构——县环保分局。

根据现有官方公布的改革路径，改革实行后，可以预见的是县政府将不会再有县环保局这个组成部门，市（地）环保局的派出机构将顶替县级环保部门的大部分功能与作用。

准县级环保部门作为市（地）环保部门的派出机构，其工作内容不会超出市（地）环保部门的职责范围，由于该机构是作为顶替原县级环保部门而设立的机构，其有别于一般部门的内设机构，应该与市（地）环保部门一样具有比较全面的职责功能。具体来讲，由于县级政府不可能再重新设置管理环保工作的政府组成部门（否则就没有必要将县环保局撤掉），县域的环保工作还是需要一个专业的机构进行管理，从管理机构的精简高效角度来讲，这个机构无疑只能是准县级环保部门。为此，准县级环保部门不仅要完成市（地）环保部门内部赋予的工作职责，还需要承担县域内的环境行政管理义务。① 这与市（地）环保部门的环境管理职责相一致，只是所辖地域不同，管理重点将放在现场环境执法上面。

此外，根据《环境保护法》（2015）第六十七条，无论上级人民政府还是上级环保部门都可以对下级人民政府在环保领域的工作进行监督，而且作为一项职责，应该加强不能推卸。对上级环保部门而言，如发现地方政府人员有违法行为可以向其任免机关或者监察机关提出处分建议。有了新环保法的第六十七条，可以明确得出，上级环保部门与下级人民政府（包括更下级人民政府）在环保工作领域内是监督与被监督的关系。如发现下级人民政府在环保领域对下级环保部门发出错误指令时，上级环保部门可以要求其改正，甚至向其任免机关或者监察机关提出处分建议。改革后，环境监察职能将上收至省级环保部门，但并不意味着各级环保部门将放弃

① 这一义务到底是法定职责还是政府委托还没有定论，需要在改革中加以确定。

对下级人民政府及相关部门在环保领域工作上进行指导督促，相反，垂改后，由于监察职能上收至省级环保部门，监察工作的开展将更依赖于下级市（地），以及准县级环保部门的积极配合，没有基层市（地）环保部门对环保工作的统筹安排，就没有监督监察的基础，如果没有基层环保部门（特别是准县级环保部门）在一线对地方政府及其相关部门在环保领域工作上进行监督，省级环保部门的监察职能将无法实施，成为无源之水。以此看来，所谓监察职能上收仅是“监督”权中的“监”权上收，“督”权保留，否则环保部门将无事可管、无事可干。

准县级环保部门作为市（地）环保部门驻县域的派出机构，代表着市（地）环保部门，从法理上适用新环保法第六十七条，可以对县人民政府及其有关部门环境保护工作进行督促，如此看来，准县级环保部门不仅具有县域环境事务的统一管理权，还有对县级人民政府及其有关部门环境保护工作督促的权力。只不过准县级环保部门（包括市级环保部门）没有对地方政府及其有关部门进行调查和处理的监察权而已。

3. 省级环保部门职责的改变

根据《指导意见》精神，地方环境保护管理体制调整后，市级环保局实行以省级环保厅（局）为主的双重管理体制，市级环保局局长、副局长由省级环保厅（局）党组负责提名，会同市级党委组织部门进行考察，在征求市级党委意见后提交市级党委和政府按有关规定程序办理，其中局长提交市级人大任免；市级环保局党组书记、副书记、成员，征求市级党委意见后，由省级环保厅（局）党组审批任免。

在环境监察工作方面，垂改后，市县两级环保部门所拥有的环境监察职能统一上收至省级环保部门，省级环保部门通过向市或跨市县区域派驻等形式统一行使环境监察职能。在环境监测方面，将市级环境监测机构调整为省级环保部门驻市环境监测机构，由省级环保部门直接管理，其人员和工作经费由省级承担，机构主要负责人在事先征求市级环保局意见下担任市级环保局党组成员，驻市环境监测机构与省级环境监测机构一起主要

负责生态环境质量监测工作。所辖范围内生态环境质量监测、调查评价和考核工作由省级环保部门统一负责，实行生态环境质量省级监测、考核。

在环境执法方面，省级环保部门与市县环保部门独立执法，省级环保部门仅对省级环境保护许可事项等进行执法，并对跨市相关纠纷及重大案件进行调查处理，在业务方面对市县两级环境执法机构给予指导。

改革后，省级环保部门加强了统筹规划方面的职能，如在全省范围内统一规划建设环境监测网络，实行生态环境质量省级监测、考核，所辖各市县生态环境质量监测、调查评价和考核工作由其统一负责。在监察工作领域，全省环境监察工作统一由省环保部门行使。可以得出，省级环保部门相比原有职责范围，改革后，其直接负责领域进一步扩大，职责更加细化深入，在环境监测、环境监察、环境执法方面都有明确而实质的权责范围，有据可查。

（二）环保部门法定主管部门的改变

在我国，国务院环境保护主管部门为生态环境部，县级以上地方政府环境保护主管部门为环境保护厅（简称环保厅）或环境保护局（简称环保局），学术交流中习惯将环境保护主管部门称为环保部门，为方便交流，下文均以环保部门代之。环保部门隶属于政府职能部门，即为政府所属工作部门。根据地方政府组织法第六十四条、第五十九条以及第六十六条之规定，地方各级人民政府根据工作需要可设立必要的工作部门，地方政府全面领导所设部门的工作，可改变或者撤销工作部门不适当命令和指示。由于环保部门并非垂直管理部门，其上级主管部门只能对其业务进行指导，而领导者还是当地政府。现实体现就是地方环保部门按长（县长、市长的指示）办事，而非按章办事，这也是地方环保部门执法为什么一直受到地方政府制约的根本原因。

这次的环保机构垂直管理改革，很大程度改变了以往从上至下，与政府设置保持一致的中央环保部门到县级环保部门的四级环保管理体制，同时也颠覆了以往传统的组织领导关系，地方政府与环保部门的关系以及环保部门之间的关系也开始发生重大转变。而且这种关系在不同级别环保部门与各级别政府间的表现都有所不同，特别是在市（地）县级层面，显得错综复杂。现主要对县市（地）两级环保部门的组织领导关系的改变进行分析。

1. 准县级环保部门的具体情况

根据中央改革精神，县级环保局不再单设而是作为市（地）级环保局的派出机构。改革后，准县级环保部门不再是县级人民政府的组成部门，在法律层面也将不再受其统一领导。相反，准县级环保部门作为市（地）级环保部门的派出机构，人财物也必将接受市（地）级环保部门直接调配。市（地）级环保部门将直接领导准县级环保部门开展工作，准县级环保部门理论上也只能以市（地）级环保部门名义开展工作，而不能以县级环保部门名义开展工作。准县级环保部门作为市（地）级环保部门的派出机构，实为市（地）级环保部门的一部分，可以代表市（地）级环保部门对县级人民政府及其有关部门环保工作进行监督。这是加强和落实中央对地方政府环保责任的重要举措，也是撤掉县级环保部门改设派出机构的重要意义所在，本人认为这也是这次环保机构改革的重要支点之一。

但作为处于县域的准县级环保部门，由于现实情况，其必将要承担原县级环保部门承担的大部分职责，如何让其有效地承担这些职责但又不改变其独立地位是摆在改革设计者面前的难题。本人认为可以借鉴镇（乡）政府与派出所的关系来定位县政府与准县级环保部门的关系。准县级环保部门接受县级政府与市环保部门的双重领导，以市（地）环保部门领导为主，接受县政府委托在县域内从事环境统一监管方面的行政工作，在环保领域监督这块可越过县级政府直接对上级环保部门汇报，从而对县政府进行有效监督。

2. 市（地）级环保部门具体情况

根据中央垂改精神，我们至少可以得出两个结论。其一，市（地）环保部门依然是本级人民政府组成部门，依法承担其原有职责（除去监测监

察执法功能外），其人员、经费依然主要由本级人民政府承担和管理。省级环保部门承担市（地）环境监测监察执法机构的人员和工作经费，而对于市（地）环保部门则是直接提出双重管理，并没有明确提出垂直管理，这些可以得出市（地）环保部门作为本级政府组成部门的地位并没有被动摇。其二，市（地）环保部门与省级环保部门不是垂直管理关系，而是以省级环保厅（局）为主的双重管理体制。该体制中如何体现以省级环保厅（局）为主是改革的关键，一旦拿捏不准，就会变成完全垂直管理或者又回到以前双重管理的老体制。根据《指导意见》精神，改革的目的就是为了解决现行环保体制存在的四大突出难题。[①]其中一个重要难题就是如何落实对地方政府及其相关部门的监督责任。即解决现行以块为主的地方环保管理体制难以遏制地方重发展、轻环保、放松环保责任落实的问题。

可以预见的是，改革后，市（地）级环保部门不会像以前一样完全听命于地方政府，在工作中遇到政府行政命令与本身法定职责、工作理念冲突时，不会像以前一样完全受政府控制，没有自己的声音，甚至不同意见或不利信息都不允许向上级环保部门汇报，[②]老的双重管理制度达不到约束政府的作用。新机制的设计，应该会考虑到这些内容。本人以为，要达到市(地)环保部门以省级环保部门领导为主的双重管理体制效果，最直接、最有效的方式就是省级环保厅（局）把握市（地）环保部门主要领导的任命权（至少是建议权或否决权），通过对人事的掌控来领导下级环保部门。

（三）环保部门职责重心发生转移

根据中央部署，这次环保机构改革力争在“十三五”时期完成，改革

---

① 综合起来，现行环保体制存在4个突出问题：一是难以落实对地方政府及其相关部门的监督责任，二是难以解决地方保护主义对环境监测监察执法的干预，三是难以适应统筹解决跨区域、跨流域环境问题的新要求，四是难以规范和加强地方环保机构队伍建设。参见关于《中共中央关于制定国民经济和社会发展第十三个五年规划》的说明。

② 在本人调研过程中，很多基层环保官员都抱怨基层政府过于“跋扈”，向上级汇报的重要材料都要先报政府，否则就是不讲“规矩”，导致很多不利于当地政府的材料环保部门往往不能及时呈送上级环保部门。

的目的也非常明确，就是要改变旧有环保体制存在的突出问题，落实环保责任，补齐生态环境短板，扭转环境恶化局面。与此相适应，环保部门的工作重点也将发生重大改变，特别是地方环保部门。

1. 准县级环保部门职责重心转移情况

准县级环保部门作为县域内唯一的专业环保部门，理应承担县域内原由县环保局承担的环境统一监督管理任务（监察等个别职能除外），但这只是准县级环保部门的日常基本任务，作为市（地）环保部门的派出机构，它还有其更重要的历史使命，也是这次改革的闪光点，是扭转基层环保责任难以落实的重要利器。这一利器的来源就是《环境保护法》（2015）第六十七条之规定，上级环境保护主管部门应当加强对下级人民政府及其有关部门环境保护工作的监督。虽然以往上级环保部门也可以依据该条对下级政府进行监督，但监督效果极其不明显，原因很多，但有一个现实且客观存在的原因就是上级环保部门往往离具体监督对象较远，对其不甚了解，即使了解的一些情况也往往来源于下级环保部门的汇报，而这些县级环保部门汇报的材料也往往是下级政府过滤后的材料，无关痛痒。几乎可以这么说，市（地）环保部门对于基层政府的环保监督基本处于一种失控的状态，无法对其有效监督，造成地方政府在环保领域有法不依、执法不严、违法不究，最终导致基层政府的环保责任无法落实。

中央下大气力进行环保机构改革，将环境监察职能上收至省级环保部门，取消县级环保局独立设置，将其作为市（地）环保局的派出机构，其用意非常明显，就是既要强化市（地）环保部门对下级政府及其有关环保部门的督促作用，又不激化二者之间的矛盾，将监察惩处的权力交由省级环保部门统一行使。准县级环保部门作为市（地）环保部门派驻县域的环保机构，由于在地域与工作上与基层政府间的天然关系，能够非常及时有效地掌握基层政府相关环境管理动态，而且其作为市（地）环保部门的派出机构，有责任也有能力在第一时间向市（地）环保部门汇报情况，通过市（地）环保部门对基层政府进行督促，或者准县级环保部门代表市（地）

环保部门直接对地方政府的环保工作进行督促（这具体要看改革后政策法规是否授权），落实其环保责任。

准县级环保部门的设置可谓是改革最大的创新点，它将环保部门对基层政府的业务指导管理变为可具体操作的现实，让准县级环保部门成为环保系统对基层政府环保工作监督监察不可缺少的关键一环。此外，改革后，原县级环保部门拥有的环境保护审批许可职能上收至市级环保部门，而环境执法重心则向市县下移，意味着准县级环保部门更多的工作将是现场环境执法，现场环境执法将成为准县级环保部门另外一个职责重心。

2. 市（地）环保部门职责重心转移情况

市（地）环保部门改革后依然保留，但其增加了所辖县域的环保派出机构，并且由属地管理为主改变为由省级环保部门为主的双重管理体制。这些改变也为其工作重点的转移提供了契机。

市（地）环保部门县域派出机构的设立，有助于市（地）环保部门对基层环保情况的直接了解和汇总，基于对辖区内环保机构的统一管辖和实际领导（与以往双重领导中的业务指导完全不同），有条件、有能力在一定范围内统筹解决跨区域、跨流域环境问题，于中央环保体制改革要解决跨区域、跨流域环境问题初衷一致。为此，市（地）环保部门在日常工作外，其重点工作应该转变为统筹解决跨区域、跨流域环境问题，并配合省级环保部门做好省内跨区域、跨流域环保工作。当然，督促基层政府也是市（地）环保部门的重点工作，但该工作是由准县级环保部门具体负责实施还是由市（地）环保部门统一负责还有待于改革政策进一步落实。此外，改革后，县级环境执法力量接受市级环保部门的统一管理、统一指挥，对于市级环保部门而言，对区域内环境执法工作进行统筹调度、协调管理将是一个新增的重要职责。

3. 省级环保部门职责重心转移情况

中共中央这次对环保体制进行改革，除中央环保部门外，对省级环保部门“动刀”最少，但其“用力”却不少，赋予其最大职权，期望也是最大，可以说中央这次改革成功与否，完全取决于省级环保部门能否完成改革使命。而这一历史使命是否能够顺利完成，则取决于省级环保部门能否领会中央精神，调整工作方向，抓住工作重点。

这次环保管理体制改革一旦落实执行到位将对解决现行环保体制存在的 4 大难题均有重要作用。首先，该改革措施的实行将最大程度避免地方保护主义对环境监测监察执法的干预。其次，相对独立的监测机构其监测数据可以客观地用来衡量地方政府的环保工作成效，可以此为抓手加强对地方政府及相关部门的监督。再次，通过对监测、监察队伍的上收，可有效地规范和加强环保执法队伍建设，增强环保执法队伍环境执法的统一性、权威性和有效性。最后，环境执法的统一、权威和有效性还有助于跨区域、跨流域环境问题的有效解决。以此看来，省级环保部门在做好日常工作的同时，其工作重点应该转移至统一环境监测、监察执法的构建与落实上，与中央改革精神保持一致。具体来讲就是要做到统一监测、监察执法配套体制健全，人员经费管理运行落实到位并有效运转，达到改革设想的效果。

此外，鉴于省级环保部门为地方最高环保机构的特殊地位，改革后市（地）级环保局将接受以省级环保厅（局）为主的双重管理体制，以此看出中央对省级环保机构的重视，希望其在全省环保领域内发挥最大的作用。而以往环保体制最大的问题就是以块为主的管理模式，将环保问题切割在不同的块之内，而环保部门这条线是虚线，无法将环境政策贯彻到底。新的体制让环保部门将环保问题一管到底，有利于环保部门统筹解决跨区域、跨流域的环境问题。为此，着力解决省辖范围内跨区域、跨流域环境问题也将成为省级环保部门工作的重点，当然，配合国家环保部门做好全国跨区域、跨流域环保工作也是省级环保部门工作重点之一。

（四）环保部门履责方式发生改变

这次环保机构改革，有利于在全省范围内推动公平、统一、有效的环境执法秩序，规范和加强执法队伍建设。但这种改变对于地方环保部门传统履责方式也产生了重要影响，地方环保部门履责方式也需与时俱进。

1. 市（地）环保部门及其派出机构履责方式

垂直管理改革提出之初，很多环保专家包括环保部门负责人都慨叹改革断了地方基层环保部门的“手和脚”。当前，地方环保部门掌握的信息资源还不是很多，监管执法目前是地方环保部门最为重要的监管手段，是落实地方政府及环保部门环保责任的最重要抓手，基层环保部门履责几乎就完全靠环境监测、监察执法组成的“手”和“脚”来配合完成。如今自废武功，断了“手脚”，传统的履责方式将受到巨大冲击。但根据《指导意见》的最新精神，地方基层环保部门的执法权依然保留，这给了我们一个缓冲的时间，但由于监测、监察机构在基层环保部门的分离和并入上级环保部门，虽然保留了部分执法队伍，但执法力量将更加严重不足，这将倒逼我们采用新的履责管理模式，新的履责模式要求我们突破传统思维局限，充分认识并从思想上逐渐适应现代政府的事中、事后监管方式。[①] 在环保监管领域，除了传统的监测监察执法这种监管方式之外，还有很多创新的监管方式可以采用。今后，协同共治、多元治理模式极可能是环保部门环境治理模式的首选。

具体而言，环保部门可通过协商的方式对社会主体进行行政指导；通过协调组织相关部门开展联合抽查执法，规避多头执法或执法空白；对横向联系较多业务部门就相关环保管理事项达成备忘录，相关部门据此备忘录对市场主体进行协作执法，达到联合惩戒目的；在政府层面建立统一监管平台，让环境信息在各行政主体间无障碍交流，并在其他社会主体间进行流通，使政府部门间及社会公众协同发力，使监管平台互联、互通、互助形成监管合力。[②]

在协同共治模式下，环保部门可具体利用以下监管方法对环境进行行政管理。一是利用互联网 + 大数据进行监管。通过从大容量的市场主体信息中挖掘出有价值的数据，为环保部门精准监管提供决策支持。此外，

---

① 垂直管理更需协同共治［N］. 中国环境报；2015-11-23（002）.

② 徐嫣，宋世明 . 协同治理理论在中国的具体适用研究［J］，天津社会科学，2016（2）：77.

在地方政府支持配合下，积极开展同工商、税务、银行等部门合作，创造性地对现有数据进行挖掘，从而将问题企业数据直接移送给环境执法队伍。二是风险管理监管，主要由风险评估、风险警示、定向监管3个基本环节组成。作为一种国际上通行的监管方式，也是一种事中监管模式。基层环保部门可以通过对数据分析比对来确定嫌疑企业，并将这一情况向环境执法人员通报或相关主管部门通报反映，对其进行风险警示并强化定向管理。三是利用双向抽查机制进行管理，环保部门可以单独或者联合其他有关部门对市场主体双向随机抽查，将抽查结果报送环境执法部门处理，行使其统一监管职能。四是善用行政指导方式进行环境管理。环保部门对环境管理的最终落脚点是为社会主体服务，是用环境管理的方式来服务社会主体，故地方环保部门一旦发现企业可能有问题，环保部门首先要做到以服务之心行监管职权，为企业梳理存在的环保问题并平等探讨问题解决的对策，为其提供合理有效的解决方案，从这一角度来看，行政指导方式进行环境监管也是解决环保部门环境保护职责与地方政府发展经济责任矛盾的一剂良药。

此外，还有信用监管等模式，如在进行事中监管后，环保部门通过环保信息公开的方式推动统一信用监管平台建设，通过平台支持，包括环保部门在内的政府相关部门可将环保失信者在平台曝光，可通过绿色信贷等一系列方式对失信者联合惩戒，倒逼市场主体诚实公开环境信息、杜绝违法排污。

2. 省级环保部门履责方式

与市（地）环保部门被砍断“手脚”相反，省级环保部门通过这次改革，有效地延伸了自己的触角，配上了“望远镜”，也随身自带了“弹药”。以往省级环保部门对环境的监管主要停留在对下级环保部门及下级地方政府的“书面”监管上，没有实质约束力，其管理效果完全依赖于下级环保部门及其政府的配合程度，没有自己的“眼睛”和“武器”。这次改革，省级环保部门将环境监测、环境监察都统一收归麾下，完全受其指挥。另外，

市（地）环保部门也改变以往以块为主的管理模式，主要由省级环保部门直接领导，环保这条线终于可以成为一条实线而一贯到底。在此现实转变基础上，省级环保部门的职责履行方式也将发生重大改变。

首先，环境监测、环境监察垂直改革后，省级环保部门可直接通过对环境质量的监测来衡量基层政府及相关职能部门是否履行环保职责，并通过环境监察职能鞭策地方政府对环境质量负责。摆脱了以往只能依靠下级部门汇报而获得有关信息，并通过领导和督促下级监察执法来贯彻自己监管意图的间接管理模式，即省级环保部门从二、三线间接式履责直接跃升为一线直接负责的方式承担地方环境监管责任。

其次，环保体制改革后，以后省级环保部门的决策部署、工作安排将一杆到底，无须由各级政府逐级传递至各级环保部门，且能保障政令的有效执行，改变以往环保政令在基层政府干预下堵塞、打折执行的状况发生。为此，改革后省级环保部门对下级环保部门的领导将以更加直接的方式进行，具体包括掌握下级环保部门主要领导人的任免权、直接安排下级环保部门的重要工作任务及环境政策执行等。

二、垂改给环保部门职责履行带来不确定因素

改革后，地方环保部门的职责、法定主管部门都发生了改变，环保部门职责重心也发生了转移，而且履责方式也发生了重大变化。新的体制对环保部门的原有法律地位产生了明显冲击，由此对环保部门职责履行带来一些不确定因素。

首先，改革后，基层环保部门法定主管部门发生改变，再加上环境监测监察的垂直管理，这些都有助于落实对地方政府及其相关部门的监督责任。但该措施的实施也不可避免地削弱了地方政府规划、管治地方环境的能力。地方环保部门本是地方政府管理环境的“手和脚”，改革无疑是断了地方政府的手脚，自废武功。根据《环境保护法》规定，地方政府应该对当地环境质量负责。改革后，县级环保部门成为市（地）环保部门的派

出机构，准县级环保部门作为当地的主要环保业务部门，可以说其工作成效对于当地环境质量起着决定性作用，但对环境质量负责的却是与其无任何财政、人员、职责隶属关系的当地政府，这在情理逻辑上难以说通，在法律上也没有明确规定。在实践中，环保部门既是政府环保工作的执行者，又是政府落实环境责任的督促者，如何确立二者间的关系还需要法律进一步明确，二者关系的不同会对环保工作的开展产生截然不同的效果。

其次，垂改后，环境监测监察直接由省级环保部门主管，可以有效地解决地方保护主义对环境监测监察执法的干预，规范和加强环保执法队伍建设。但环境监测监察机构的改革，不可避免地削弱了省级以下环保部门的整体力量，改革后，基层环保部门的职责总体上有增无减，编制上属于环境监测监察的人员将剥离出原环保部门，如何解决基层人员缺乏也是环保部门要面对的不确定问题之一。此外，环境监测监察省级环保部门垂管改革后，环保部门履责方式也会发生重大改变，省级环保部门从二、三线间接式履责直接跃升为一线直接负责的方式承担地方环境监管责任，为此，省级环保部门如何无延迟地发布指令、如何监督这些数量庞大的机构严格地履行其法定职责也是一个待解决的巨大难题，能否解决好将直接影响改革的方向。而且，一旦这些部门没有按照法律规定，或者上级指令办事而造成国家和人民损失，省级环保部门将成为众矢之的，各种信访、投诉将不胜其扰，这些都将严重干扰省级环保部门的正常工作。与此同时，市（地）环保部门直接面对环境污染治理的第一线，他们最需要第一时间获得环境监测数据来支持其环境执法，但由于改革的原因其并不能直接指挥所在地的环境监测机构[①]，虽然市环保部门可以调动县域的环境监测机构予以使用，但由于历史原因，县级环保监测机构在监测设备、监测人员上都相对落后，往往不足以胜任这些监测工作，在此状况下，市（地）环保部门能否顺利完成法律赋予的环境统筹执法工作还取决于一系列不确定因素。

---

① 改革后，市（地）所属环境监测机构将并入省级环保部门，成为省级环保部门驻市环境监测机构，由省级环保部门直接管理。

再次，根据党中央的规划目标，垂直改革的一个重要目的就是要让环保部门能够适应统筹解决跨区域、跨流域环境问题的新要求。实施改革后，有利于在全省范围内统一监测和执法标准，对跨区域、跨流域环境问题的解决打下体制基础。而且，市（地）级环保局实行以省级环保厅（局）为主的双重管理体制后，可以大大减少地方政府对当地市（地）县环保部门的人为干预，从而加强了省级环保部门统筹解决跨区域、跨流域环境问题的能力，减少了因行政地域划分而造成的阻碍。但改革后也存在一些问题需要解决。其一，我国地域辽阔，即使在省域内，各地（市）县的经济社会发展也存在巨大差异，统一标准如何制定就是摆在环保部门面前要解决的首要问题，一旦标准产生偏差，后果相比改革前将更加严重，而标准过高，也可能导致新的环境不公平。其二，虽然中央提出环保机构要进行垂直改革，但这一改革并不彻底，并不是环保部门体系整体进行垂直改革，省、市（地）级环保局还是实行双重管理体制，只是在市（地）级环保局层次以省级环保厅（局）管理为主，而且实质上并没有改变环保部门作为当地政府组成部门的属性，人财物依然主要由当地政府提供［地（市）级以上人民政府］。如此看来，环保部门想摆脱地方政府的影响依然困难重重。相反，改革后地方政府处于更加隐蔽的位置，环保部门面临来自地方政府不确定因素更多，职责风险来源更加复杂。环保部门，特别是市（地）环保部门比以往任何时候都更处于一种尴尬位置，如何履行其法定职责将有别于以往行政部门的履责模式，需要摸索前行，在实践中逐步完善。

最后，改革加强了环保部门的纵向管理力量，改变了以往“条块”分割，以“块状”管理为主的管理模式，理论上，这在省域范围内是有利于规范、统一和加强地方环保机构队伍建设的。但同时也存在很多不利方面，如全省环境监测监察执法人员的工资待遇如何确定，法律依据如何，稍有不慎都将会打破环保人员团结一心的良好工作局面。而且如何解决改革后环保人员晋升空间单一狭窄，晋升激励不够也是一大难题，如何保障环保部门工作积极性等都是改革在实践层面需要解决的问题。此外，要规范和加强地方环保机构队伍建设，还需要有足够的人财物给予充分保障。在基层政

府逐步减弱对当地环保部门控制的前提下［主要指市（地）县级人民政府］，如何保持和加强基层人民政府对环保部门资源投入的热情将是摆在环保部门面前的一个重大难题和影响环保部门长远发展的重大不确定因素，也是关乎环保部门能否充分履行其法定职责的一个不稳定因素。

第二章　环保部门职责履行之保障机制

要让环保部门充分地履行政府及公众委托的环保职责，就要围绕工作需要给予其足够保障。具体到环保部门，就是人财物及执法手段的保障。为了行文论述方便，本书将保障划分为两个方面分别进行论述：一是物质保障，主要包括人财物的配备；二是执法手段的保障，包括执法程序与执法权限。

第一节　垂改前我国环保部门职责履行所面临的物质保障问题分析

古语云："兵马未动，粮草先行"，说明后勤保障之重要性，同理，要求环保部门严格履行工作职责，就必须给予其各方面的保障，而现实情况下，环保领域中人、财、物投入的不足严重制约着地方环保部门履职的效果与质量。

一、物质保障缺乏的现状

为了行文的方便，本书将人力资源也放入物质保障部分予以论述。

在环境保护工作中，环境监测和环境执法可以说是整个工作的核心。特别是环境监测工作，既是环保部门的日常工作，也是环境执法的前提，可以说是环境保护工作中的重中之重，也是整个环保部门的核心，其投入经费的多少大体可以看出环保的物质保障水平如何。2011 年 9 月 6 日，环境保护部做出了《关于印发〈全国环境监察标准化建设标准〉和〈环境监察标准化建设达标验收管理办法〉的通知》（环发〔2011〕97 号），其中公布了最新版的《全国环境监察标准化建设标准》[①]，标准主要涉及三个部分：第一部分为队伍建设，第二部分为装备建设，第三部分为业务用房。

表 2-1　环保队伍建设要求简表（仅包含部分主要指标）

<table>
<tr><th rowspan="2">类别</th><th rowspan="2">序号</th><th rowspan="2">指标内容</th><th colspan="3">建设标准</th><th rowspan="2">备注</th></tr>
<tr><th>一级</th><th>二级</th><th>三级</th></tr>
<tr><td rowspan="5">机构与人员</td><td>1</td><td>机构</td><td colspan="3">经当地编制主管部门发文批准的独立机构；机构名称符合原国家环保总局环发〔2002〕100 号文件规定或为环境监察（分）局；组织健全，正式运行</td><td></td></tr>
<tr><td>2</td><td>人员规模</td><td colspan="3">综合考虑辖区面积、经济社会发展水平、污染源数量分布及检查频次要求等因素，原则上东、中、西部地区省级分别不少于 50 人、40 人、30 人，直辖市本级不少于 60 人，东、中、西部 100 万人口以上城市本级分别不少于 50 人、45 人、40 人，东、中、西部 50 ～ 100 万人口中等地市本级不少于 40 人、35 人、30 人，其余不少于 20 人</td><td></td></tr>
<tr><td>3</td><td>人员管理</td><td colspan="3">人员全部纳入公务员管理或参照公务员管理。</td><td></td></tr>
<tr><td>4</td><td>人员学历（大专以上）</td><td>95%</td><td>90%</td><td>85%</td><td>不含工勤人员</td></tr>
<tr><td>5</td><td>环保相关专业人员</td><td>35%</td><td>30%</td><td>25%</td><td></td></tr>
</table>

在《环境监察标准建设达标验收管理办法》（以下简称《办法》）第五条中对省级、副省级城市，东、中部地区的地市级及县级市，以及西部

① 在此之前 2006 年环保部发布了文件《关于印发〈全国环境监察标准化建设标准〉和〈环境监察标准化建设达标验收暂行办法〉的通知》（环发〔2006〕185 号），该文中的标准已经被废除。

地区地市级和其他县区级环境监察机构达级标准进行了细致规定。[①] 客观来讲，这个标准化建设的要求并不算很高，是针对全国各地环保部门环境监察执法工作的一个基本要求，所以在《办法》第三条也明确说明该标准仅是环境监察标准化建设的一个基本依据，各省、自治区、直辖市环保部门可根据实际制订高于国家标准的地方性标准。但此标准在实践中也并没有得到很好的建设并达标。

就以中部城市武汉为例，武汉市武昌区环保局局长杨志就感叹其所在环保局监督执法装备严重不全，仪器设备落后，严重影响到执法效力。为此还曾发表文章举例说明保障不足是如何严重影响其业务办理的。[②] 在大部分县级地方政府，由于种种原因，能用于环保的人力、经费、编制都非常之有限，远远达不到实际环境监管的需要。以湖北省武汉市武昌区为例，武昌区下辖人口 100 余万，环保局管辖范围 43 平方公里，而环保局总共只有 25 个编制，其中监察大队占 12 个编制，管理站占 5 个编制，剩下才是环保局局机关的人员。环保局既要监管又要服务，其难度可见一斑。

根据 2014 年广西环境年鉴数据，全区共有 110 个成立了独立的环境监察机构，其中自治区级 1 个、市级 14 个、县区级有 95 个。14 个地级市环境监察支队有 12 个升格为副处级单位。全区环境监察在编人员 1266 人，实际在岗人员 1006 人。比 2013 年 1133 人增加了 133 人。其中高级工程师 54 人，占 4%；中级职称：357 人，占 28%；初级职称：457 人，占 36.1%。博士 1 人，占 0.1%；硕士 32 人，占 2.5%；本科 691 人，占 55%。其中环保相关专业 389 人，占 30.7%。此外，截至 2015 年，广西执行环境监察标准化建设情况如表 2–2 所示。

---

① 《环境监察标准建设达标验收管理办法》第五条规定：“省级、副省级城市环境监察机构应达一级标准，东、中部地区的地市级及县级市环境监察机构至少达二级标准，西部地区地市级和其他县区级环境监察机构至少达三级标准。”

② 杨志．环境保护执法难点及对策思考——以武汉市武昌区为例[J]，学习与实践，2007(4)：99.

表 2–2　广西执行环境监察标准化建设数据表

类别	指标		2013 年实际值	2014 年实际值	2015 年指标值	预计完成情况
监管能力指标	环境监测站标准化达标率（%）	设区市	28.6	57.1	100	完成
		县（区）级	4.6	8.2	≥ 40	较难完成
	环境监测机构标准化达标率（%）	自治区和设区市	50	57.1	100	较难完成
		县（区）级	14	14.7	≥ 80	较难完成

附：表内数据来源于广西环保厅 2015 年 3 月内部培训材料。

从表 2–2 中数据可以看出达标情况堪忧，特别是在县一级层面基本处于不达标状态，人员与设备保障严重不足。而且，从全国范围看，情况也不容乐观。根据 2013 年环境统计年报，全国环保系统机构总数 14257 个，其中国家级机构、省级机构、地市级环保机构、县级环保机构、乡镇环保机构分别为 45 个、400 个、2252 个、8866 个和 2694 个。此外，各级环保行政机构、各级环境监察机构、各级环境监测机构分别为 3176 个、2923 个和 2754 个。据统计，全国环保系统在职人员共有 21.2 万人。其中环保机关人员 5.3 万人，环境监察人员 6.3 万人，环境监测人员 5.8 万人。全国监测用房总面积为 286.8 万平方米，监测业务经费为 37.0 亿元。环境监测仪器 26.8 万台（套），仪器设备原值为 146.3 亿元。根据 2013 年全国环境统计公报数据显示，平均 1 万人拥有 5.8 个监测机构，平均 1 万人拥有 6.3 个监察机构，平均 1 万人拥有 0.1 个环境应急（救援）机构。将这些数据与《全国环境监测标准化建设标准》对比，在全国很大范围内，要完成标准化建设还有很长的路要走。

历年具体环保行政机构、监察机构、监测站年末实有人员情况见表 2–3。

表 2–3　全国历年环保行政机构、监察机构、环境监测站实有人员数据表

年份	年末实有人数（人）	环保行政机构		环境监察机构		环境监测站	
		实有人数（人）	占本级人员总数比例（%）	实有人数（人）	占本级人员总数比例（%）	实有人数（人）	占本级人员总数比例（%）
2005	166774	44024	26.4	50040	30.0	46984	28.2
2006	170290	44141	25.9	52845	31.2	47689	28.2
2007	176988	43626	24.6	57427	32.4	49335	27.9
2008	183555	44847	24.4	59477	32.1	51753	28.3
2009	188991	45626	24.1	60896	32.2	52944	28.0
2010	193911	45938	23.7	62468	32.2	54698	28.2
2011	201161	46128	22.9	64426	32.0	56226	28.0
2012	205334	53286	26.0	61081	29.7	56554	27.5
2013	212048	52845	24.9	62696	29.6	57884	27.3
2014	215871	52189	24.2	63389	29.4	59165	27.4
国家级	2951	357	12.1	519	17.6	185	6.3
省级	14730	2801	19.0	1305	8.9	3098	21.0
地市级	47016	9993	21.3	9861	21.0	16433	35.0
县级	137099	39694	29.0	51011	37.2	38168	27.8

附：图表数据来源于历年环境统计年报（http：//zls.mep.gov.cn/hjtj/nb/）。

二、物质保障缺乏原因的深层分析

地方政府忽视环保，环保部门缺少资金，这是公开的事实，其表现形式就是人、财、物的极度匮乏，这也是为什么环境监察标准建设全国大范围内不达标的直接原因。但这些只是表面现象，其更深层次的原因在于我国“分灶吃饭”的财政体制和党政机关的用人考评体制。

在我国，财政预算管理体制主要经历了四次大的变革，第一次变革是1980年实行的“划分收支、分级包干”体制；第二次变革是1985年实行的“划分税种、核定收支、分级包干”体制；第三次变革是1988年实行的多种形式的财政“大包干”体制；最新的一次变革是1994年实行的以分税制为主体内容的“分支出、分收入、分设税务机构、实行税收返还”的“三分一返”的财政体制。在“三分一返”的财政体制下，国家财政收支权高度集中于中央政府，与地方政府所承担的繁杂公共事务相比，地方政府组织财政收入和安排财政支出的权力相对要少得多。1994 年以来实行的财政体制改革没有从根本上解决“财权上收，事权下放”的本质问题，地方财政困难等问题依然迫使地方政府官员的执政目标集中于加快投资增长和经济发展，他们通过增加政府财政收入来维持基层政府的正常运转。

在“分灶吃饭”的财政体制下，地方政府干部生活条件的好坏，以及工资水平的高低直接取决于地方政府的财政状况，地方政府财政状况好，所属地方干部的待遇就好。而地方财政状况又直接与当地经济增长挂钩，只有当地经济高速增长，才能提高当地干部的收入水平。所以，追求经济高速增长成为全体地方干部的共同愿望，将得到当地职能部门和干部的普遍支持。这种“分灶吃饭”的财政体制与利益分成办法，使地方政府热衷于搞投资、抓项目。财政分权改革后，很大程度降低了地方政府改善环境的意愿，进而造成了地区环境污染问题的加重。[①]财政分权会引发政府间“互攀式”竞争，而这种“互攀式”竞争会导致区域环境治理投资偏低，从而导致环境投资严重不足，环境状况继续恶化。[②]而环保作为经济发展的“阻碍”当然会受到地方轻视，更不会在地方财政不是很充裕的时候还提供大量预算用于环境监察标准的标准化建设。

此外，干部考评中对 GDP 增长指标的偏爱，也迫使地方政府官员热衷于“招商引资”和建设项目开发。地方政府大办工业至少有两个好处，一是既上项目又能贷款到位；二是经济指标上去了，政绩也上去了，领导职务提升也有了“资本”。即财政推，银行拉，政府职能未转变，用人机制不合理。总之，中央下达的节能指标和环保指标未必符合下级政府的经济利益和政治利益，也未必能得到地方政府真心实意支持，且难以落到实

---

① 杨瑞龙，章泉，周业安 . 财政分权、公众偏好和环境污染——来自中国省级面板数据的证据 [R] . 中国人民大学经济学院经济所宏观经济报告，2007.

② 参见周业安，冯兴元，赵坚毅 . 地方政府竞争与市场秩序的重构 [J] . 中国社会科学，2004，（1）：56-65；闫文娟 . 财政分权、政府竞争与环境治理投资 [J] . 财贸研究，2012，（5）：91-97；刘琦 . 财政分权、政府激励与环境治理 [J] . 经济经纬，2013，（2）：127-132.

处。[1]不克服这些财政的、人事的深层次影响，环保工作很难得到充分的物质保障。

第二节　垂改前我国环保部门职责履行所面临的执法手段保障问题分析

一、执法手段保障的现状

2014 年 4 月 24 日，“史上最严厉环保法”的修订案通过，并于 2015 年 1 月 1 日实施。这距离上一部环保法颁布实施整整 25 年。该法在很多方面都进行了创新，不仅给予环保部门大量的职责，也赋予环保部门很多新的执法手段。

新环保法第十条大体上明确规定了环保部门的工作职责。其职责就是统一监督管理环境保护工作。在新环保法第二章监督管理中，通过专章对环保部门在监督管理中的具体职责进行了描述（其中也包含地方各级人民政府的监管责任），该责任的描述又分为中央环保部门和地方环保部门两个方面。中央环保部门有制定国家环境质量标准、制定国家污染物排放标准、制定监测规范、组织监测网络、统一规划国家环境质量监测站（点）的设置、建立监测数据共享机制、加强对环境监测管理的责任。县级以上环保部门及其委托的环境监察机构和其他负有环境保护监督管理职责的部门有权对排放污染物的企业事业单位和其他生产经营者进行现场检查。县级以上环保部门对企业事业单位和其他生产经营者违反法律法规规定排放污染物，且造成或者可能造成严重污染的，可以查封、扣押造成污染物排放的设施、设备。

此外，环保部门有在其所辖区域会同有关部门编制本行政区域环境保

① 孙佑海．超越环境“风暴”——中国环境资源保护立法研究［M］．北京：中国法制出版社，2008：81-83.

护规划的职责，应当在其职权范围内公开环境信息、开通和完善公众参与程序，在职责范围内为公民、法人和其他组织参与和监督环境保护提供必要的便利（具体公布信息范围在新环保法第五章有具体要求）。为了保障这些职责的顺利完成，新的环保法提供了环保有史以来最严厉的处罚手段来进行保障，如新环保法第五十九条的按日处罚措施、第六十三条规定的拘留措施，以及新环保法第五十四条规定的将企事业单位和其他生产经营者的环境违法信息记入其社会诚信档案，并通过公共平台向社会公布。这些措施都是以前法律没有明文规定的。可以看出环保部门的职权范围还是比较宽的，对环保工作实施统一监督管理，执法手段也是比较丰富的，除了传统的现场检查、限制生产、停产整治、停业关闭之外，现在还有了按日计罚、行政拘留（甚至刑事拘留）、公开企业违法信息并记入社会诚信档案等新的管理手段。

新环保法的实施，赋予环保部门更多“查处”职责，但是实际工作中，环保部门仍然无权也无力应对诸多的环境问题，执法效果欠佳。根据全国各省（区）、直辖市公开数据统计，2015 年 1—11 月，全国范围内环保部门向公安机关移送行政拘留案件仅 1732 起，除广东、浙江、山东、福建等省外，其他各省移送数量都较少。另据原环保部统计，2015 年 1—12 月份全国范围内适用查封、扣押措施的案件总数为 4191 件，但仅浙江、广东两省的案件数量就占到了全国案件数量的 40%，这一不同地区出现适用案件数量悬殊的现象足以说明某些地区并没有充分运用这一执法手段，[①]执法保障与现实需要还存在一定距离。

二、环保执法效果欠佳的原因分析

第一，环保执法的权威性不高。虽然法律规定了环保部门具有很大的权力，特别是新的环保法推出后，环保部门拥有了前所未有的处罚权，但

① 王灿发 . 新《环境保护法》实施情况评估报告［M］. 北京：中国政法大学出版社，2016：46；124；127.

由于历史原因以及人们认识上的误区，环保部门的权威一直没有确定起来，环保工作也成为“讲起来重要，干起来次要，忙起来不要”的事情。就环保执法而言，环境问题早已存在，只是由于经济发展一直作为社会生活的主题，环境问题以及与之相关的环保执法问题都被掩盖和压抑在这个主题之下。在社会生活中，民众较长时间沉浸在由于经济发展而带来的迅速提高的物质生活当中，除非是直接受到环境污染的影响，他们对于环境的恶化以及资源的急剧消耗并没有切肤之痛。这种意识形态背景之下，正式的制度设计，包括立法、政策以及潜规则都会尽量向着发展经济这一目标努力，这种情形下，环保部门在行政序列中必然受到“冷遇”。

而且，环保部门作为一个年轻部门，本身的话语权就少，相对于工商、税务等部门，环保部门对经济发展并不起到直接推动作用，相反，在相当长时间内可能对 GDP 发展起一个副作用，更不用说对政府财政起到什么增长作用。在这种制度文化、思维惯性的推动下，环保部门总体上仍然处于一种权力“疲软”状态下。此外，影响环保执法权威的还在于环保部门缺乏足够的强制执行权。一旦相对人拒不履行环保部门的处罚决定，环保部门就无可奈何，唯一办法就是申请法院强制执行，导致很多行政处罚决定必须法院配合才能被执行，极度依赖法院，严重削弱了处罚的权威性，现实中法院由于种种原因，往往不能及时执行完毕甚至不予执行。如《中国环境报》就曾报道浙江省乐清市不予执行环保局申请强制执行的非诉行政案件，导致环保部门的环境行政处罚文书成为“白条”①。另据《法制日报》报道，2012 年环保部查实督办的 93 起重大环境案件至今仍有近 3 成企业未完成整改。②这也从侧面反映了环保执法权威弱的现实。

第二，环保部门权力配置不合理。新旧《环境保护法》名义上都将环保工作统一监督管理权赋予了环保部门，但法律又规定在资源保护和污染防治领域，其他部门也有对于环境保护工作实施监督管理的职责，这表明

① 参见侯兆晓．何时不再面对执行尴尬［N］．中国环境报；2008-11-13（003）．

② 郄建荣．环保部督办两年仍有近 3 成企业未完成整改 一些地方制止环境违法被动等靠环保部［N］．法制日报，2014-07-17（006）．

防治污染环境的工作还有其他部门完成和负责。更为致命的是，尽管我国环保法律将环保部门定位为统一监督管理部门，但尴尬的是在具体的法律规范中并没有为环保部门设计一套具体的如何行使统一监督管理权的方式和程序。在政府部门中，其他资历更深、担负着传统的行政职能并同时享有环境管理权的部门，如经济主管部门、水利部门、建设部门等，由于各部门级别相同，环保部门无权干涉或者说无力干涉他们的环境管理行为，但由此产生的总体环境责任却要由“统一监督管理”职责的环保部门承担。

此外，由于环保法非基本法的尴尬位置，并不能统领或者指导其他法律，很可能导致环保部门统一监管职权的落空，而现实也确实如此，环保统一监管和分工负责的工作体制在现实中往往表现为“统管管不了，分管管不到”，这其中其实就是权力过于分散的问题，环保部门的职权往往是从许多其他职能部门管辖领域“挖”过来的权力，这些权力是否真正落实到位和能否执行得了都是一个问题，可能更多时候只是一种有责无权。

此外，现实中还存在环保执法权力被地方分割，甚至被架空的“权力碎片化”问题。地方环保部门的人、财、物均受制于地方政府，而一些地方政府迫于地方经济和财政的压力，“GDP”思想占了上风，地方环保部门科学、公正的环境监测都将难以做到，更无须谈严格执法了。另外，环保部门权力配置与其他部门权力配置存在严重交叉问题。如农业部门与环保部门在农村环保工作方面就存在严重交叉，农业部门负责农业环保工作，而环保部门负责除农业环保之外的农村环保工作。然而，农村环保工作与农业环保工作之间存在天然联系和交叉，无法截然分开，这种情况很多时候就导致环保部门有力无处使，尽责可能存在越权的风险，导致部门间的相互指责。而且，环保部门在权力的配置上和其工作内容也并不匹配。环保部门职责内容多，责任很重大，但权力配置却并非十分充分，无法形成足够的威慑力。如污染企业最害怕的 “责令停业、关闭” 处罚措施，环保法规定只能由人民政府决定或批准才能实施，这种制度安排就大大降低了环保执法的权威性。

第三，环保内部执法权限设置不合理、执法权限合法性不足。我国环

保执法实行“统一监督管理”和“部门分工负责”的管理体制，在多次政府机构改革后，环保部门集中了绝大部分污染防治的执法权限，在环保部门内部，执法权限也经历了一个从分散到相对集中的演变过程。目前，根据地方环保部门的内部分工，环境监察机构承担了大部分的执法任务，但环境监察部门本身却是事业单位性质，不可避免地存在一个执法的合法性问题。根据法律常识知道，在行政处罚领域只有行政机关才有完整的行政处罚权，而环境监察机构并非一个法定执法机构，甚至在《环境保护法》（1989 版）以及其他单项环保法律中都未曾出现过。而且随着环保体制改革的深入，很多大中城市辖区的环保部门都开始改革由市级环保部门垂直管理，行政级别上属于市环保局的派出机构，其执法权限来自市环保部门的委托授权，如果该派出机构再委托所属环境监察机构执法就存在一个违反《行政处罚法》再委托规定的问题，涉嫌政府部门违法。

2014 年修改旧环保法时有关部门也注意到这个问题，新环保法第二十四条对委托授权执法的环境监察机构给予认定了合法地位，但由于新环保法并非是基本法，与其他法律相冲突时，其法律效力也是存疑的。

第三节　垂改后环保部门职责履行保障机制的改变及挑战

一、垂改后环保部门职责履行保障机制的变化

根据中共中央对环保机构垂直改革的全面部署，改革实施后，市级环保局实行以省级环保厅（局）为主的双重管理，市级环保局局长、副局长由省级环保厅（局）党组负责提名，并会同市级党委组织部门进行考察，在征求市级党委意见后，提交市级党委和政府按有关规定程序办理，其中局长提交市级人大任免；市级环保局党组书记、副书记、成员，征求市级党委意见后，由省级环保厅（局）党组审批任免。原县环保局编制撤销，调整为市级环保局的派出分局，由市级环保局直接管理，其领导班子成员

由市级环保局任免。

省（自治区、直辖市）及所辖各市县生态环境质量监测、调查评价和考核工作由省级环保部门统一负责，现有市级环境监测机构调整为省级环保部门驻市环境监测机构，由省级环保部门直接管理，驻市环境监测机构人员和工作经费由省级承担，其领导班子成员由省级环保厅（局）任免，主要负责人可任市级环保局党组成员，但事先应征求市级环保局意见。环境执法重心向市县下移，强化属地环境执法。并将环境执法机构列入政府行政执法部门序列。可以看出，改革后环保部门职责履行保障机制发生了一系列明显的变化。

其一，原县级环保部门的人、财、物主要由所在县级政府来给予保障，改革后，保障级别上升，其保障由市级或者省级层面来完成，减少了对基层县级政府的压力，相比以前有更加稳定、坚实的保障实体。其二，原有市（地）县级环境监测机构的人员和经费都由所在市（地）县一级来承担，改革后，他们各升一级，分别由省、市（地）一级来承担。

此外，这次改革对于执法程序方面也有重大变化。首先，摒弃了以往各级政府环保部门都独立设立自身执法机构的管理模式，将监测监察实行省级以下垂直管理，统一执法力量，将环境执法机构列入政府行政执法序列。其次，在人事管理方面，这次改革也有较大变化。省级环保部门对市（地）环保部门的主要领导有提名甚至直接任免的权力，准县级环保部门领导班子由市（地）级环保部门直接任免。

二、垂改后环保部门职责履行保障机制可能面对的挑战

环保部门垂直管理改革后，环保监测监察执法部门上收至上级环保部门，保留市（地）环保部门并以接受省级环保部门的领导为主的环境管理体制，与执行这些重大改革措施相伴随的是对现行保障机制的突破与跟进。这些改革措施总体上对改进现有保障机制起到了重要的积极作用，但同时也存在一些不完善的地方，对环保部门履责机制也提出了一些挑战。

具体而言，现行改革措施对环保部门履责保障机制提出了以下挑战。

由于改革后，环保部门在县、市（地）、省三级的管理模式都有很大区别，为了论述的清晰，本人就此分为三个小部分逐一分析。

（一）准县级环保部门面对的挑战

1. 物质保障方面

在环保部门发展历史上，一直以来都是实行“块块管理”，也就是通常的上级主管部门负责管理业务的“事权”，地方政府负责管理“人、财、物”。但由于经济基础决定上层建筑，上级环保部门与地方政府一旦在环境管理事务上存在分歧，上级环保部门的“事权”就很难完全贯彻到下级环保部门，即“块块管理”体制下的双重管理模式还是以地方政府属地管理为主，这也是本次环保机构改革的重要原因之一。

本次改革后，县级环保局不再单设而转化为市（地）环保部门的派出机构，结合环保监测、监察执法的省级垂直管理模式的实施，准县级环保部门在物质保障上至少存在以下几个很尖锐的问题。

其一，如何应对准县级环保部门人员极度缺乏的挑战。根据《指导意见》精神，县级环保部门环境审批职能将上收至市（地）环保部门，仅在市级环保部门授权范围内承担部分环境保护许可具体工作。改革后，市级环保部门负责属地环境执法，强化综合统筹协调。根据《环境保护法》（2015）的规定，县级以上人民政府对地方环境质量负责。虽然环保法规定环保部门对所辖行政区域环境保护工作实施统一监督管理，但改革后地方政府不可能再重新组建环保部门，否则改革也没有意义，环保部门的职责当然落到了准县级环保部门的肩上，除改革明确要求的环境审批职能与监察职能被上收之外，在名称改变下其他职责并没有减少，相比以往可能在环境执法方面会承担相比以往更多的任务。而环保部门相比其他传统部门建立晚，人员编制相比其他部门要紧缺得多，实践中往往通过其下属环境监测、环境监察机构中抽调人员来维持机关的正常运转，一旦将环境监测、监察机构独立上收管理，这些混编混用人员必将归位，华东某县级环保机构负责人就曾面对媒体抱怨："去掉监测监察，环保局就剩下八个编制了，下一步工作怎么开展？"[①] 垂改后，准县级环保部门正常运行都将举步维艰，如何承担比以前更多的职责是一个需要解决的现实难题，也是对现行人员保障机制的一个重大挑战。

其二，如何确保准县级环保部门开展工作所需经费全面到位。改革前，县级环保部门属于地方政府组成部门，有义务负责其经费开支，当地环境执法、污染防治、环保宣传教育、环保信息公开等支出都可以直接向当地财政申请获得，当地政府也有义务负担。虽然现实效果并不理想（具体内容见本书第二章第一节），但也能维持当地环保部门的基本运行。但改革后，县环保部门作为市（地）环保部门的派出机构（其实质就是将县级政府的组成部门——县环保局撤销），切断了县政府与准县级环保部门的财政联系，但这是否就能够彻底解决以往经费严重不足的状况呢？本人依然表示担忧。

原因有以下几点，首先，毋庸置疑的是县域担负的环境职责在法律框架下没有改变多少，除环境行政审批职能与监察处罚职能上收外，环境执法、防治污染、环保宣传等主要行政职能依然存在，而且可以预见的是原有这些由县环保局履行的职责，县政府终将委托于准县级环保部门代为履行，因为不可能重新再组建新的政府环保部门完成这些工作，这与行政效率相违背。由此看来，准县级环保部门是拿着市（地）级财政的钱办县级政府的事，我们姑且不论市级财政是否能够长期承担这种负担，仅从法人的自利性便可推断市级财政不可能全面无条件地为县级政府行政成本买单，更不可能长期为地方的污染防治成本买单，这也不符合效率原则，其最大可能只是承担准县级环保部门的基本运行成本，即人员经费和办公经费这一块，其他污染防治及配套经费可能需要准县级环保部门自行解决，而县级政府是否能够补足经费缺口是一个未知数，因为法理上县级政府没

---

① 王玮．省以下监察执法垂直管理真的来了［N］．中国环境报，2015-11-04（005）．

有为市（地）环保部门买单的义务。

其次，改革后，原县环保部门成为市（地）环保部门驻县设立的环保分局，环境行政执法业务受市（地）环保部门统一管理，与此相对应，排污收费、各项环境罚款等执法收入将进入市（地）级财政，改变了以往收归基层（县级政府）财政的收支体系。客观上减少了县级政府在污染防治、环保队伍建设方面的资金掌控，对县级政府影响较大，客观上会对环保投入产生负面影响。所有这些都会对准县级环保部门经费充实到位产生挑战。

2. 执法手段上

根据世界潮流来看，突破思维局限，采用协同共治、多元治理的环境治理模式应该是环保部门的不二选择。为此，准县级环保部门应逐渐适应现代政府的事中、事后监管方式。而这种协同共治、多元治理的管理模式需要县级政府及其各相关部门的全力配合协助方能有效达到管理目标，即需要一种团队信任文化来支撑这种行政合作。改革前，县级环保部门是地方政府组成部门，与政府其他部门具有天生的亲和性；改革后，虽然部门人员未变，但性质已经完全不一样，直接领导都不是同一个，团队的信任合作是否能够迅速建立，对环保部门也是一个巨大挑战。

另外，根据本章第一节的分析，改革后，准县级环保部门新增一个重要职责就是督促县级人民政府落实法定的环保责任，为地方环境质量负责。作为同一批组成人员的准县级环保部门，改革前县政府是自己的上级领导，改革后一夜间成为被督促的对象，双方如何转变自己的身份，将这种新的工作状态制度化、常态化也是对基层环保人的考验。

（二）市（地）环保部门面对的挑战

1. 物质保障方面

首先，市（地）环保部门同样存在工作人员缺乏的状况。在现有工作用人体制上，市（地）环保部门也与县级环保部门一样，环境监测监察机构普遍存在混编混用的状况，一旦环境监测监察独立管理，人员势必归位，市（地）环保部门也将严重缺编，以川北某市为例，机关行政现有编制仅20个，这其中包括2名工人，除掉领导班子成员7人、调研员4人，真正干实事的机关工作人员仅有7人，而机关直接管辖的业务科室就有9个，剩下的空缺基本上都通过抽调下属环境监测站、环境监察执法大队人员进行补充。一旦这些人归位垂直管理，工作就会存在断档的风险。[①]此外，改革后，市（地）环保部门由属地管理改为主要由省级环保部门的行业管理为主，这很可能意味着原来由政府机关管理的市（地）环保部门内部的人事、财务工作改革后将由环保系统内部接手，客观上更需要充实工作人员。另外，改革后，市（地）环保部门还多出了县域的环保派出机构（准县级环保部门）需要直接管理，管理任务将进一步加剧，人员紧缺矛盾将更加突出，如何解决对环保部门是一个挑战。

其次，如何调和保障主体与主管部门间关系的改变。环保体制改革后，改变了以往市（地）级环保局以属地管理为主的管理模式。但根据中央改革精神，这次改革只明确对环境监测监察执法机构进行垂直化改革，而对环保部门则明确提出实行双重管理体制，也没有如环境监测监管执法般直接提出由省级环保部门直接管理市（地）县的监测监察机构，承担其人员和工作经费，从中可分析得出，市（地）环保部门依然是市（地）级政府组成部门，市（地）政府将承担其人员和工作经费。在改革前，这种以块为主的财政及管理模式是没有任何问题的，但改革后，环保部门性质未变（为本级政府组成部门），财政保障机制也没有变，但领导关系却发生了重大转变，原以“块”为主的市（地）政府领导模式改为了以上级部门领导为主的模式。这种关系的改变在环保部门存续历史中从未出现过，在政府其他部门也鲜有发生，市（地）环保部门如何处理本级政府与上级环保部门间的关系考验着环保人的智慧。一旦出现问题，市（地）环保部门财政保障的持续和充裕将会发生问题。现有地方考核机制没有得到完全扭转以前，地方政府 GDP 发展导向与环境保护依然是一个矛盾，地方政府与环

① 张厚美 . 基层对环保机构体制改革有哪些顾虑？［J］. 资源与人居环境，2016（2）：36.

保部门必然会存在一定分歧。这是改革的动力，一旦改革成功，这也将会变成改革继续的阻力。如何破解难题，对环保人是一个重大挑战。

最后，市（地）环保部门改革后，丧失了部分对环境监测监察的领导权，市一级政府会存在环境治理专项经费来源减少的问题。目前基层环保部门的运行保障主要通过三个渠道，其中地方环保部门的人员经费、业务经费、专项经费基本由地方财政保障，而对国控重点污染源监督性监测经费则由中央财政保障，对省控重点污染源，大气、水、生态补偿监测则由省财政给予补助。形成了以当地财政为主体，上级专项补助相结合的保障体系。[①]垂直改革后，则在很大程度上意味着环保部门的运行经费由以前的多渠道变成了单一渠道，如何解决这一问题，最终保障环保部门能够正常履责考验着包括环保部门在内的各利益方。

2. 执法手段上

环保机构垂直改革后，在执法手段上，市（地）环保部门除了存在与准县级环保部门类似问题外，还存在着自身独有的问题。

首先，改革后准县级环保部门成为市（地）环保部门的派出机构，二者之间行政关系发生改变，根据第一节的分析知道，准县级环保部门职责重点将有意识地转向督促基层政府落实法定的环保责任，而市（地）环保部门的职责则主要是在所辖领域进行统筹规划，指挥领导准县级环保部门工作。但在环保部门成立几十年的时间里，市（地）环保部门本身都没能将下级人民政府监督好，如何指挥领导好准县级环保部门，将这件以前自身没有做好的事情做好是摆在环保部门面前的又一重大课题。虽然准县级环保部门督促县级政府及有关环保部门有天然的工作及地域优势，但其行政级别以及前身为县级政府组成部门的出身将极大地影响督促效果，如果指挥领导不好，不仅不能减少或者消除这些不利影响，而且极有可能达不到改革所预期的正面效果，甚至不如改革以前。

---

① 张厚美 . 基层对环保机构体制改革有哪些顾虑？［J］. 资源与人居环境，2016（2）：36.

其次，我国地域辽阔，即使同属一个市，但各县（区）经济发展水平不一，环境质量状况也有很大差别，环境容量也各有不同。环境执法既要保障各地的环境质量逐步提升，也要保障当地经济的适度发展，统一执法并非要停止地方经济发展，因此，划定科学的统一执法标准和执法强度就显得尤为重要，以前这项工作分散在各县（区）基层环保部门中解决，且有当地政府作为缓冲带。改革后这一矛盾全部集中在市（地）级环保部门身上，如何平衡各地的差异需要具体体现在对环境执法的具体领导工作中，这也是对市（地）级环保部门的一大挑战。

（三）省级环保部门面对的挑战

省级环保部门作为地方级别最高的环保部门，有整个省级地区财政作为其后盾，而且在中央如此注重生态文明建设的大背景下，人、财、物都可以在省级层面进行调配，其物质保障应该不存在什么大的问题。垂改后，省级环保机构上收了包括对市县环保机构主要领导的任命权，对财务、资金使用和审计方面的监管权。① 环保部门正好抓住这一契机将环保队伍建设好，实行规范化、统一化管理，有利于增强环境执法的统一性、权威性和有效性。而要实现这一改革目的，省级环保部门在职责保障机制构建上还需要克服很多的挑战。

其一，环境监察是一项综合性、系统性工作，当环境监察职能上收完全由省级环保部门行使，有利于提升环境监察的权威性和有效性，更有成效地对本行政区域内各市县两级政府及相关部门环境保护法律法规、标准、政策、规划执行落实情况开展监督工作，对一岗双责落实情况，以及环境质量责任落实情况进行监督检查，这是改革的有利方面。但环境监察职能上收也带来监察职能与督促职能分离、一线工作人员与监察人员相分离的新状况，这种状况的出现将导致监察人员难以第一时间了解地方政府及其相关部门的工作状况，很大程度上依赖地方环保部门及

---

① 环保执法部门省以下垂直管理“队伍是否上收”成焦点［N］. 济南时报，2015-10-31.

时上报监察线索，相比以往环保部门各自独立行使环境监察权，省级环保部门的监察工作处于一种被动状态。如何通过制度设计保障省级环保部门的监察工作能够主动出击，摆脱这种被动状态是一个亟须解决的重要问题。

其二，改革后省（自治区、直辖市）及所辖各市县生态环境质量监测、调查评价和考核工作由省级环保部门统一负责，实行生态环境质量省级监测、考核，原市级环境监测机构调整为省级环保部门驻市环境监测机构，由省级环保部门直接管理。与此同时，全省环境执法重心向市县下移，市级环保局统一管理、统一指挥本行政区域内县级环境执法力量，现有县级环境监测机构主要职能将调整为执法监测。而由于历史和现实的原因，县级环境监测机构往往较市（地）级环境监测机构在人员以及监测设备上相去甚远，很难满足市域内现场环境执法的需要，这时候就需要市（地）环境监测机构的协助，但改革后，市（地）环境监测机构上升为省级环保部门的派出机构，市（地）环保部门根本无法动用这些以前属于本部门的监测资源。省级环保部门如何通过具体制度建设来保障驻市环境监测机构能主动加强与属地环保部门的协调联动，为市县环境管理和执法提供技术支持是摆在省级环保部门面前的又一大难题。此外，我国幅员辽阔，各地建设情况也有所区别，有些省份有些县（区）还没有设置环境监测机构，这些县的环境执法监测工作就无人承担，这些县域环境执法监测工作是通过市级环保部门整合现有县级环境监测机构承担还是由驻市环境监测机构协助承担，这些都需要省级环保部门统筹考虑并设计可实施的具体方案，否则会影响整个垂改实施的效果。

第四节　完善现有职责履行保障机制的对策分析

针对环保部门垂直改革将全面铺开所带来的保障困境，作为“史上最严”的新环保法为环保部门履行职责提供了一些可行的保障措施，这些措施需要环保部门加以挖掘与使用。本节拟从物质保障与执法手段保障两个方面对垂改背景下完善现有保障机制做一些对策分析。

一、物质保障方面宏观对策分析

（一）紧跟垂改配套完善环境财税体制、保障环保资金来源

1994年后财政实施分税制改革后，财政引导状况有所改观，但还是存在很多的问题，财政部部长助理张通就曾撰文予以论述，认为财政体制改革后政府间事权和支出责任划分不够清晰，存在严重的执行交叉错位现象，转移支付结构不合理，专项转移支付规模较大，比重偏高，转移支付项目总体设计不尽合理，种类过于庞杂，转移支付资金的有效性不足。此外，更大的问题是在此财税体制下基层政府缺乏稳定增长的主体税种，导致县乡财政基本无税可分，而且财力在省以下政府间的分配很不均衡。特别是一些地方省级财政集中收入偏多，但又没有充分发挥调节辖区间财力平衡的作用，从而加剧了县乡财政困难，在政府职能转变不到位的情况下，这些都助长了一些基层政府盲目招商引资和发展经济。这是一方面的情况，在中西部地区，很多基层政府基本就是“吃饭”财政，地方政府在环保上投入大量的保障资金基本不可能，如果有剩余的财政资金也会投入到产业项目，买（租）“鸡”生蛋，改善干部、职工的生活水平。为此李通也提出了解决办法，那就是着力深化以政府职能转变为核心的行政管理体制改革，进一步明确划分各级政府间职责范围和相应的支出责任，推进扁平化改革，合理确定税基，完善中央财政转移支付稳步增长机制，规范转移支付分配办法，推动完善省以下财政体制。[①]

具体到环境财政，笔者以为还需要增加以下几点改革措施：首先，要建立规范的环境保护财政转移支付制度，落实新环保法中有关生态补偿的

① 张通.关于分税制财政体制与基层财政困难和投资过热关系的认识与思考[R].廖晓军.财税改革纵论——财税改革论文及调研报告文集［C］.北京：经济科学出版社，2008.

规定，通过把一部分财政收入转移补助给地方政府，从而平衡地区间环境成本和收益的分配格局。尤其是在一些具有全国，或跨行政区域的环境问题上，应重点考虑转移支付到低收入或经济发展水平低的地区（收入低包括两种状况，一种是居民收入低，二是政府财政收入低），以及河流中上游、生态脆弱等有重要环境或生态意义的地区，只有这些地区的政府有了财政家底，才有可能在财政预算中保证对环保工作的投入。其次，拓宽环境财政收入及投融资渠道。培养绿色经济增长点，加快完成环境税、资源税的开征工作，扩展地方环境财政来源；通过积极创造条件利用银行信贷为环境建设事业投融资，试行环保项目收费权质押贷款制度，将环保项目纳入国家开发银行的城市综合开发贷款项目，发挥财政投入对银行信贷的引导作用，增强环保项目向银行融资的能力。①

（二）垂改同时制定环保法实施细则，保障环保资金的持续稳定投入

我国将环保投资纳入财政体系的时间并不是很长，直到 2006 年，环境保护才被正式纳入我国的财政预算。依据财政部 2007 年 1 月 1 日制定实施的《政府收支分类改革方案》和《2007 年政府收支分类科目》，我国开始全面实施政府收支分类改革并且首次单独设立了“211 环境保护”支出功能科目。改革当年，我国财政用于环境保护的支出达到 995.82 亿元。②在 2015 年 1 月 2 日实施的新环保法中对此也有体现，环保法第八条就规定了各级人民政府应当加大保护和改善环境、防治污染和其他公害的财政投入。但现实是很多地方并没有在财政预算中留足环保资金。如四川省环境监察总队有 30 多人，而实际需要 120 到 150 人，并且令人不可思议的是四川竟然有 16 个县还没有环保局，此外，调研还发现西安市蓝田县环保局有正式编制的工作人员只有 5 个人，其中两个局长，三个干部，陕西甚

---

① 王文革等 . 环境经济政策和法律［M］. 北京：中国法制出版社，2015：64..

② 石磊，谭雪 . 环保投入需要有力财政制度保障［N］. 中国环境报；2013-08-15.

至有些地方环保局局长都不是公务员编制。[①] 无法想象这种情况下当地政府如何预算环保财政资金，如何使用这些环保资金。

为此，有必要对于环保法第八条关于环保资金的财政保障规定进行细化和落实。这些工作可以在各地制定新环保法实施细则时予以重点讨论。笔者以为只有在地方法规中将环保财政预算制度细化方可实现其立法目的，如果没有执行标准和操作规则，这些法律规定将会流于形式，只有将环保投资纳入财政预算使其法定化、规范化，才可以保障环保资金的持续稳定投入。常规资金的环保投入可有效避免转移支付等各种资金突击投入导致的资源浪费。

二、物质保障方面微观对策分析

通过在国家财政层面解决各级政府的环保资金来源问题，是解决环保问题的根本，也是给予环保部门足够保障的基本前提。但政府有保障并不意味着环保部门就一定会有保障。特别是垂改后，各级环保部门分别面对不同状况，有不同的问题需要解决。

针对环保部门面对的保障机制方面的挑战，可以从以下几个方面进行分析解决。

（一）人员保障方面

无论是准县级环保部门还是市（地）环保部门都存在人员严重不足的问题，解决这一问题主要从两个方面着手。其一，理顺改革后环保部门的职责范围，将一些不必要的职能去除或者交由社会机构予以配合完成，减少环保人员的数量需求。落实到实践，垂改后环保执法这块市（地）环保部门就没有必要再重新建立一个执法机构，可以由各县（区）执法机构整合来完成辖域执法任务，环境规划、污染物质检测、环境污染治理可以交

---

① 汪劲 . 环保法治三十年：我们成功了吗？中国环保法治蓝皮书（1979—2010）［M］. 北京：北京大学出版社，2011：216.

由社会第三方专门机构来完成。鼓励公众参与环境建设，建立政府、企业和公众等三方主体互动的多元治理模式，形成协同共治的良好局面，从而减少环保部门人员的硬性需求。其二，根据实际需求，适当增加环保部门的编制，在政府部门以及高校、科研院所中抽调选拔一些有专业环保知识的人充实环保队伍，解决环保部门人员老化、知识老化、人员不足的现实问题。人员的配备在垂改方案中应该首先予以确认，从而保障财政资金的顺利到位。

（二）资金保障方面

准县级环保部门作为市（地）环保部门的派出机构，其运行资金理应由市（地）环保部门或市（地）人民政府财政提供保障。但由前面分析知道，县域担负的环境职责如防治污染、环保宣传、环境执法等行政职能依然是由准县级环保部门代为履行，由此看来，准县级环保部门是拿着市（地）级财政的钱办县级政府的事，为此，公平起见，准县级环保部门的基本运行成本由市（地）财政负担以外（即人员经费和办公经费这一块），其他污染防治及配套经费则由县级财政负担，这也是地方政府对环境质量负责的一种体现。为了减少县级财政的治污负担，以及严格遵守专款专用的法律规定，改革后由市（地）环保部门统一管理环境执法机构在县域内行使审批执法权所获得的排污收费、各项环境罚款等执法收入在进入市（地）财政后应该予以拨还或按比例拨还至县级财政部门，专门用于环保部门对环境污染的防治工作，减少县级财政在环保方面的负担。

对于市（地）环保部门资金保障方面最大的问题是如何理顺保障主体与主管部门间的关系。这次垂直管理改革不是环保部门彻底垂直管理，只是有限的垂直，所以环保部门不能严格按照垂直管理进行正常运作，表现形式就是保障主体与主管部门并不严格统一，解决这一问题的唯一路径就是二者共同行政主管部门为其明确地划定义务权力范围，并及时跟踪调整其业务范围，根据实践情况逐步完善具体的操作模式。如环保部门主要领导的任命程序、主管部门的确定等。最终达到既要维系环保部门足够的独立性，又要保持地方政府环保投入的积极性。

三、执法手段保障方面的对策分析

（一）严格贯彻垂改目标，在“大环保体制下”规范环保权力的行使

据连云港市环保局局长韦怀余工作体会。虽说2015年1月1日新版环境保护法开始实施，赋予了环保部门更多“查处”职权，但实际工作中，环保部门仍然无权也无法独家应对诸如农业污染治理、生活污染治理，以及建筑工地扬尘治理等工作。这种“条块分割”“各自为政”“政出多门”所导致的“责权不统一”现象严重影响了环保部门工作的正常开展。使环保部门“统一监督管理”的职能被肢解和架空。因此完善环保体制机构、实行环保垂直管理、构建“大环保体制”就成为解决这些问题的最好选择。

为了解决基层环保部门人、财、物处处受制于当地政府的局限性，让基层环保局局长 “坐得住”也“顶得住”，应该加快实施《中共中央关于制定国民经济和社会发展第十三个五年规划的建议》中有关“实行省以下环保机构监测监察执法垂直管理制度”的垂改措施。据统计，目前全国已有约200个基层（市以下）环保行政机构开展了环保垂直管理改革，在区县级设立环保分局，将环保分局人员编制与财物经费管理权收到市级环保部门。[①] 我们可以对这些已有的实践模式进行调研总结，将其合理经验向全国推广，严格贯彻党中央的垂改精神，及时在全国范围内实施垂改制度。通过垂直改革，落实好对地方政府及其相关部门的监督责任，避免地方保护主义对环境监测监察执法的不当干预。

在贯彻实施垂改的过程中，环保部门还要规范创新环保权力的行使，

---

① 罗文君．论我国地方政府履行环保职能的激励机制［D］．上海：上海交通大学，2012：135-136.

避免环保部门被孤立。解决准县级环保部门上下不“粘”的囧境，根据世界潮流来看，突破思维局限，采用协同共治的环境治理模式应该是环保部门不二选择。为此，市（准）县级环保部门应逐渐适应现代政府的事中、事后监管方式。而这种协同共治的管理模式需要市、县级政府及其各相关部门的全力配合协助方能有效达到管理目标，在“大环保体制”下，基层环保部门将改变各自为战的“政府部门”“牵头单位”角色存在，改革后，各级政府主要领导将担任部门领导，将环保部门改造为高效、统一的环境保护指挥中枢。这也与地方政府对当地环境负责相一致，通过对地方党政领导“排污总量审计”等方式就其环保指标完成情况与职位变动直接挂钩。对具有行业特征和技术要求的各项环境保护指标，政府则按“条线”分别下达，不同行业主管部门对应各自的上级机关逐级进行考核，改变以往那种简单粗糙地将所有工作都交由环保局“汇总担责”，直至出了大事由环保部门“顶包受过”的状况。[①] 大部制改革最大的作用在于解决环保职能过于分散、多部门职能交叉重复、行政管理效率不高的问题。通过大部制改革强化环保部门的综合协调能力，规范各部门环保权力的行使。这在深圳、辽宁、顺德等地已进行了积极创新和实践，并取得了一定的成效。[②]

（二）各方发力，确保垂改后环境执法的权威性

垂改并不必然提高环保部门执法的权威性，垂改的直接作用仅体现在体制内部，要提高环保部门外在的权威性，首先，要提升环保执法机构的形象，给违法者心理产生足够的震慑与强制。现实中由于种种原因，环保执法人员在许多地方常常被调侃为“土八路”，他们没有统一的着装，绝大部分没有行政编制（地方环境监察人员多数为事业编制，有些甚至是临时工或聘用人员），有些甚至没有执法资格证，这样的队伍即使法律赋予其再大的权力也难以对行政相对人产生足够的威慑力，所以执法者遭到暴

① 王克．基层环保官员的“大环保遐想”［J］．中国经济周刊，2015（30）46-48.

② 参见李萱．地方环保体制的结构性问题及对策［J］．行政管理改革，2011（11）.

力抗法就不足为怪了，只是法院也认同抗法者的观点就值得我们的政府和环保部门深思了。[①] 为了解决这一问题，当务之急是解决环境执法者（地方层面主要指环境监察机构）的地位问题，建议垂改后，结合国家行政事业单位改革契机，把环境监察机构纳入国家行政执法单位，将环境监察机构转变为行政执法机构，纳入公务员序列管理，在执法服装、车辆标志、执法证件等方面进行统一设计配置，为环境执法提供基础保障。如在国家层面一时难以做到，应该将省级环境监察机构全部定性为公益一类事业单位，编制严格按照修订后的《环境保护法》配置，将环境监察人员统一执法着装经费纳入财政预算，依法保障环境执法需要。

其次，中央政府及其上级有关部门应当定期对地方违反国家环保法律、法规制定的土政策进行清理、废除，确保垂改后环保部门的执法权力能够行使到位。地方政府为了配合地方招商引资，发展地方经济，往往不顾环境被破坏，将重污染企业引入地方，并将减免排污费作为招商引资企业的"优惠措施"，甚至在工业园区建立"无费区""企业宁静日""重点保护企业"等。在地方政治生态中，红头文件往往比法律更直接管用，部分地方实权部门往往只认文件不认法，甚至有了法还必须有了红头文件才可以执行，有了红头文件，违法的事情也可以通行无阻。鉴于此，2007 年，监察部办公厅、环境保护部办公厅做出了《关于进一步清理违反国家环境保护法律法规的错误做法和规范性文件的通知》（监办发〔2007〕3 号），对于违反环境保护现场执法规定，以实行"封闭式管理"或者要求环保部门预先报告或限制环保部门执法次数等方式阻碍环境执法人员进行现场执法检查的；对于违反排污费征收使用规定，擅自减免或者采取其他形式降低排污收费标准的；对于违反环境影响评价法和建设项目环境保护管理规定，擅自降低环保准入标准或减少环保准入条件，将环境保护事项审批权限下放，未报先建或未批先建的；对于给环保部门、环境监察机关下达招

---

① 参见汪劲．环保法治三十年：我们成功了吗？中国环保法治蓝皮书（1979—2010）［M］．北京：北京大学出版社，2011：222. 中调研遇到的案例。

商引资任务和指标等行为进行了重点清理。

应该说，清理行动取得了一定成效，为环保部门行使法定权力提供了直接保障。但随着时间的推移，地方政府发展经济的冲动还是会突破法律的障碍，环境违法的“红头文件”依然会出现，这种上级政府及有关部门的主动清理应该定期地持续下去，确保各级政府环境行政依法进行。

（三）总结试点经验，解决现实难题

一个大的颠覆性的改革肯定会带来很多的难题和挑战，解决这些难题需要各方群策群力。环保机构垂直改革涉及政府的方方面面，很多问题都没有现成的答案，需要我们通过方案试点去探索，在探索成功的基础上进行全国推广。

第三章　环保部门职责履行之监督机制

第一节　垂改前环保部门职责履行监督机制状况分析

政府部门权力的行使应该代表公共利益，但由于权力的行使者并非都是“天使”，为了避免权力的怠于行使与不当行使，就必须给予权力以监督，将权力置于“阳光”之下。

根据对广西地区的调研结果分析，针对环保部门的监督机制主要存在三个方面的问题。具体状况分析如下。

一、监督主体众多但严格履责者少

对有权部门进行监督可谓是一个常态，历朝历代都是如此，但发展到今天，无论是监督的内容，还是监督的方式、监督的主体都已经远远超越了古代“监督”的范围。对环保部门进行监督的主体很多，根据监督过程是否有公权力的参与可分为体制内监督与社会监督。其中体制内监督包括行政机关监督，权力机关监督（各级人大及其常委会），司法机关监督。行政机关对于环保部门的监督属于内部监督，其又分为两类，一类是政府专门设立的行政监督机构，如行政监察机关、审计机关和其他专责机关。

另一类为一般监督机关，如本级政府，上级环保机关等。在我国，权力机关指的是各级人民代表大会及其常务委员会，它由各级人大代表组成，是所在地的最高权力机关，各级政府都须向其汇报工作，对其负责。司法机关就是行使司法权力的机关，在我国有狭义与广义之分。狭义的司法机关仅指人民法院，本书所指司法机关为广义的司法机关，即包括行使检察权的检察机关。

社会监督包括公民个人及环境公益组织监督，社会媒体监督，其他社会组织监督。不同监督主体所获得的信息源不同，监督的方式不一样，监督的内容也有所不同。但无论如何，现有监督机制针对环保部门的监督主体还是非常之多的，如果这些主体都将监督的责任担当起来，那么对环保部门的监督完全可以达到全方位、无死角的地步。但可惜的是，现实中往往很多监督主体并没有严格地履行其监督责任，特别是体制内监督很多时候并没有发挥其监督作用，监督主体往往怠于履行其监督职责。

体制内监督的特点在于公权力的参与，对于环境保护机关的监督是一种对于公权力的正当行使，该公权力具有两面性，既是权力也是义务，不可放弃。但现实中，很多体制内监督部门只是将对外监督作为自身的一种权力，发现问题是否提起监督往往取决于部门自身需要，一旦自身任务繁重或与自身利益冲突就会怠于去发现问题，对问题避而不见，多一事不如少一事的思想占了上风，特别是权力机关、司法机关这些问题较多，事情不是万不得已影响太大，或者是上级领导交代，一般对地方环境保护机关监督极少，鲜有这方面的新闻报道就是证明。其实，这种怠于行使监督权的行为是有违法治精神的，作为公职部门，有权就有责。根据《环境保护法》第六十七条规定，上级人民政府及其环保部门应当加强对下级人民政府及其有关部门环境保护工作的监督，一旦发现其工作人员有违法行为的，情节达到应当予以处分的，应当向其任免机关或者监察机关提出处分建议，也可直接做出处罚决定。当然，地方人民政府也有义务监督作为本身二级单位的环保部门。从法律规定的用词“应当”而不是“可以”也能看出监督者的权力是不可以放弃的，否则就有渎职的嫌疑，需要承担法律责任，这一点是毋庸置疑的。

但现实情况却不容乐观，虽然法律法规规定了体制内监督机关应当从不同方面监督环保部门，但法律并未明确规定如果监督不到位该如何处置，虽然大体上可以将这种行为归类为渎职，环保法也规定涉嫌渎职的移送司法机关处理，现实是很多情形达不到司法追究的程度，但却是真实存在的一种违法行为，这种行为往往因为法律没有具体规定监督者应承担的具体责任而不了了之。这给公众造成一种错觉，监督者的监督仅是一种权力，无须承担任何责任。特别是行政机关的内部监督存在很多问题，行政机关上下级同属一个行政组织系统，甚至存在一定隶属关系，故容易在认识决定问题的立场上、处理问题的方法上陷入雷同，陷入“权力滥用”的误区。① 更为严重的是，内部监督的启动权往往掌握在所谓的“自己人”手中，极容易发生“暗箱操作”“走过场”式监督，部分地区甚至会发生“官官相护”的现象。

我国环境管理体制存在“条块分割”“各自为政”“政出多门”的客观情况，很多时候环保部门“统一监督管理”的职能会被肢解和架空。由于缺乏各类环保行政管理部门环保管理责任清单，也没有相应管理绩效的评价、监督和监察，严重缺乏对权力的制衡机制，这一体制安排加剧了管理成本的提高，使得部分地区环境管理权沦丧为一些地方政府寻求自身利益的手段，依法监督成为一句空话。

为此，明确体制内监督者的监督责任无比重要，只有在明确了监督者的监督责任后才可以进一步要求监督者监督内容的法制化、日常化，才能将体制内监督纳入法治的轨道，避免其徒有虚名，起不到内部监督的作用。

二、监督方式多但监督程序启动难

环保部门作为环境保护的主管部门，其工作是否尽职关系到整个环境治理的成败，对其监督就显得至关重要。自 2012 年 1 月至 2013 年 6 月，

---

① 唐文韬. 中国环境影响评法的管理程序分析［J］. 常州工程职业技术学院学报，2007（3）.

全国环保系统有977人因违纪违法受到党纪政纪或法律处理，其中因为失职渎职原因占到68.1%。[①]尽管监督机制对环保部门履行环境责任发挥了重要作用，起到了积极效果，但现实中针对环保部门的监督还存在很多问题，监督效果并不理想。在行政体制内存在“上级监督远，平级监督软，下级监督不敢”的问题；权力机关监督手段偏软存在走过场的问题；司法机关监督存在线索较少，成本太高的问题；群众监督又存在渠道不畅和秩序难以维护的问题。

从法律条文看，对环保部门监督的部门众多，方方面面监督的范围也很广，但具体将监督内容法定化、制度化的不多，更不用说监督的日常化了，从而也导致对环保部门启动监督程序变得较困难。

如法律规定各级人大及其常委会对政府及其部门有监督的权力。该权力可通过听取和审议政府报告、对部门工作进行执法检查、对相关部门的工作进行评议和对部门领导进行述职评议、询问、质询、特定问题调查、罢免、撤职等方式进行。但从目前的实际情况看，人大及其常委会对一些比较“硬”的监督手段很少使用甚或有意回避不予以使用，如罢免、撤职、质询、组织特定问题调查等职权就很少被使用，几乎没有见过新闻媒体有过类似相关报道。最终结果就是人大监督不到位，或者说是一种走过场式的软监督。[②]

这些问题的出现，除了人大本身工作特点（一般每年只开一次人大会）导致很多工作没法全面开展外，一个重要原因就是正式监督程序启动难。对于环保部门工作的监督仅停留在粗犷地、比较随意地听取工作汇报的一种状态，至于严格的监督和追责程序则基本很少启动，当然，环境保护工作是一个比较专业的工作，让普通的人大代表来监督也确实勉为其难，为此全国人大设立了环境与资源保护委员会这一环境专门委员会机构。但遗憾的是，到今天为止，该委员会依然没有被赋予充分的监督问责权。“组

① 颉秀娟，唐亚龙．基层环保部门如何履职免责［N］．中国环境报，2014-06-23（002）．

② 李蔬君．当代中国政府责任问题研究［D］．北京：中共中央党校，2006：99.

织机构是人大监督权发生作用的中心环节，专职、完善的监督组织是实现监督权的必要保障。如果组织机构不健全甚至处于空缺状态，那么再好的法律监督规范也不过是一纸空文。”①

在权力机关监督方面有必要赋予环境与资源保护委员会更多的监督问责权，在人大及常委会忙于立法等重大宏观事务时有足够的时间与精力履行对政府及环保部门的监督责任，并在监督实践中总结升华，将监督内容法定化、日常化、制度化，从而根据工作需要可随时启动监督问责程序。

在司法监督方面，检察机关行使环境监督权往往存在途径不畅的问题，其根本原因是检察机关在司法监督方面启动追责程序要求较高，只有在有一定证据的情况下才可以启动追责程序。现实表现就是有大的环境污染公共事件，或者因为环境问题引发了大规模的群体性事件才导致检察机关的介入，处理一批环保官员，是一种倒逼式的监督模式。这种监督模式具有偶发性的特征，会加重环保人员的侥幸心理，从长远看，这对于环保部门严格履行职责的教育、震慑意义有限。加强对环保人员的日常化监管，制度化的监督才是推进环保工作的保障。为此，检察机关应该广开言路，发动群众，多方搜集各种环境监管失职方面的线索，设立专职部门（或专人）与当地公安部门、纪检监察部门、环保部门定期联系，展开合作，及时接收他们提供的线索与移送的案件，并及时将案件办结情况转发给相关部门，并将这些工作日常化、制度化，从而更快捷和高效地启动监督程序，对环保部门官员形成一种无形的日常压力，让检察监督如影随形，达摩克利斯之剑永垂头顶。

此外，对于司法监督中的法院监督，因为其审判是被动的过程，不可以主动出击，但是对于一些审判中积累的经验和好的做法则需要定期与同行交流，并将一些经过时间检验的好方法、好模式制度化、日常化并加以推广，如贵阳环保法庭的设立和向外推广就是一个极好的例子。这些都有利于法院高效地开展对环保部门的审判监督，避免现实中经常出现环保案

---

① 汪习根 . 论实现人大法律监督权的保障［J］. 现代法学，2000（6）：39.

件立案难、判决难的问题，从而影响法院对环保部门的监督效果。审判机关在审理判决案件的同时，要更多地关注判决结果对当事人、对社会的正面效果，要创新判决方式，多通过判决附加司法建议的形式来做到案结事了，而不是通过判决的“副作用”对当事人产生影响。①

行政机关内部监督之所以必要，其中一个重要原因在于环境行政裁量权的过于普遍化。所谓环境行政裁量权是指行政机关在环境保护进程中就规划预防，管制诱导以及事后应变与处理范围内选择是否行使权力和怎样行使权力的自由。由于环境行政运行过程中存在监督主体与被监督主体“信息不对称”情况②，外部监督主体所掌握的信息极其有限，而内部监督主体相对处于信息优势地位，特别是环保系统本身更是如此，针对本地环保部门应该如何、在何种程度上履行职责最为清楚明了，而且相对于社会监督其又有行政权力作为后盾，监督效果更加明显，因而内部监督具有效率高、程序便利、效果好的优点。

行政机关的内部监督机制如果发挥好就可以及时有效地纠正环保部门违法违纪行为，督促其严格履行法定职责，避免造成重大的人员财物损失以及环境的破坏，遗憾的是行政机关的内部监督也存在很多问题，如行政机关上下级同属一个行政组织系统，甚至存在一定隶属关系，故容易在认识决定问题的立场上、处理问题的方法上陷入雷同，陷入“权力滥用”的误区。③更为严重的是，内部监督的启动权往往掌握在所谓的“自己人”手中，极容易发生“暗箱操作”“走过场”式监督，部分地区甚至会发生“官官相护”的现象。

行政机关内部监督本身就应当是一个日常化的监督机制，但现实中往往因为工作重心转移、领导偏好，以及工作事务忙等各种原因不能达到预定的目标，现实表现就是“运动式”治理，特别在环境领域，政府为了完

---

① 熊超．浅谈环境行政执法中的公民参与——以范根生诉浙江省嘉善县人民政府环保行政复议案为例［J］．环境保护，2014（10）：59.

② 张建伟．完善政府环境责任问责机制的若干思考［J］．环境保护，2008（3）：36.

③ 唐文韬．中国环境影响评法的管理程序分析［J］．常州工程职业技术学院学报，2007（3）.

成任务指标，不得不头痛医头脚痛医脚，各部门也将日常监督放在一边，随着政府的脚步起舞。随着我们环保意识的成熟，执政理念的升华，监督内容的法定化、日常化应该成为常态。

三、社会监督机制发展缓慢

中国自古以来都崇尚贤君明主，为民作主的清官好官，提倡隐忍，对官府有所不满的都属于“刁民”，“刁民”无论在民间或是朝堂都会受到打压。所以古代民间的不满往往不是以和平的民监督官的方式展现，而是以各种暴动的方式来解决，即以一个独裁王朝来代替另一个独裁王朝来宣泄这种不满。真正的社会监督历史并不久远，只是近代社会才有的事情。在中国则是在推翻清王朝以后才开始产生这种监督的思想并部分运用于政治领域。但众所周知，由于时局混乱，孙中山先生的伟大理想并没有实现，直到中华人民共和国成立，人民开始当家作主，特别是改革开放以后，党和政府实事求是，与国外先进管理理念接轨，将法律置于重要位置，通过法律赋予公民及一切社会组织监督政府的权利。

在环境保护领域，社会监督起点较低，发展比较缓慢。最初的《环境保护法（试行）》（1979）对于社会监督仅是一个概括提法，更多的是一种保护环境的义务，而并非是监督的权利。《环境保护法》则明确规定了公民、法人和其他组织依法享有获取环境信息、参与和监督环境保护的权利，并提出新闻媒体在环境保护中有舆论监督的权利。但遗憾的是，紧跟着并没有有关社会监督的配套措施出台，如获取环境信息的途径和方法如何，向谁获取信息，信息的义务主体是谁，如果违反这一公开义务如何处理等都未有明确的法律规定。

自20世纪90年代以来，“治理”一词频频在西方经济学、政治学、管理学领域出现，治理理论创始人之一的詹姆斯·N. 罗西瑙将“治理”描述为一种规则体系和建立该体系的机制。他认为治理“既包括政府机制，同时也包含非正式、非政府的机制”。这种由各种公共的或私人的机构共

同管理事务的方式即被公认为“多元治理模式”。也是后现代社会理论所推崇的社会管理模式。美国学者查尔斯·古德赛尔－福克斯、米勒在其代表作中写道，后现代公共行政，“在公共行政管理领域的研究中，就目前来看，它代表了最高水平。”①

多元治理模式作为西方后现代公共行政所倡导和推崇的一种社会治理模式，在提出以来备受关注和推崇。而我国则直到《环境保护法》（2015）中才开始接受环境治理的思想理念，首次提出了环境公益诉讼的概念，将社会监督提升到了另外一个层次。此外，为了克服1989年环保法的缺点，新环保法在明确公众参与原则的基础上用“信息公开与公众参与”专章形式规定了公众参与的具体内容与方式。这可以看出立法者对于公众参与的重视程度，体现出公众参与在环境保护工作中的重要地位，也将社会监督提升至公众参与、多元治理的高度，这也是新环保法的最大亮点之一。②

环境治理除了要有尽职的政府，还需要企业的模范守法和公民的积极参与，这三者相辅相成，既相互制约，也相互促进。对于现阶段我国公民社会并未完全形成的社会现实，社会监督还处于比较弱势的状态，大部分人都有一种搭便车的心理，社会监督、公众参与，进而形成良性多元治理模式的进程还比较缓慢，还有待于进一步积极推进。

第二节 垂改可能对环保部门现行职责履行监督机制带来新挑战

环保机构垂直管理改革后，总体上有利于环保部门积极开展工作，但同时也会对环保部门履责监督机制产生一些不利影响，对如何进一步加强对环保部门的监督提出了挑战。下文将从改革后地方环保管理的三个层次进行逐一分析。

---

① 查尔斯·J.福克斯，休·T.米勒.后现代公共行政：话语指向［M］.楚艳红，曹沁颖，吴巧林.译.北京：人民出版社，2013.

② 王曦，唐瑭.环境治理模式的转变：新《环保法》的最大亮点［J］.经济界，2014（5）：9-10.

一、对准县级环保部门的挑战

在地方三级环保部门中，准县级环保部门地位改变最大，由原来的基层地方政府组成部门一步转变为市（地）环保部门的派出机构，虽人员组成并未有太大改变，但改革后几乎完全斩断了其中央与地方政府间的人员及财务往来，包括与县政府行政上的隶属关系，成为孤悬于县域的市（地）级环保部门派出机构。准县级环保部门这一独特地位对现有监督体制提出了监督难题。

首先，监督主体发生改变，部分监督方式失效。改革前，县级环保机关体制内监督主体主要由县行政机关监督，县权力机关监督（各级人大及其常委会），县司法机关监督。行政机关监督又分为两类，一类是政府专门设立的行政监督机构，如行政监察机关、审计机关和其他专责机关。另一类为一般监督机关，如县人民政府，上级环保机关等。改革后，准县级环保部门脱离了县人民政府组成部门的身份，法理上完全摆脱了县级层面上的体制内监督。而遗憾的是，准县级环保部门虽职责建制与原县级环保部门并无二致，但其市（地）环保部门派出机构的身份让市（地）一级的体制内监督也大部分失效，只能监督其母体——市（地）环保部门，包括省级环保部门也是如此。以此角度来看，准县级环保部门的监督主体陡然减少，所有这些监督压力最终都集中在市（地）环保部门身上，但市（地）环保部门如何领导和监督好远在县域的派出机构将是一个难题，而且一旦这种内部领导监督不好，其责任将由市（地）环保部门承担。

其次，社会监督门槛提高，难度加大。改革前，对县级环保部门的监督只需要在县域内就可以完成。如向当地县政府、纪检监察部门、检察机关举报就可以达到目的，如需诉讼，也只需要将其作为被告告上县人民法院即可。但改革后，根据前面分析，当地行政部门体制内监督对其已经失效，只有到市（地）层面才有对其监督的权力，如果行政复议，被复议主体将是市（地）环保部门，主管机关将变为市（地）人民政府或省级环保部门；如果诉讼的话，被告将是市（地）环保部门，其主管法院也将变为市（地）

中级人民法院，对准县级环保部门的不满将改变为对市（地）环保部门的不满。这极大地提高了社会监督的门槛，加大了监督的难度。

最后，环保机构垂直管理后，准县级环保部门作为市（地）级环保部门的派出机构，虽不再是县政府组成部门。但“环保规划、总量控制、污染减排”这些由县人民政府主管的环保工作最终还是会移交给当地环保部门完成，而这个部门也只能是改革后的准县级环保部门。但根据本章第一节分析可知，准县级环保部门一个重要的职责就是督促地方政府履行环保职责，现有制度安排让准县级环保部门有“既当运动员，又做裁判员”的嫌疑。如何解决这一难题还需要改革者的智慧。

二、对市（地）环保部门的挑战

环保机构垂直管理改革后，市（地）级环保局实行以省级环保厅（局）为主的双重管理体制。这种管理体制有别于一般的机关垂直管理体制，并非完全实施行业垂直管理，市（地）环保部门依然是所在地市（地）人民政府的组成部门，当地政府依然承担其人员和工作经费，只是在管理上由原先的属地管理为主改为以上级环保部门行业管理为主的双重管理体制。主管部门的调整也会影响到监督机能的有效发挥。

其一，属地管理地位的下降可能会影响到地方监督职能的发挥。环保机构垂直管理改革后，地方政府行政部门对市（地）环保部门的管理能力下降，同时其监督的能力也会随之下降，体制内监督效果将明显减弱。而且，一旦地方政府部门有意推脱对市（地）环保部门的监督责任，上级部门很难追究其监督方面的失职责任，毕竟市（地）环保部门是以行业管理为主的部门，领导监督责任主要在其上级环保部门，改革反而给了地方行政部门监督不力找到借口。如果将监督的主要责任转嫁给省级环保部门，那么也会存在省级环保部门掌握的监督线索少、了解信息不够的问题，因为市（地）环保部门的人财物主要是由当地政府部门划拨调配的，管理和使用这些资源也主要是通过当地政府部门批准或者备案的。如果改革不慎，新的监督机制没有建立起来，反而会破坏掉已有的监督机制，对环保部门的监督将形同虚设。

其二，准县级环保部门的设立加大了省级环保部门的监督难度。改革前，县级环保部门在行业管理上由市（地）环保部门领导监督。改革后，准县级环保部门升级为市（地）环保部门的一部分，接受市（地）环保部门的内部工作安排，其外部监督就转化为由省级环保部门进行。然而鉴于准县级环保部门位于县域的天然状态以及工作领域，省级环保部门对其进行有效监督要克服的问题很多，无疑难度巨大。此外，市（地）环保部门对准县级环保部门的内部监督也存在省级监督部门类似的问题，监督难度巨大，也是改革者需要考虑的问题。

三、对省级环保部门的挑战

改革后，省级环保部门最大的变化是扩充了自身监测、监察执法权，将环境监测监察收归自身垂直管理。理论上有助于在全省范围内统一监管执法，减少执法干预，掌握第一手环境数据，为统筹规划环境防治提供足够保障。但改革后，也破坏了原有的环境监管机制，在很大程度上否定了市（地）县环保部门的环境统一监督管理权。改革后，省域内环境监察权统一上收至省级环保部门，如此一来，省环保机关或省级环境监察机构工作人员便要审核全省监察案件，先不探讨省环保机关或省级环境监察机构是否有能力完成这一艰巨工作，单从行政内部申诉这块分析可知，改革后，一旦监察工作出现问题，同样的人、同样的监察行为，申诉对象可能从县或市（地）政府直接变为省政府，或者由市（地）环保部门直接变为中央环保部。对环境监察工作的监督级别直接跳了一至二级。这无形中提高了各方对环境监察工作监督的难度。

此外，根据改革的目的判断，改革后，省级环保部门一个重点工作就是监督地方政府及其相关部门落实相关属地环境责任，其具体实施方法就是通过向市或跨市县区域派驻环境监察专员等形式对其实施环境监察，但

各监察专员由于地域及工作状况，其独立性相对较高，省级环保部门如何监督这些环境监察专员就成为一个难题，可以预见的是，省环保部门的内部监督任重道远。

第三节　完善职责履行监督机制的措施与方法

环保部门垂直改革后，环保部门会在法定职责、法定主管部门、职责重心以及履责方式方面发生重要改变（具体见第一章第二节），为应对这些重大变化，适应世界形势的发展，多元治理模式的采用将是解决环保，特别是垂改后的环境治理问题最好的路径选择。而在多元治理模式中，如何引导社会公众积极参与（参与就是一种监督）则是用好多元治理模式的最好抓手，也是减轻垂改对原有监督机制产生冲击的最好解决方案。引导公众正确参与到对环保部门的监督中去主要要做到以下三点。

一、强化社会监督的基础作用

新《环境保护法》在明确公众参与原则的基础上用“信息公开与公众参与”专章形式规定了公众参与的具体内容与方式。这可以看出立法者对于公众参与的重视程度，也体现出公众参与在环境保护工作中的重要地位。

根据新《环境保护法》中“信息公开与公众参与”专章的相关规定，公众监督几乎遍布环境保护工作的方方面面，既通过直接监督环保部门的违法行政和渎职行为来促使环保部门承担环境法律责任，也通过对企业等排污主体环境违法行为的举报来间接监督环保部门依法履行其法定职责。

此外，社会监督也是体制内监督履行其监督职责的必要途径。如果没有社会监督参与到体制内监督中，体制内监督将变得有形无实。失去社会监督，体制内监督机关将变成“聋子”和“瞎子”，失去群众基础，也将失去监督线索的来源，权力机关将变得无所事事， 在具体监督事务上将变得无所建树。对于司法机关而言，没有社会公众的参与更是寸步难行，案源、事实调查与证据的收集都依赖于群众参与。对于行政机关的内部监督而言，

社会监督于其而言也不可小觑，因行政机关上下级同属一个行政组织系统，甚至存在一定隶属关系，故容易在认识决定问题的立场上、处理问题的方法上陷入雷同，陷入“权力滥用”的误区。①

此外，内部监督的启动权掌握在“自己人”手中，如果没有社会监督参与其中，极容易导致监督“走过场”“暗箱操作” 等问题，甚或有“官官相护”的现象发生。对此，社会监督不仅起到了一个发现环境问题线索、提供线索的作用，而且还对线索的处理结果起到一个反馈的作用。这个反馈可能是监督的终结，也可能是另外一个社会监督的开始。

环境问题既是一个公共问题，也是每个社会成员的个人问题，既关乎社会公共利益也关乎每个人的切身环境利益，在以人为本的政府行政理念下，社会监督的基础作用不可或缺，须进一步加强，只有通过强化社会监督的基础作用，才能使环境违法行为陷入“人民战争的汪洋大海”，使环境违法行为无处藏身，也为环境保护机关履行其法定职责创造有利社会条件，有效发挥其在监督体系中的作用，并为体制内监督机关监督内容法制化、日常化提供经验与素材。

二、培养公众的社会监督意识

无论是否垂改，环保部门都理应接受各方监督，特别是接受社会公众的监督，这是由环保部门的自身地位决定的。根据公共信托理论以及环境权理论，环保部门作为政府环境主管部门，理应提供良好的公共环境，保障市民的环境权益，并接受社会各界的监督。

同理，根据公共物品理论，环境物品具有公共物品的典型特征，如空气、水等自然要素的消费就不具有竞争性和排他性，搭便车的现象极其严重，在这个领域市场往往失灵，从而政府不得不承担起提供公共物品这样一个责任。而环保部门作为政府的环境主管部门，由其主要承担提供良好公共物品的责任成为必然，监督其履行公共职责也成为应当。

---

① 唐文韬．中国环境影响评法的管理程序分析［J］．常州工程职业技术学院学报，2007（3）．

应当增强公民环境保护意识，自觉履行环境保护义务，强化社会监督责任，将社会监督融入环境保护意识之中。这些不仅需要全民的自发参与，政府和有关部门也应当负起责任。联合国在其《千年宣言》中提到，公共部门应该要向公众负责，其人员应该满足公众持续增加要求发言权的需求以及对公共部门加强问责制的要求，要进一步提高政府和官员的公共行政能力和责任。现代法治政府不仅需要向公众负责，接受公众的社会监督，而且，在建设环境友好型社会中，政府在全方位接受公众的环境监督外还要下大力培养公众的社会监督意识，让公众监督成为一种常态和自觉行为。

在培养公众的社会监督意识上，各级人民政府、环保部门、教育行政部门、学校，以及各类新闻媒体都应该行动起来，在环境保护宣传与普及上、环保社会组织的培育上、学生环保意识的培养上，以及对环境违法行为的舆论监督上一起行动起来，形成合力，逐步改造和形成社会公众的环境监督意识。

对于现阶段我国公民社会并未完全形成的社会现实，社会监督还处于比较弱势的状态，许多人都有一种搭便车的心理，对于公众参与环境监督的意识培养可以从多方面进行，除了《环境保护法》规定的对保护和改善环境有显著成绩的单位和个人给予奖励的物质刺激方法外，还可以通过登报表扬等各种方式进行精神鼓励，鼓励更多的人参与到对环境问题的社会监督中来。政府有关部门也应该关心、爱护这些监督参与者，将监督者看作是自己的同一阵线，是来帮助自己更好履行工作职责、法定责任者，而不是将其认定为一个“找茬”者。在对监督者的监督举报处理过程中应当严格遵照法律规定办事，防止泄露举报人的相关信息，对举报情况处理的进程及时予以反馈，保护举报人的合法权益。

根据《环境保护法》第五十六条规定，负责审批建设项目环境影响评价文件的部门发现依法应当编制环境影响报告书的建设项目未依法充分征求公众意见的，应当责成建设单位征求公众意见。通过严格执行该项法律规定，保护公众的环境参与权，刺激公众的参与意识，加强公众的参与信心。从而纠正公众参与环境社会监督仅是一种摆设，没有实际效果的大众心理，让其看到社会监督是有效果的，法律规定不是摆设，激励更多人参与到社会监督中去，客观上也让企业等环境污染主体习惯于被监督，也给环保部门创造有利的工作环境，更轻松地履行自己的工作职责。

三、正确引导社会监督的方向

一方面我国大力倡导环境信息公开，公众依法有序参与环境监督。另一方面却有大量的环境群体性暴力事件发生。据权威数据显示：中国自1996年以来，环境群体性事件一直保持年均29%的增速，2012年中国环境重大事件增长120%。给政府和社会造成重大不利后果。虽然环境污染、环境纠纷频发，但公众并非全部通过法定程序来监督各方从事环境行为，通过司法诉讼解决环境纠纷不足1%就是一个很好的证明。由此，正确地引导社会监督就显得尤为重要。

要正确地引导公众在法定范围内进行合法监督，首先，要通过各种渠道让公众了解自己存在哪些合法的环境权益。这就需要政府及有关部门密切配合，提供财政资金和智力保障，将环境教育在社会中全面铺开，通过教育部门向在校学生进行环境权益教育，从根本上改变人们的环境观念，强化环境权益意识。通过广播、电视、报刊、电脑网络、手机网络等各种媒体向社会公众传播环境知识，宣传环境法律法规，使公众学法、懂法，懂得自己拥有哪些合法的环境权益，避免公众盲目维权，造成不好的后果。

其次，告诉公众如何合法监督来维护自己的正当环境权益。如果公众都能自觉地维护自己的合法权益，那么对政府相关职能部门的全面监督就基本达到了。同理，如果能够合法地维护自身权益，那么公众就基本达到了对于职能部门的合法监督。如何通过合法方式对有关部门监督除了通过上述学校、媒体对于民众施以各方面的教育引导外，更主要的还在于有关部门要转换思想、改变工作作风，为群众做好各项服务工作，向环境信访人员宣传有关环境保护法律法规，只要是能够解决的问题应该及时解决，绝不拖拉，一时确实解决不了的应该耐心做好解释工作，充分维护环境信

访人员的合法权益，避免因为合法路径不畅或公众自认为不畅而导致环境群体性事件的发生。想群众之所想，急群众之所急，将群众的利益与自己职责相联系，接受群众监督，维护群众利益就是履行自己的工作职责，群众的监督就是帮助自身更好地履行职责，免于被追责。

再次，引导社会有序监督还需要相关部门的信息支持。任何监督都需要一个有效的线索，一个好的线索就提供一个好的、高效的监督，否则就是一个失败的、高成本的监督。如对一个待建项目的环境影响报告书进行监督就比项目完成后对项目的投诉监督要有效和经济。

为了引导社会监督的有序、高效进行，各级人民政府环境保护主管部门和其他负有环境保护监督管理职责的部门应当依法、及时有效地公开环境信息，特别是事关公众切身利益的如环境行政许可信息，环境质量信息，排污单位排放污染物组成、浓度等信息。所有这些信息的公布都应该及时并且公布的方式多样化，易于公众获取，为公众参与和监督环境保护提供便利。

第四章　环保部门职责履行之激励机制

从社会学角度而言，激励就是激发和鼓励人们从事社会积极评价的行为，或者对这种行为的正面后果进行奖赏，它与“制约”一词相对应。[①]本书中激励机制主要借用机制一词在法学中的运用，是指对相关主体的环境治理行为和环境友好行为进行激励的各种办法、手段、制度及其有机体。因将激励机制理论系统运用于环保部门职责履行之中学界并不多见，故本章在进入核心主题前先对其理论做一归纳和梳理，为后面机制的完善提供理论指引。

第一节　环保部门职责履行激励机制法律适用之理论与现实基础

由于行文安排，本书所述激励仅指赞许、鼓励、奖赏等正面激励，不包括压力、约束、惩戒等某些学者所谓的“负面激励”。

一、理论基础

环保部门履责激励机制法律适用的理论主要有两种：一是“行为规范

① 何艳梅．环境法的激励机制［M］．北京：中国法制出版社，2014：2.

说”理论。另外一种是“责任规则说”理论。

（一）“行为规范说”理论

“行为规范说”理论认为，激励就是调动人的积极性，即主动追求行为目标的愿意程度，简单说就是激发动机，鼓励行为。结合管理心理学和组织行为学理论，认为“行为”是指个体在环境作用下有目的的活动，其过程一般分为环境影响、主体需要、行为动机、行为方式、客观结果造成主体满足状况五个阶段。[①]而法律则可以在这五个方面发挥其正面作用，其客观表现即法律制度的激励功能。该理论通过将马斯洛需要层次论平移改造至法学，在法律规范中确立起一种不同需要层次与不同权利义务在内容上的对应关系，表现在法律制度激励机制内容设计上就是通过将“优势需要”向“优势权利”转化。某种程度上说，该理论是“需要—动机”理论模型的一个延续，“人们为了满足需要会产生各种各样的动机，动机本身对于人的行为具有激励作用，法律规范可以通过抑制某些人的恶劣动机，预先对人的行为方向做出指引”[②]。

“行为规范说”理论一个重大特点就是将人看作是一个复杂的个体，他不仅具有内在动力，还拥有进行自我控制、自我反思和自我实现的能力。这个复杂个体跳跃在经济人、复杂人、社会人等人性假设理论之间。将人的经济性动机、社会性动机、成就动机、利他动机等并列，将人的差异性表现出来，围绕“行为”这一核心范畴讨论“激励”问题，以法律作为个人的行为准则并对行为进行调控为出发点，通过对人内心世界进行观察，设计适当的法律制度来实现其对人的正面激励功能。从而实现法律制度激励功能的有效性和完整性，通过动态多样的激励观念来弥补不同类型的行为个体差异，强调法律个性化的激励方案。

---

① 参见付子堂.法律的行为激励功能论析［J］.法律科学，1999年（6）；付子堂.法律功能论［M］.北京：中国政法大学出版社，1999：68-69。

② 付子堂.法律功能论［M］.北京：中国政法大学出版社，1999：71.

（二）“责任规则说”理论

“责任规则说”理论认为社会制度要解决的核心问题是如何对自己的行为承担责任，法律可以通过对赔偿规则的实施以及对责任的有效配置将个人行为的外部成本内部化，而这种法律规定将会诱导个人选择社会需要的最优行为。[①]一旦每个人都对自己的行为承担完全的责任，则社会就可达到经济学上帕累托最优状态[②]。从而实现法律规范对整个社会的激励功能，法律作为一种激励机制其责任规则被认为是法律制度发挥激励功能的唯一核心机制，该学说的理论基础在于经济学理论中的效率标准，以及现实经济生活中的信息不对称。

现实生活中，个人行为不单会改变自己，也会影响到别人，即个人行为不仅涉及个人成本和收益，同时也会影响到他人的成本与收益，用经济学术语概括，就是个人行为具有外部性，这个外部性就是对他人的影响，该行为的个人成本加上该行为造成他人的成本之和即为社会成本，个人收益加上该行为给他人带来的收益为社会总收益。而社会总收益较原有收益有所增加，或者社会成本较原有成本有所减少就是有效率的，这样就符合经济学中的效率标准。为了让社会达到经济学中的帕累托最优状态，就需要使用一切办法将个体活动中的外部效应内部化，这时法律规范就有了用武之地，通过法律规范来强制和激励个体将个体行为的外部成本内部化，引导独立个体将其社会成本和社会收益转化为私人成本和私人收益，使行为主体对自己的行为承担全部责任，最终达到帕累托最优。

现实中要完全达到社会成本内部化还需要获得有关“成本”“收益”的完整信息，但现实生活中由于人类的有限理性及生活的复杂性，特别是

---

① 张维迎．信息、信任与法律［M］．北京：生活·读书·新知三联书店，2003：63.

② 帕累托最优也称为帕累托效率。所谓帕累托最优是指资源分配的一种理想状态，在这种状态下，假定存在着固有的一群人和可分配的资源，此时从一种分配状态到另一种状态的转变中，已经没有任何办法达到在没有使任何一个人境况变坏的前提下使得至少一个人的境况变得更好之目的，这样一种状态被称为帕累托最优，帕累托最优即是公平与效率的最“理想结合”。

私人信息的存在可能会使另一部分人拥有更多的信息，形成交易上的信息不对等，使得交易成本上升。这时，科斯定理中的产权激励理论近乎失效。由此，经济学家们在经济学激励理论基础上建立了“委托—代理”模型，将拥有私人信息一方称为代理人，将处于信息劣势一方称为委托人。通过对模型的研究，专家们设计出一套针对信息不对称问题的激励机制，该机制通过将行为主体提供的信息或外在可观察的信息与对该主体的奖惩联系起来，通过这种奖惩方式将行为的社会成本和收益内部化为决策者个人的成本与收益。[①] 在此基础上，根据信息不对称可能存在的多种情形，产生了如“道德风险”理论、“效率工资”理论、“逆向选择”理论等多种知名激励理论。

“责任规则说”理论的推演是基于人的一切行为决策都源于对切身利益最大化考量这一基本假设。某种程度上其实就是经济学研究中的“经济人”或者“理性人”的翻版。其调控方法就是通过法律上责任（权利）规则的设定来增加或者减少私人成本和收益来达到促进或阻止当事人行为的目的。换一个角度，即从激励机制的角度来看，法律可以通过设置各种激励的办法、手段、制度来增加或减少私人成本和私人收益，改变两者的权重关系，从而达到所要求的效率标准，符合人类的整体利益。

二、现实基础

（一）激励机制法律适用的现实契合点

法律制度由约束消极行为转而激发积极行为，人们从被动接受转而积极参与，这些都是国内外法律制度发展的趋势之一，代表了人类社会的进步。[②] 在我国，激励机制与社会发展方向也极度吻合，为激励机制的法律适用提供了现实基础。

---

① 张维迎．信息、信任与法律［M］．北京：生活·读书·新知三联书店，2003：75-76.

② 何艳梅．环境法的激励机制［M］．北京：中国法制出版社，2014：10.

1. 法律激励与“以人为本”理念的高度契合

何为“人性”是一个深奥的哲学问题，早在春秋战国时期就有人性恶与人性善之争。人性恶论的代表学派是法家，其代表人物荀子就说过：“人之性，恶；其善者，伪也。”[①]其意思就是说，人的本性是坏的，只有通过后天的学习和引导才可以达到善。此处的“伪”是人为，教化的意思，而非伪装的意思。可以看出，荀子认为人的本性是恶的，只有通过教育引导才可以使人向善。其后，韩非子也发表了类似看法，认为人的本性都是自私自利的，人人都喜好名利，讨厌刑罚，这就是人性，并将这些论断融入治国之道，提出“故明主之治国也，名赏，则民劝功；严刑，则民亲法”。[②]人性善论的代表学派是儒家，其代表人物主要是孔子和孟子。其流传最广的一句话就是《三字经》中的“人之初，性本善。性相近，习相远”，尽管有人对这些话是否是孔子所说有疑义[③]，但这并不影响孔子、孟子的人性善论主张，该句话的意思是人的最初本性是善良的，每个人的善良本性都是差不多的，只不过随着后天环境的变化，性情才有了好坏的差别。

根据两个学派观点的对比，可以看到虽然两派观点截然不同，但都揭示了“善”要通过人自己的选择（受引导）和努力（受教化）才能实现。现实中人性状况要比两派总结情况复杂得多，人性是极其复杂的，不是简单的非善即恶，而是具有多面性。因此，在经济学中就有了“经济人”“理性人”的假设。认为人是理性的动物，人的思想和行为是受他所追求的利益所驱使的。这往往能解释生活中人们交往的现实情况，特别是商事交往。但现实中更多的还存在不损害自身利益，或者在所得利益大于所受损害情况下，人性就呈现出善的一面，否则就容易呈现出邪恶。无论如何，善都是人类所需要与追求的，而内心感受，对方期许和社会规范则是人们向善所考虑的三个主要因素，作为法律的根本目的就是要维护公平正义，扬善

① 《荀子·性恶》。

② 《韩非子·八经》。

③ 台湾的傅佩荣教授认为该句话前半段为宋代哲学家所说，后半段才是孔子所说。参见傅佩荣．哲学与人生（第二版）［M］．北京：东方出版社，2012：164.

抑恶。而要发挥法律扬善抑恶的功能则需要给人提供选择或努力向善、择善或者行善的环境或机制，这就是法律激励。

党的十六届三中全会和十八届三中全会通过决议都多次提出和强调要树立“以人为本”的执政理念。要坚持以人为本、执政为民，始终保持党同人民群众的血肉联系。我国最高决策层提出的这一概念无疑是正确和及时的，在社会运行之方方面面都有遵循之必要。在法律方面，由上一节理论分析知道，法律激励的由来就是依据人性的需要而来，从这个角度可以说法律激励完全高度契合了“以人为本”这一先进发展理念。这也迎合了近年来法学界所倡导的法律人性化潮流，即法律要以人为本，对普通人来讲要有人情味，这种以人为本不仅是对人的权利和尊严的敬重，也是对于个人本能需要和感受的体恤。所谓人性化所体现的是对人本身的确证，同时也是对人目的性的一种认可。而法律人性化则是“在对人性的充分探讨和深刻理解以及合理界定的基础上，在遵守法律自身运行规律和法治要求的基础上，在立法、执法和司法等法律实现的过程中，要求法律必须是以人为本、有人情味，其核心价值体现的是对人的权利和尊严的敬重，与人性相协调，并尽可能以温情的方式施行法律”。①

随着经济的发展，人们接受教育程度越高，人对权利和尊严会越发地看重，被尊重的需求会越来越强烈，激励机制也会显得越来越重要，只有通过建立和实施激励机制来激发人类向善的本性，才能维护和加强人类对权利与尊严的敬重。也只有通过激励机制的实施，才可以做到无论是国家干部还是平民百姓都能自觉自愿地“扮演”好自身的社会角色。同样的，也只有通过激励机制的实施，才能将社会管理成本降低到最小，人人安居乐业。

2. 环境法律激励与可持续发展理念的高度契合

可持续发展是我国国家发展的一项重要战略，一切发展都要在这一根

---

① 刘超．环境法的人性化与人性化的环境法［M］．武汉：武汉大学出版社，2010：55，69.

本理念下进行，根据《中国21世纪议程》，实现可持续发展首先要“制定可持续发展的法律体系”。环境法是环境保护领域最重要的法律保障，是可持续发展立法的基本领域，可以也应当以可持续发展理念作为指导或者目标。[①]

可持续发展并不是不发展，而是要更有质量地发展，既要满足当代人发展的需求，还要保留后代人发展的权利与机会。可持续发展是一种新的发展模式，其动力机制不应该完全延续传统市场经济的利益激励，需要有所改变，而这个改变就依赖于环境法对其进行重新调整，而这个调整的重点就是更加注重对于环境公益的追求和竞争秩序的生态化，将经济人追求利润的行为限定在不损害环境公共利益的基础上。“法律机制实质上是法律价值和目标的体现方式和实现手段。”[②]环境法激励机制的合理设计和运作是实现可持续发展的重要途径，而且激励机制作为环境法的有机组成部分，其目的就是要实现环境法的价值目标，即达到可持续发展。[③]

通过在环境法中设立激励机制，将环境违法行为的负外部性内部化，可有效缓解“守法成本高、违法成本低”现象，提高环境主体的守法积极性，减少违法治理成本。环境法中的激励机制还可以激发环境执法机构的执法热情，减少执法成本与权力寻租。此外，环境行政部门通过激励机制建设，还可以进一步完善环保管理体制，加强执法能力建设，重视执法过程与效果，提升环保部门在政府部门中的地位。

（二）激励机制在中国的法律实践

远在中国古代，激励机制就已经存在，三国时期就有“赏不可不平，罚不可不均”[④]之说，在那个时候统治者已经知道通过奖赏和惩罚的手段

---

① 现实情况也确实如此，如《环境保护法》《循环经济促进法》《规划环境影响评价条例》《水土保持法》《节约能源法》《可再生能源法》第一条都有相关明确规定。

② 杨宗科. 法律机制论——法哲学与社会学研究［M］. 西安：西北大学出版社，2000：201.

③ 何艳梅. 环境法的激励机制［M］. 北京：中国法制出版社，2014：41.

④ 出自“三国”诸葛亮. 刘炯注. 便宜十六策［M］. 北京：中国人民大学出版社，2007.

来达到鼓励先进，鞭策后进而提高管理绩效的目的。由于现代意义上的公务员制度在我国建立较晚，所以针对公务员管理的激励机制在我国历史上并不久远。1993年，《国家公务员暂行条例》出台，第一部具有现代公务员管理意义上的法律颁布施行，后经过几年的实践完善，到2005年，我国人大常委会颁布实施了《中华人民共和国公务员法》，公务员的管理才逐渐步入现代化、法制化的轨道。该法颁布后，成为公务员管理所依据的纲领性法律文件，也事实上成为对公务员实施激励的法律依据。

公务员法在激励机制上也做出了具体的制度安排。如在薪酬制度方面，法律规定公务员实行国家统一的职务与级别相结合的工资制度。在考核制度方面，法律在第五章做了专门论述，规定公务员的考核分为平时考核和定期考核，考核内容为德、能、勤、绩、廉，重点考核工作实绩。同时还对公务员在晋升制度、奖励制度，以及培训制度方面都做了比较细致的规定。《公务员法》为现实公务员激励机制的展开实施确立了大纲和范围。

第二节　环保部门职责履行激励机制的要素分析

环保部门履责激励机制是一个复杂的体系，涉及环保部门工作的方方面面，也涉及各地方政府实时政策的贯彻与落实。各地环保部门构建的具体激励机制可以千差万别，但无论如何变化，环保部门履责激励机制的基本要素不会变，只是要素的组合发生变化而已。现就环保部门履责激励机制的基本要素做一个分析，为各地环保部门构建具体的履责激励机制提供借鉴。

一、激励的对象

法律可以通过各种方式与途径发挥其激励功能，其类型与措施也是多种多样的，可以划分为官方激励与社会激励、泛激励与实激励、赋能激励与奖赏激励、行为激励与结果激励、自我激励与他方激励等。因讨论内容所限，本书所涉激励仅为针对环保部门的行政激励，而且主要是针对环保行政机关的内部激励，即上级行政机关对下级行政机关的激励，以及行政机关对内部工作人员的激励，此外还包括社会对行政机关的内部激励。

在论述激励方法的同时，首先一个前提是要搞清楚激励的对象是谁，只有弄清楚了激励的对象，激励的具体方法才可以确定下来。

通常所说“对象”指的是行动或思考时作为目标的人或事物。①在环境法中，所谓激励对象就是激励规范中所对应的客体，即被激励的自然人或者法人。现实中，法律制度激励的对象往往就是法律行为的主体。环保部门作为拥有环境行政权的法人主体，对外具有独立的法人资格，有其独立的“人格”与利益，现实中他所体现出来的意志往往就是普通公务员（或国家干部）意志的集合体。人是一个理性的动物，但其理性却是有限的，都有追求自身利益最大化的倾向，在追求自身利益的过程中，不可避免会发生恣意行为、权力寻租等情形，从而导致政府的失灵。“行政法并不限于对政府权力的控制，它同时还包括对政府的授权并维持这种权力的合法行使。”②通过合理的对政府部门授权并维持权力的合法行使，就能达到对政府部门的权力激励，从而促使行政部门加快行政效率，积极有效地行使行政权，从而保护和促进公民的合法权利。

此外，政府部门作为公务员的一个集合体，公务员个人的勤勉与廉洁性往往也会影响到整个机关法人的工作效率与管理效果。从以上分析看来，针对环保部门的激励机制所对应的激励对象应该有两个，一是作为法人的环保部门，二是环保部门中任职的公务人员（包括参公管理的事业编制人员）。在这二者中，对具有主观能动性的环境公务人员的激励显得更加重要。环保部门及其公务人员有其独立合理的利益需求，通过设置一定激励机制，将这种利益需求与工作挂钩，鞭策他们更好、更高效、更有创造性地完成自身的本职工作，客观上也起到了激励环保部门法人的作用。

---

① 中国社会科学院语言研究所词典编辑室．现代汉语词典（修订本）［M］．北京：商务印书馆，1996：320.

② 斯蒂芬·L. 埃尔金，卡罗尔·爱德华·索乌坦．周叶谦译．新宪政论——为美好的社会设计政治制度［M］．北京：生活·读书·新知三联书店，1997：156.

二、激励的内容

激励的方法主要有三种，第一种是通过针对人的需求进行激励，第二种是针对行为的全过程进行激励，第三种是对行为进行强化激励。激励的方法不同，激励的内容也有所不同，如第三种激励，其激励内容就主要是各种奖励（包括物质奖励和精神奖励）；第一种激励的内容最为庞杂，涵盖了包括第三种奖励在内的所有激励内容；第二种激励则是稳定、透明而公正的激励制度本身。环保部门作为政府组成部门，对其公务人员实行普通公务员管理，基本激励内容应与普通公务员一致。现就第一种激励方法和第二种激励方法所涉及的激励内容做一个全面分析。

（一）第一种方法所涉及的激励内容

1. 薪酬制度

在整个公务员的激励机制中，以货币工资为代表的薪酬制度是对公务员进行激励的基本方式之一。它是公务员保持积极工作，提高工作效率的重要激励，给予公务员适当报酬，既能满足他们生理上的物质需求，同时也给予其劳动价值获得回报的心理需求。合理的薪酬制度在保障公务员正常生活、稳定公务员良好情绪的同时还可以激励公务员努力向上，积极工作。为此，大部分国家在设计薪酬制度的时候都考虑到既要满足公务员最基本的生活物质需要，又要对大部分公务员起到价值回报的激励作用，只有公平合理的薪酬制度才能做到吸引人才、稳定团队、促进整个行政管理体系的有效运行。

2. 考核制度

考核制度是激励机制的重要组成部分，具有显著激励作用。所谓公务员考核制度指根据一定的考核标准，运用一定的考核方法，对国家公务员的工作、知识、道德水准进行评审和考核，以此作为公务员奖惩、晋升、聘任、培训、薪酬等福利待遇的主要依据。每个国家对此称呼不一，英美国家称为“考绩”，法国称为“鉴定”，日本称为“勤务评定”。[①] 通过考核评定制度，可以将工作积极、优秀的公务员挑选出来，对于挑选出来的公务员是一种莫大的荣誉，给予当事人以巨大的荣誉感和成就感，对于未挑选出来的公务员也是一种强烈的刺激，激励他们向先进看齐，下次勇夺先进。

3. 晋升制度

不同的国家对公务员晋升有不同的解释。但一般指文职人员或公务员具有一定的任职年限，经过考核，如果表现出色，工作态度良好，职位和薪金将在一定程度上提高。[②] 其具体表现形式就是职位或者职级的提升，并伴随着职责与职权的增加和报酬收入的增多。晋升其本质就是对公务人员才能和资历的肯定，该项制度在公务员制度中具有重要的激励作用。合理的晋升制度，可以保持和鼓励公务员工作的积极性，尽忠职守，并能够吸引人才，稳定公务员队伍，推动政府行政效能，促进人才合理利用和配置，更好地适应社会发展的需要。

4. 奖励制度

公务员奖励制度很多，概括起来看，主要包括物质和精神层面的奖励。通过奖励的方法，可以为公务员行为方向提供指引。一般而言，金钱可以购买普通工作人员的劳动力，但无法购买他们对于工作的激情、创造力、想象力、决心以及忠诚度。但这些积极因素我们可以通过物质与精神奖励相结合的方式激发而获得。而且，精神上的满足与成就感的取得也是对于工作付出而获得的一种有效报酬方式。

5. 培训制度

公务员培训包括职前培训、在职培训、晋升培训等多种形式，通过培训可以提高公务员的知识水平和业务水平，满足不断变化的形势需要，以

---

① 潘键．完善我国公务员激励机制建设研究［D］．重庆：西南大学，2014：11.

② 周敏凯．比较公务员制度［M］．上海：复旦大学出版社，2006：172.

适应新形势下所任或将任职务的工作需要，是对在职公务员的一种职业终身教育。培训制度既给了公务员一个学习机会，也给公务员管理提供了一个新的激励平台。公务员培训制度作为激励机制的一部分，在优化政府公务员素质结构、提升公务员知识技能、激发公务员的创造性、提高政府管理效率方面具有无可替代的作用。

6. 惩戒制度

公务员惩戒制度是一种负激励，在此不过多评述。

（二）第二种方法所涉及的激励内容

根据弗雷姆的期望理论与亚当斯的公平理论，要鞭策人们努力工作，充分发挥人们的聪明才干，就要让工作者随时保有足够的激发力量以及良好的公平感。仅有基本的激励方法并不足以使人们长期保有足够的激发力量， 如果激发措施简单粗暴，或者措施实施不够透明和稳定，其结果可能并不能起到激励作用，甚至会起到反作用，打击工作者的积极性，使倦怠情绪蔓延。如晋升渠道不透明就会让普通公务员找不到努力的方向，看不到进步的希望，更谈不上晋升所带来的激励作用了，相反，可能会出现更多的投机取巧，溜须拍马，甚至权力寻租的丑恶现象发生。包括公务员的考核激励机制也是如此，如果考核机制不透明、不稳定、不公平的话，考核机制所承担的激励功能发挥就极其有限，可能一时起到激励作用，但长期下去则可能会搅乱人的思想，使机会主义盛行，不能给人提供足够的公平感和激发力量，最终结果就是极大地削弱这些激励措施的激励作用。

因此，建立一个稳定、透明而又公平的激励制度本身就显得尤为重要，其重要性甚至超越了激励措施本身。具体来讲，我们需要建立完善、透明、公平的考核制度；公平合理的绩效工资奖励制度；形式多样的工作奖励制度；一个符合现实需要且稳定的培训、晋升制度。所有这些制度的实施还需建立在实施激励方与被激励方的信息对称之上，这样才可以保证激励的长期有效性，避免机会主义、投机分子的出现而打击普通公务员的积极性。

第三节　垂改前针对环保部门职责履行所采用的激励方法及实施效果分析

相比于前面两章中涉及的保障机制和监督机制，无论是在学界还是政府部门，环保部门职责履行过程中的激励机制并未受到特别的关注，学界有关它的讨论也很是鲜见，政府公开文件对此也很少提及。这既是环保部门职责履行激励机制的整体现实状况，也是促使本人着重从理论对该机制进行剖析的原因。

现代管理学认为，对员工的激励政策属于人力资源管理的范畴，利用激励因素激发员工的过程，被认为是激励因素用于员工管理的一种形式。其中最有效的办法就是使用各种科学而有效的手段激发员工的工作热情，触发他们对完成目标任务的欲望与激情，从而挖掘员工本身潜藏的能力并生发超越他人和不断突破自己极限的欲望，这种内在因素会映射在外在行动上，表现形式就是员工积极努力地工作，为实现组织目标而持续奋斗，从而组织预定的目标也一步一步完成。针对环保部门的激励也具有同样原理。

一、针对环保部门及其公务人员实际需求进行激励的方法及实施效果分析

根据 “行为规范说”理论，激励就是调动人的积极性，即通过提升主动追求行为目标的愿意程度，达到激发动机，鼓励行为。“行为规范说”理论认为“行为”是个体在环境作用下有目的的活动。依据马斯洛的需要层次理论，人的一生可能存在五种需要，第一个层次的需要是生理上的需要，即衣、食、住、行等方面的本能需求；第二个层次是安全的需要，如个人收入、个体心理等方面的需要；第三个层次是归属需要，即爱与被爱的需要；第四个层次是高层次尊重感的需要，主要包括自我尊重及他人对自己的尊重；第五个层次的需要是自我实现的需要，这是个人最高层次的需要，是一种个人凭借自身的能力达到某种目的，或在某个领域获得成功及对国家社会做出贡献的需要。马斯洛认为，一般而言，人的需要层次由

低向高逐步上升，即从生理需要一直走向自我实现需要，而且一旦旧的需要得到满足后会产生一个新的需要，这种新的需要就会逐步主导人的行为，在激励理论上，这个新的需要就是“优势”需要，具有激励上的积极的决定作用和组织作用。①

此外，郝茨伯格提出了“激励因子”“保健因子”的“双因素”理论，在该理论中，“激励因子”与“保健因子”其实都是可以进行激励的因子，在需求与激励角度上与马斯洛的需求层次理论本质上是相同的。“激励因子”大体包括成就、认可与赏识、工作本身、责任感、成长与发展机会等；“保健因子”包括公司政策和行政管理、监督、人际关系、工作环境、薪水、地位和安全感等。还有一些学者也提出了类似理论，如美国科学家奥尔德弗提出了生存—关系—成长的 ERG 理论、美国人麦克利兰教授提出了权力—归属—成就理论。这两种理论修正了马斯洛理论中人的需求是逐层递进的呆板模式，在扩大人的社会性的同时，也扩大了人的复杂性和主动性。

无论是马斯洛的需要层次理论、郝茨伯格的双因素理论、奥尔德弗的 ERG 理论还是麦克利兰的权力—归属—成就理论，他们的结论都体现出了一个共同的特点，那就是无论什么样的人，经济人、理性人、社会人或者复合人都有需求，而且满足人的这种需求可以产生激励的作用。根据这一特有现象，可以通过满足环保公务人员的各种实际需求来激发他们努力工作，为了组织的目标持续奋斗。具体激励方式可以通过增加工资、提高公共福利等来满足其基本的生存需求，通过精神激励的方式来给予其对职业、工作的认同并获得他人的尊重。此外，还可以通过人员的职务升降、制定有挑战性的工作目标、给予人员充分发挥才干的工作空间等各方面的正面激励，激发他们的工作成就感，从而调动其工作积极性和创造性。

现有针对环保人员实际需求进行激励的方式虽然比较全面，但总的激励量却并不够，甚至严重不足，达不到环保人员的基本需求。首先，与一

---

① 参见［美］亚伯拉罕·马斯洛．许金声等译．动机与人格（第3版）［M］．北京：中国人民大学出版社，2007：21，34–41.

般公务人员相比，环保人员工资待遇普遍较低，特别是环保执法一线人员，他们干的是最危险、最累的活，但往往工资是最低的。这有多方面原因，很多一线环保人员属于聘用人员，属国家编制外人员，虽然国家喊了很多年的同工同酬，但现在还达不到，所以他们工资比普通公务人员要低很多。其次，环保部门序列上虽属国家政府部门，但真正有公务员身份、具有行政编制的工作人员并不是很多（具体内容参见本书第二章保障机制部分），甚至所占比例极少。从这方面看来，激励量严重不足，甚至有负面激励作用，表现形式就是很多人调离了环保部门。

此外，在福利方面也并不如意。在我国，公务人员的福利往往是和身份相联系在一起，环保人员的非公务员身份注定在福利待遇方面远不如普通公务员。此外，环保工作的特殊性，一般很难得到身边人的认同，精神层面唯有追求在工作上获得上级领导和政府的认可，但地方政府唯经济论的现状使地方环保部门亦很难得到认同而获得成就感。而成就感的缺失让职务的升降变得更加无法预知，随之职务提升的激励作用也明显达不到预期。

二、针对环保部门公务人员全过程进行激励的方法与实施效果分析

对于人的激励不应该是一个短暂的、仅引起动机的一个过程，它应该被贯穿在整个工作期间，让被激励者对工作充满热情并长期保持在很高的水平，从而使整个组织持续达到自己的工作目标。这就是所谓的过程型激励。

过程型激励就是要对一个人从有想法开始，到付诸行动，进行实践，参与这项活动的整个过程下的心理状态进行激励。在这个方面比较出名的有两个理论，一是弗雷姆的期望理论，该理论是弗雷姆在1964年首次提出。该理论认为对某个人的激发力量与两个因素有关，一是与某个人对某件事情的期望值或许会产生的效果相关，另外一个因素是心中的欲望，即内心的期望值。用一个公式表达就是 $M=V\times E$，其中 M 为激发力量，V 为目标

效价，E 为期望值。[①] 期望理论展示了主体做出行为之前的思考与权衡过程，为我们提出激励方案提供了参考依据。另外一个是亚当斯的公平理论。1967 年亚当斯提出了公平理论，又称为社会比较理论，该理论最初来源于对公司职员薪水分配方案与公司职员工作态度之间关系的研究。研究结果得出公司职员一般会拿自己所得到的薪水同其他方面进行比较，这个比较点就是公平感。

对于环保公务人员来讲，对其进行激励要贯穿于整个职业生涯之中，不能仅是动机的暂时激发或是政治任务式的暂时阶段性的激发。结合弗雷姆的期望理论与亚当斯的公平理论，要鞭策人们努力工作，充分发挥人们的聪明才干，就要让工作者随时保有足够的激发力量以及良好的公平感。而激发力量与目标效价和期望值有关，公平感则与产出投入比之比较有关，所有这些都要求建立公平、稳定、现实、符合人性的工作流程与工作制度，如建立完善、透明、公平的考核制度；公平合理的绩效工资奖励制度，一个符合现实需要且稳定的晋升制度。

可以通过拓宽晋升渠道、加大工资奖励力度、完善考核方式等各种方法，全面而稳定地对环保公务人员进行过程型激励，让其生活有保障、无后顾之忧，工作舒心、有干劲，前途有奔头，避免其在工作中受不公平对待而致消极怠工情形发生。在实际操作中还要注意信息的及时传达与沟通，让每个人都获得充分的信息，避免因信息掌握的不充分而导致期望值的虚高和自我评价的不切实际，最终影响到公平感的判定，结果是希望越大，失望越大。这种情形将会严重影响到该工作人员以后的工作状态，挫伤其工作积极性，从而会对激励措施报以一种极不信任的态度，使激励措施失效，并影响周围人员的工作态度，实践中应避免该种情况的发生。

现实中，我们的过程型激励做得并不好。首先我们的晋升制度、工资绩效制度经常变化，无法给予人们一个长久的预期，起不到一个长期稳定

---

① ［美］维克多 · H. 弗鲁姆 . 工作与激励［A］//［美］J. 史蒂文 · 奥特等 . 王蔷等译 . 朱为群等校 . 组织行为学经典文献（第 3 版）［C］. 上海：上海财经大学出版社，2009：189–190.

的激励作用。其次，我国复杂的人事制度不能给当事人一个简单明了的未来预期，非内部人士不能了解其全部，而且绝大部分环保人员的非公务员身份也降低了现有人事制度对他们的激励作用。此外，由于各种客观原因，环保系统内部与个人成长相关的信息还达不到完全公开透明，信息获取还存在一定不对称，这也影响到环保人员内心公平感的形成。

三、针对环保部门公务人员进行过程强化激励的方法与实施效果分析

好的激励应该是一个持续性的过程，在一个持续性的激励过程中我们有时候还需要一个对激励进行强化的过程，用各种激励对人的影响进行正面强化，巩固甚至提升激励对人产生的正面效果。在这一方面，哈佛大学著名心理学家斯金纳提出了著名的“强化理论”，“强化理论”认为通过对一个人的某种动作表示赞同或者反对（即奖励或者处罚），这种赞同或者反对有可能会成为这个动作继续出现的决定性因素。即赞同或者反对有强化该动作是否继续出现的效果。

“强化理论”告诉我们一个道理，奖励和惩罚是激励人们行为的一个好办法，它可以强化人们已经形成或者将欲形成的、符合组织发展目标的一些行为，修正一些不符合组织期望的需要禁止的行为。对于环保部门公务人员，可以采用授予奖状，公开表扬，授予荣誉称号，媒体宣传等给予精神奖励；或者通过奖金的形式给予物质奖励；再或者将二者有机结合起来予以精神与物质的双重奖励来强化激励我们需要和提倡的行为，起到增强行为惯性的强化效果。当然，这种强化激励也并非万能药，如果使用的不好还会起到反作用，会使人在行为的过程中丧失对行为本身的兴趣，破坏了行为的意义，反而增强了人对强化物的兴趣或者厌恶情感。所以我们在奖励和惩罚时，应当淡化强化物而侧重于说明行为理由。

在实践中，首先，我们的强化激励措施实施比较随意，缺乏常态化的制度安排。强化激励措施往往只是为了配合某些政治安排，具有偶然性，

不可预测性，这种无法预测的激励措施难以起到强化激励的作用。当事人无意却获得奖励一般会以为是自己撞大运而已，不会认为这是对自己行为的一种激励，对行为也起不到强化的作用。其次，我们的媒体在正面宣传方面还有待于加强。媒体除了监督环保部门履行职责之外，还有必要对我们尽职尽责的环保部门予以正面宣传，给予精神上的鼓励。最后，社会组织实施的强化激励过少。政府要进一步扶持非政府组织的成长，并创造条件鼓励社会组织多组织、实施强化激励的行为，引导社会风气的形成，为环保部门创造一个丰富的精神家园。

第四节　垂改对环保部门现有激励机制提出了新的挑战

总结马斯洛的需要层次理论、郝茨伯格的双因素理论、奥尔德弗的ERG 理论以及麦克利兰的权力—归属—成就理论，总结得出无论什么样的人，经济人、理性人、社会人或者复合人都有需求，而且满足人的这种需求可以产生激励作用，这个原理也适用于环保部门及其工作人员。对于国家而言，机构改革于国于民都利大于弊，但对于具体的环保人来讲，内心对激励的需求并没有任何改变，甚至于对这种激励需求相比改革前抱有更大希望。一旦改革后没有达到预期心理需求或者低于改革前，将会给整个环保群体的思想稳定造成巨大冲击，如何保持和激发环保队伍的工作积极性将成为一个巨大挑战。垂改造成的挑战具体有以下三个方面。

一、对环保部门及其公务人员实际需求激励方面的挑战

改革前后，环保人员的实际需求并没有实质性改变，但改革后，体制能给予的却发生了很大变化，值得改革者关注。

首先，环保部门干部成长环境受到了限制。历来对公务人员最常用，也是最有成效的激励方式就是通过给予他们职务升降的空间，通过职位的晋升激发他们的工作成就感，进而调动其工作积极性。垂改前，环保部门

归地方管，同级政府机构间人员是互通的，环保人员都有或大或小横向调动、升迁的机会。垂改后，基本切断了政府机构人员横向间移动发展空间，只剩“县派出机构—市（地）环保部门—省环保部门”这样一条垂直单线，可称为“华山一条路”，环保工作人员升迁机会大大减少，也意味着工作职位升迁这种激励作用将大打折扣，一旦改革，很多人可能会看不到升迁希望而对工作并不是那么的尽心尽责，这无疑会给环保机关人员管理带来挑战。

而且，垂改后，在监测监察领域该问题会显得更加严重。改革前，环保监测监察人员发展空间很大，具体路径有三条：县监测（监察）机构—县级环保机关—市（地）环保机关—省环保机关；县监测（监察）机构—市（地）环保监测（监察）机构—市（地）环保机关—省环保机关；县监测（监察）机构—市（地）环保监测（监察）机构—省级环保监测（监察）机构—省环保机关。垂改后，理论上无论是以前的县环保监测（监察）机构还是市（地）环保监测（监察）机构，其升迁路径只能是一步到省环保机关，这加大了升迁的难度，基层工作人员升迁的路径基本被堵死，如何调动环保监测（监察）人员工作积极性和上进心将是一个难题。

其次，根据本章第一节分析，本次改革的一个大方向就是业务职权上收，业务主管部门领导监管力度加大，具体表现就是县市（地）环境监测监察权的统一上收，县环保部门独立建制的取消，以及市（地）环保部门领导机关地位的变迁。虽然这种改革会有各种各样的好处，但仅从激励角度对环保部门进行分析会得出相反的结论。业务职权的上收意味着下级环保部门工作不称职，职权上收是对下级环保部门的一种惩罚形式；而业务主管部门领导监管力度的加大表明下级环保机关作用重大，需重视并发挥其重要作用，但更多显示的是对下级环保部门的不信任。如此看来，在此氛围下，改革对地方环保部门来讲其本质就是整改，是一个负激励，有可能会影响地方环保部门工作的主动性和积极性。

二、针对环保部门公务人员的全过程激励方面的挑战

对于人的激励不应该是一个短暂的、仅引起动机的一个过程，它应该

被贯穿在整个工作期间，是一个长效的激励机制，根据弗雷姆的期望理论与亚当斯的公平理论，一个好的激励机制需要让工作者随时保有足够的激发力量以及良好的公平感。所有这些都要求建立公平、现实、符合人性的工作流程与工作制度，此外，更重要的是这些激励制度还必须要稳定和相对持久，不能朝令夕改，经常变换。一旦频繁改变规则，激励目标的经常变换会让被激励者奋斗目标变得模糊，最后被激励者即使获得成绩而被肯定，相关当事人可能也不会认为是激励制度产生的效果，很可能将其归结为运气，从而会导致整个激励制度的失效，从这个角度分析，激励制度实施的大忌就是制度的频繁更迭，这会让大部分人的努力预期落空，从而挫伤工作人员努力工作的积极性，最终影响部门职责的落实。

这次环保机构垂直改革就存在挫伤广大环保工作人员工作积极性的不利方面。首先，新《环境保护法》2015 年 1 月 1 日颁布实施，新法实施一年多，环保部门人员刚刚适应新法规则，也明确了在该制度框架下自身的奋斗目标，以及自身的职责和个人预期。垂直改革后，按照中央的改革规划，新环保法与环保机构改革思路有一定冲突，如垂改后，县级环保局将不再单设，环境保护法中规定“地方各级人民政府应当对本行政区域的环境质量负责”以及大量县环保主管部门的职责条款，都需要适当调整。[①] 一旦改革全面铺开，新环保法可能需要进行修订甚或修改。对环保法的频繁修改不利于环保部门抓住法律精髓开展工作，也打乱了环保工作人员的工作步伐，旧有预期扑空，在新旧交替间让环保人员无所适从，严重影响到工作的热情和效果，导致稳定透明的制度激励效果无法正常发挥。

其次，我国地域辽阔，各地经济发展水平差距甚大，各地区域内污染源数量也存在很大差别，导致各市区域环境监测工作量也存在很大差异。此外，由于各地经济发展、物价水平的不统一，人员待遇也会存在着巨大差异。改革前，江苏省环境监管执法工作量和人员待遇就存在着

① 常纪文 . 环境执法，垂直管理更要立体施治［N］. 人民日报，2015-11-16（005）.

3个板块的差别。[①] 因此，各市（地）环境监测机构上级垂管后，其主管部门都统一为省级环保部门，矛盾也都集中于一身，省级环保部门如何在工作安排、工资待遇上做好科学的激励安排和制度设计就显得极为重要，但难度系数也极大，既避免人浮于事也要人尽其才。此外，准县级环保部门也存在类似问题，一旦改革完成，县级环保部门转化为市（地）环保部门的派出机构，理论上应该是市（地）环保部门的一部分，实践中会存在准县级环保部门工资待遇是依据市财政发放标准发放还是依据县财政发放标准发放的问题，一旦处理不善也会严重打击环保公务人员的积极性。

最后，关于这次环保体制改革，从中央对这次改革的重视程度，侧面可以看出这次改革任务的艰巨，非一朝一夕能够完成。从改革大幕拉开到完成到底需要多长时间没有人能够说清楚，而这段时间环保工作依然得做，在此期间，环保人处于一种焦虑和等待之中，环保部门及其个人都无法预期自己的未来，现有激励机制随时有失效的可能，一个随时会失效的激励机制对一个理性人来讲是不可靠和不值得为之努力的，而这对现有环保管理激励机制是致命的，如何在改革中尽量减少负面影响考验着改革者的智慧。

三、对环保部门公务人员进行过程强化激励方面的挑战

好的激励应该是一个持续性的过程，由于人适应能力超强，时间久了会产生“耐药性”，为此，在一个持续性的激励过程中，我们还需要一个对激励进行强化的体系，用以对各种激励对人的影响进行正面强化，巩固激励效果。根据“强化理论”，对于环保部门及其公务人员，可以采用授予奖状，公开表扬，授予荣誉称号，媒体宣传等精神奖励；或者通过奖金的形式给予物质奖励；再或者将二者有机结合起来予以精神与物质的双重奖励来强化激励我们需要和提倡的行为，起到增强行为惯性的强化效果。

---

① 贺震．监察垂直管理需解决好三大问题［N］．中国环境报，2015-11-30（002）．

无论是哪种精神奖励或者物质奖励都无外乎来源于两个地方，一个是社会大众，另外一个是体制内的上级有关主管部门（机关）。而对环保部门及其人员具有实质重要作用的往往是上级有关主管部门（机关）的奖励，这些奖励无论在工资提升、职称评定、行政级别的提升方面都具有重要作用。所以体制内上级主管部门的这些强化激励措施对于管理环保队伍具有重要作用。

改革前，县级环保部门的主管部门主要有两个，一个是地方政府，另外一个是市（地）环保部门，奖励可以来自这两个主管部门，而且对其都有重要作用，改革后，其管理主要是市（地）环保部门，相应也只能得到市（地）环保部门的奖励，而且属于内部机构的奖励，级别变低，性质改变，激励效果会急剧下降。另外，省级环保部门相隔太远，层级上也只针对市（地）环保部门，单独奖励准县级环保部门的概率极低。以此看来，准县级环保机构几乎丧失了体制内获得奖励的机会。这对县级环保部门来讲是不公平的，缺少了强化激励机制，客观上会影响长效激励机制的实施，激励效果会减弱。

市（地）环保部门在过程强化激励方面也存在这方面类似问题。改革后，市（地）环保部门作为市（地）政府业务组成部门，但其却主要接受省级环保部门的管理，与此相对应的最频繁、最有成效的强化激励将由来自地方政府转变为来自省级环保部门，但体制上不顺的是市（地）环保部门的工资、职称、行政级别、福利待遇等绝大部分都来自地方政府，上级环保部门的强化激励效果有限。当地方政府退出对市（地）环保部门的主导权后，对其关注度会逐渐降低，甚至于被地方政府边缘化，更顾及不上对市（地）部门的强化激励了，在此背景下，原有的强化激励机制将有被破坏的危险，建立新的激励机制将势在必行，但如何建立一个新的机制来适应改革后的情势是一个很大难题，毕竟我国环保体制历史上没有出现过这种状况。

第五节　对环保部门完善现有职责履行激励机制的建议

垂改后，环保部门总体上仍隶属于政府组成部门，其人员管理仍应服从于普通公务员管理制度，不可能另起炉灶建立新的晋升、薪酬制度，只能在公务员整体制度之上依据环保部门的工作特点，在细节上建立和完善符合其发展的激励机制。结合我国环保部门改革现状，针对环保部门激励机制的具体构建提出以下对策建议。

一、建立合理高效的环境目标激励机制

根据环保法规定，县级以上人民政府应当将环境保护工作纳入国民经济和社会发展规划，各级政府环保主管部门会同有关部门，根据国民经济和社会发展规划编制本行政区域环境保护规划，规划内容应包括生态保护和污染防治目标、任务、保障措施等。我国国家层面是通过五年规划纲要的形式公布，每五年公布一次。该措施一个重要表现形式就是中央和地方都要发布节约能源和污染物减排指标。这些指标的设置给环保部门提供了努力的方向和奋斗的具体目标，既给予环保部门以压力，也给予环保部门目标激励的动力。

针对具有理性的人进行目标激励，对目标值的设置就极其重要，既不可以太大，也不能过于偏小。目标值太大会导致因难以实现而使人丧失工作和奋斗的激情，破罐子破摔，极大破坏了工作积极性。目标值太小则起不到激发目标主体工作潜能的作用。因此，设定目标须遵循SMART原则。[①] 目标设定之后并非万事大吉，还要提高环保部门致力于

---

① SMART原则：目标应当明确（specific），用明确而非模糊的语言陈述，最好能量化为数字；可衡量（measurable），具有衡量目标完成程度的方法；可达到（attainable），目标是现实、有挑战性和可实现的；结果导向（result-oriented），使目标聚焦于希望达到的结果；时间限制（time bound），明确目标完成时间。参见［美］罗伯特·克赖特纳，安杰洛·基尼奇．顾琴轩等译．组织行为学（第6版）［M］．北京：中国人民大学出版社，2007：298-300.

完成目标的程度。

这一过程的完成有赖于综合运用传统的激励方式，如可以通过培训制度来解释目标原因、阐述目标要义；对目标进行分解到小团体直至个人，通过日常工作奖励制度进行达标奖励，并将目标完成与否纳入年终考核。在这整个过程中，主管部门要倾听个人对目标的反馈信息，提供有效支持帮助其实现目标，最终完成总的目标。

上面是对目标激励机制的管理组织行为学方面的分析，落实到法律制度构建就要求法律制度规定的行为目标要明确具体、具有可操作性，目标的设置要有一定的群众基础、具有现实可能性。并在具体规范中设置立法主旨和目的的说明性规范，如有需要还可以通过立法解释或司法解释进行。如《公务员法》第一条："为了规范公务员的管理，保障公务员的合法权益，加强对公务员的监督，建设高素质的公务员队伍，促进勤政廉政，提高工作效能，根据宪法，制定本法。"2007 年 6 月，李挚萍教授在《环境保护》期刊中发表了一篇论文《节能减排指标的法律效力分析》，该文认为节能减排指标具有法律效力，但也存在一些法律上的缺陷。[①] 本人非常认同这一观点，2015 年新的环保法实施，该法顺应潮流对节能减排等指标的法律效力进行了进一步的确认并增加了考核责任制度。

环保部门垂直改革后，各级环保部门的组织架构发生了根本改变，由以往的层层机构对应，变为现在的环境监测监察省级垂直管理，且县级环保部门建制取消成为市（地）环保部门的派出机构，原来针对各级环保部门的任务目标安排就需要极大地调整，特别是针对市（地）环保部门与准县级环保部门，由于它们丧失了对于当地环境监测监察机构的领导权，而且人员也严重不足，在这种情况下，分解到市（地）以下环保部门的任务目标就应该有所选择和放低；而相反的，省级环保部门在垂改中不仅壮大完善了自己的队伍，而且权力也进一步集中，在此背景下，省级环保部门所领受的任务目标就应该要比以往更全面，期望值更高。

---

① 李挚萍 . 节能减排指标的法律效力分析［J］. 环境保护 .2007（12）：30-33.

对各级环保部门及其负责人进行考核时，这些差异都要在考核中有所体现，而“有所体现”的具体表现形式就是考核指标的与时俱进，即考核指标要与体制改革同步进行。从而为建立一个合理、高效的目标激励机制打下基础。

本人在撰写本书前做过一些调查访谈，调查者都谈到节能减排还缺乏一些更完善的制度安排，如节能环保的法律、法规和标准需要进一步完善，节能管理方式还不够科学，目标分解机制过于随意、缺乏科学论证，节能减排投入机制不合理，缺乏项目管理成本的配套机制，节能减排监督检查能力有待进一步提高。所有这些问题都会影响到目标激励的效果，为此，借新环保法实施的契机，各地即将颁布环保法的实施细则，许多问题可以在实施细则中予以配套明确。如将环境保护目标责任制度和考核评价制度细化，具有可操作性等。此外，随着时间与情势的变化，配合新环保法的实施，2005 年 10 月原国家环境保护总局和监察部联合下发的《环境保护违法违纪行为处分暂行规定》也有必要进行重新修改，明确违反环保目标责任制的法律责任，做到考核处理都有法可依。

此外，在执行目标激励措施时，还应当重视地方环保部门的权利和利益，做到责权利相一致，不能一味地强调目标和任务，忽视完成目标任务所需要的客观条件。任务的执行者作为一个理性社会人，既会遇到克服不了的困难，也会有付出和回报的思想，需要社会创造条件让他们愉快地完成任务目标。何艳梅教授在论文《我国现行环境执法激励机制考察》[①] 中就论述了这方面情况，在生态补偿政策执行中就存在执行成本谁来消化的问题，这就是一个责权利的问题，不可能让地方政府或者环保部门承担这一政策执行成本，特别是环保部门，其并没有任何的非财政收入，如让其承担这一成本只会导致执行政策的受阻。

---

① 何艳梅. 我国现行环境执法激励机制考察［J］. 上海政法学院学报，2014（6）：115-121.

对于目标激励也是一样，再好的目标如果没有达到或满足一定客观条件，仅凭一腔热情是不可能完成的，必要时还可辅以其他激励手段，如通过绩效奖励手段奖励超工作量的工作人员，这些激励手段的成本也应该计入执行成本中。执行成本问题是一个非常现实的问题，但现实中往往有意无意对其加以忽略，我们有必要在法律和政策等规范性文件中加以明确，使其透明化，这也是一种激励机制。

二、强化和完善环保社会激励体系

我国目前针对环保部门的激励主要是行政系统内部“自上而下”的激励，而行政系统以外的外部激励非常少，甚至很多环保部门本身都不知道。为此，在重视内部激励机制建设的同时，建立一种“自下而上”的外部激励机制就显得尤为重要，这种行政相对人或社会各行为体对环保部门的激励可以很好地弥补垂改后环保部门，特别是基层环保部门激励主体严重不足的状况（具体见本章第三节）。

外部激励可以是行政相对人积极参与环保部门的环境政策引导、配合环保部门的各种环境执法，也可以是行政相对人和社会各行为体积极参与对环保部门的政绩考核、评价。此外，各类媒体对于环保部门多方面、多角度报道也是一种无形的激励。这种社会激励的建立和完善有助于贯彻和体现公众参与原则，摆脱环保事务仅仅是政府、环保部门事务的偏见，团结激发各方力量将环境工作搞好。

建立和完善对环保部门履行法律责任的社会激励机制在新的环保法中其实已有安排。《中华人民共和国环境保护法》（以下简称《环境保护法》）第六条规定：一切单位和个人都有保护环境的义务。这是公民参与环境事务的根本法律来源。《环境保护法》第五十三条还就公民、法人和其他组织在依法享有获取环境信息、参与环境保护方面的权利进行了规定。环保部门有完善公众参与程序、提供参与环境保护的便利。这是公民参与环境事务的直接法律保障。

《环境保护法》第九条、第五十七条、第五十八条列出了社会激励机制适用的基本手段和方法，[①]可以借鉴改造之。各级政府可以在加强环境保护宣传和普及，鼓励基层群众自治性组织、社会组织、环境保护志愿者开展环境保护法律法规和环境保护知识的宣传，营造保护环境的良好风气方面做一些重要工作。在营造保护环境的良好风气上激励机制可以有更深的挖掘，社会组织在对环境保护知识进行大力宣传之余，还可以做诸如开展科学研究，保护生物多样性，保护河流，设立环保基金和奖项，支持环保产业，参与环保政策和法规的制定，向环境污染受害者提供帮助，参与国内、国际环保交流等工作。

保护环境良好风气的形成有助于环保部门顺利履行自己的工作职责，激发部门的工作热情，同时，社会组织针对环保部门工作设定的基金奖项更能直接激励工作人员努力工作，回报社会。如中华环境保护基金会设立的中华宝钢环境奖就对环保部门具有很大的直接激励作用。为表彰为中国环保事业做出重大贡献或取得优异成绩的集体和个人，该奖实行分类申报、分类授奖，共设立了环境管理类、城镇环境类、企业环保类、生态保护类、环保宣教类等五个方面的奖项。自设立以来已完成八届授奖，有几十个城镇获得奖项（里面也包含有环保部门的功劳），数十个环保部门集体和个

---

① 第九条：各级人民政府应当加强环境保护宣传和普及工作，鼓励基层群众性自治组织、社会组织、环境保护志愿者开展环境保护法律法规和环境保护知识的宣传，营造保护环境的良好风气。教育行政部门、学校应当将环境保护知识纳入学校教育内容，培养学生的环境保护意识。新闻媒体应当开展环境保护法律法规和环境保护知识的宣传，对环境违法行为进行舆论监督。第五十七条：公民、法人和其他组织发现任何单位和个人有污染环境和破坏生态行为的，有权向环境保护主管部门或者其他负有环境保护监督管理职责的部门举报。公民、法人和其他组织发现地方各级人民政府、县级以上人民政府环境保护主管部门和其他负有环境保护监督管理职责的部门不依法履行职责的，有权向其上级机关或者监察机关举报。接受举报的机关应当对举报人的相关信息予以保密，保护举报人的合法权益。第五十八条：对污染环境、破坏生态，损害社会公共利益的行为，符合下列条件的社会组织可以向人民法院提起诉讼：（一）依法在设区的市级以上人民政府民政部门登记；（二）专门从事环境保护公益活动连续五年以上且无违法记录。符合前款规定的社会组织向人民法院提起诉讼，人民法院应当依法受理。提起诉讼的社会组织不得通过诉讼谋取经济利益。

人也获得了授奖，直接调动和激发了环保部门人员的工作热情。“金杯银杯不如百姓的口碑”，社会组织的颁奖就是人民群众对环保工作的认可，是“口碑”的固化。

此外，完善的社会激励机制体系还有助于社会多元治理架构的形成，为垂改后的环保部门提供更加宽松的管理环境。要完善社会激励机制，首先要形成和强化社会激励机制的良好社会环境。

政府部门要逐步创造有利于环保类非政府组织成长、壮大的政策和法治环境，全国范围内取消双重管理，直接在民政部门登记即可，建立对环境公益捐赠可操作的税收优惠制度，进一步放宽对社会捐赠成立的基金会管制。培育出更多的有实力、有公信力的环境公益组织，设立更多的环境公益性奖项，营造保护环境的良好社会风气，提升工作热情，激发工作潜能。社会组织还可以通过提起环境民事公益诉讼，更好地配合环保部门对环境事务进行有效管理，对环保部门也是一个督促激励。

其次，通过教育渠道来改造社会，关注环境问题。其方式就是通过教育行政部门，将环境保护知识纳入各级各类学校教育内容，提升学生的环保素质，对环保部门的工作有更深刻的理解，走入社会后能更主动地配合和监督环保部门的工作，关注环境问题，对环境问题多做建设性探讨。

最后，引导新闻媒体更多关注环境问题，在对社会大力开展环境保护法律法规和环境保护知识宣传、对环境违法行为进行舆论监督之余，更要对在环境保护方面做出重大贡献的人和事、个人和单位做出正面的报道，以此来激励和引导社会向一个好的方向发展。特别是针对环保部门，作为环境管理的主管部门，他们的努力和工作的成绩往往会被有意无意忽略甚至遗忘，能被记住的往往是一两个负面的形象，抹杀了整个部门的工作成绩，这对他们是不公平的，也不能起到正面激励的作用，反而会导致破罐破摔的心理效应在环保部门内部扩散。只有当整个社会都来关注环境问题，对环境问题有了一定认识，对环保部门的工作才会有全面理解，对环保部门的形象认识也会更加客观，这也会反过来促使环保部门更积极地履行自己的工作职责。

三、推进环保激励机制的透明化和制度化

随着中国市场经济的发展，在市场经济调节资源配置的指挥棒下，公务员的激励机制得到了很大的完善与发展，付出就有回报得到大部分人的认可。但这种结果型的激励机制也有其不可克服的缺陷。

首先，激励信息的不透明可能会导致很多人丧失获得激励的机会。很多时候是想多干但不知道怎么干、如何干才可以获得激励，导致激励机会获得的不公平。其次，重结果轻程序的传统思维模式和做法极容易产生寻租等腐败现象，导致评审鉴定结果公信力的丧失，或结果即使公正但也无法阻止一些人的恶意揣测，反而打击人们的工作积极性。最后，只有过程型的激励机制才有可能在最大范围内影响所有的相关人员，给予相关人员长期而稳定的激励。对于环保部门的激励机制除了通过一般公务员晋升、绩效工资、考核等制度构建外，还需要针对环保部门独特的地位和工作内容对全过程实施激励。

2015 年 1 月 1 日，新修订的《环境保护法》正式实施，为了配合新环保法的实施，环保部门联合其他部门制定发布了一系列的配套办法来指导环保部门高效工作，从严执行新环保法，做到执法有法可依，不留死角。[①] 调研发现，这些配套办法在具体执行过程中还是存在很多问题，导致执行效果并不是很好。一是各地没有充分利用新《环境保护法》赋予的执法手段。新《环境保护法》实施将近半年，各地查封扣押、移送行政拘留、实施限制生产、停产整治案件的数量及影响程度都有限，说明各地还没有学会打好新环保法的一系列“组合拳”，没有快速实施案件调查取证，适应不了当前环保执法要求，有的市县受制于地方保护主义，长期无行政处罚、

---

① 环保部于 2014 年 12 月 19 日发布了《环境保护主管部门实施按日连续处罚办法》（环境保护部令第 28 号）、《环境保护主管部门实施查封、扣押办法》（环境保护部令第 29 号）、《环境保护主管部门实施限制生产、停产整治办法》（环境保护部令第 30 号）和《企业事业单位环境信息公开办法》（环境保护部令第 31 号），公安部牵头会同环保部、农业部等部门制定出台了《行政主管部门移送适用行政拘留环境违法案件暂行办法》。

无环境污染犯罪案件，对环境违法行为“下不了手”。可以预见的是，垂改后情况会有所改观，但现象仍会长期存在。

二是部分地方人民政府、企业经营者未适应执法新常态。尽管反复对实施新《环境保护法》和贯彻实施国务院办公厅《关于加强环境监管执法的通知》进行培训与宣传，仍然有部分政府及环保部门要为污染企业“遮羞”“说情打招呼”，企业经营者更是想方设法“拉关系”逃脱应尽的处罚。相信垂改后这些情况也不会一下子被完全杜绝。

要解决这些问题，除了加大执法力度外，可能更需要的是激发执法人员的主观能动性。从新旧环保法的比较可以看出，新的环保法环境监管机制更加严格，对环保工作人员的追责也更趋严厉，监管的能力要求也越来越高，工作量也越来越大，稍有不慎，环保公务人员消极执法的“逆向选择”就会出现。为此，对于环保执法工作一定要做好绩效考评，执法的多少、效果的好坏都要做定量定性的考察记录，作为当事人（或者当事部门）年终考核、评奖、晋升的重要依据，而且所有这些内容都要做到张榜公布、有据可查，形成制度，通过这些措施反向激励环保人员学好、用好新的环保“组合拳”，克服各种不利因素，不怕麻烦，敢于“下手”执法。

随着新环保法的实施，环保部门垂改体制的完成，严格执法在环保领域将成为新常态，相较于以往环保执法物质保障严重不足的情况（参见本书第二章），如果各方保障没有及时到位，工作开展都将成问题，更无从谈起对环保人员的绩效激励了。基于此，在新环保法和垂改政策实行之时，各级政府也应该出台相对应的配套政策措施，根据环保工作量的增加，合理地配置人、财、物。新《环境保护法》第八条原则性的规定：各级人民政府应当加大保护和改善环境、防治污染和其他公害的财政投入。但具体投入多少，以什么为计算标准并没有说明，在几个配套法规中也没有关于行政执法成本的承担问题，仅在《企业事业单位环境信息公开办法》第四条中提到环境保护主管部门开展指导、监督企业事业单位环境信息公开工作所需经费应当列入本部门的行政经费预算。

纵观新《环境保护法》实施前后，对于环保法寄予希望和充满热情的更多是环保部门，特别是原中央环保部。原如环保部2011年9月6日做出了《关于印发〈全国环境监察标准化建设标准〉和〈环境监察标准化建设达标验收管理办法〉的通知》（环发〔2011〕97号），验收日期将至，但全国范围内达标率并不是很高，就本人调研过的广西壮族自治区情况，截至2014年，环境监察机构标准化率设区市为57.1%、县（区）级仅为14.7%（具体情况参见本书第二章）。原因就是环保部门没有自己独立的财政来源，钱财物都靠当地政府财政拨款，上级环保部门只是业务上的指导部门，即使是原中央环保部说话分量也有限。调研过程中，多名受访者表达了此种看法，笔者对此感受颇深。多名受访者都认为，如果该验收通知由中央政府印发效果将大不同。笔者由此得出启发，针对环保部门垂改实施具体情形，环保部应与中央政府请示，针对各级环保部门工作量的不同，中央政府通过颁布行政法规的形式对各级政府环保预算做出一个符合现实需要的灵活规定，加大各地政府对环保工作支持的力度，从制度层面保障和激励环保部门工作人员的积极性。

四、加快建立一个相对稳定与权威的环保激励机制

根据弗雷姆的期望理论与亚当斯的公平理论，一个好的激励机制需要让工作者随时保有足够的激发力量以及良好的公平感。这就要求激励机制的实施要具有一定的稳定性与权威性，一旦激励机制失去权威性和稳定性，经常处于一种不稳定的状态，那么激励机制将失去激励他人向所设目标奋斗的作用，即使被激励者通过激励机制获得了肯定，相关当事人可能也不会认为是激励制度产生的效果，很可能将其归结为运气，从而会导致整个激励制度的失效，从这个角度分析，激励制度实施的大忌就是制度的频繁修正与更迭，这会让大部分人的努力预期落空，从而挫伤工作人员努力工作的积极性，最终影响部门职责的落实。

此次环保机构垂直改革就存在一些不利于发挥环保部门工作积极性的问题，同时也不利于激发环保部门工作人员的工作积极性（具体见本章第

三节）。为此，需要重新建立一个相对稳定与权威的激励机制。具体而言有以下几个方面需要结合垂改制度重新进行激励机制的设计。

其一，权威部门迅速组织力量，从上至下厘清环保部门与当地政府以及上级环保部门间的关系。新的《环境保护法》2015年1月1日颁布实施，新法实施一年多，环保部门人员刚刚适应了新法规则，也明确了在该制度框架下自身的奋斗目标，以及自身的职责和个人预期。垂直改革后，按照中央的改革规划，新环保法与环保机构改革思路有一定冲突，环境保护法中规定“地方各级人民政府应当对本行政区域的环境质量负责”以及大量县环保主管部门的职责条款，都需要适当调整。[①]此外，准县级环保部门与当地政府关系如何，是否接受其领导也没有一个统一的说法，都需要权威部门予以确定。对于市（地）环保部门而言，垂改后主要以上级环保部门的领导为主，但“为主”的程度如何，体现在哪些方面等都没有明确的权威说法，这些都会影响环保部门工作的热情和效果，不利于环保部门抓住法律精髓开展工作，也打乱了环保工作人员的工作步伐，旧有预期扑空，新的尚未建立，在新旧交替间让其无所适从。在理顺关系的同时建立新的激励体系，包括工资、奖金、评优、晋升等激励途径就显得尤为重要。

其二，权威部门迅速组织力量进行评估，统一解决环保部门相关人事及工资关系。垂改的最终目标是要在全国范围内全面展开实施垂改政策，改革的一个重要动因就是为了加强环境执法队伍建设，抓住垂改契机，首要解决环境执法机构的法律定位问题，要给予环境执法机构合适的地位，解决他们一直比较混乱的身份问题。地方各部门应抓住中央各有关部门给予的改革机会，主动加快改革步伐，制定改革时间表，让环境执法机构早日完成由一般事业编制转化为正规行政执法编制。我国地域辽阔，各地经济发展水平差异很大，各行政区域内污染源数量差别严重，污染源数量的差异导致各市（地）环境监测工作量也存在很大差异。垂改后，省级环保部门在全省范围内垂直管理各市（地）环境监测机构，省级环保部门如何

① 常纪文．环境执法，垂直管理更要立体施治［N］．人民日报，2015-11-16（005）．

在工作任务、工资待遇上做好安排难度系数极大，矛盾都聚焦于一身，为此，省级环保部门需要权威部门给予“尚方宝剑”来解决问题，化解这些基层矛盾。这个“尚方宝剑”就是权威部门评估后的一个指导方案，有了这个方案就可以在全国范围内权威性地实施。而且一旦垂直改革完成，县级环保部门转化为市（地）环保部门的派出机构，实践中也会存在准县级环保部门工资待遇是依据市财政标准还是依据县财政标准发放的问题，一旦处理不善也会严重打击环保公务人员的积极性。这些也需要权威部门早日评估决定，只有这样才能给予利益相关者一个比较稳定的心理预期，避免造成不必要的人心动荡，影响工作热情和效率。

此外，权威部门还要早日统筹解决环保部门人员晋升通道偏窄的问题。无论如何，对于公务员来讲，没有什么激励方法可以超越职务晋升的力量。鉴于晋升通道对于环保工作人员的重要性，建议权威部门在顶层设计上打通环保部门工作人员在当地政府间流通的通道，从而吸收更多优秀人才进入环保部门，也激励环保部门人员努力工作，取得晋升的资本。

第五章　环保部门职责履行之风险防范

前三章内容讨论了如何促使环保机关积极履行其工作职责。出于现实需要考虑，本章主要论述环保部门如何有意识地规避法律风险，减少或避免法律对环保部门的“误伤”，体现对环保人的关心爱护，解决环保人的后顾之忧。本书所涉“风险”一词特指环保部门在正常履职中承担超出其职权、能力范围以外责任的可能。

第一节　垂改前环保部门职责履行所涉风险及来源分析

一、环保人员履职被追责的现状

随着我国经济发展进入快车道，污染事故的高发期也随之来临，环保部门承受的执法风险也越来越大。新《环境保护法》的颁布实施明显强化了对环保行政过错责任追究的力度，对环境执法人员失职行为进行严格追责已成为一种新常态。根据近年环保追责数据总结，环保执法人员被问责主要有以下几种情形：1. 现场监察失范。2. 环境监测不力。3. 项

目审批失守。4. 组织指挥无序。5. 存在权钱交易。[①] 上述 5 种情形基本概括了环保部门被追责的情况。

实践中，有上述 5 种情形或之一环保部门不一定会被追责，但有下面 3 种事件发生情况下，环保部门一般都会被追责，且无论环保部门是真有过错还是代人受过。

一是媒体曝光事件。2014 年 9 月 6 日《新京报》报道了腾格里沙漠工业直接排污问题，随后中央电视台也去做了现场调查，发现的确和《新京报》报道的一模一样，但在媒体未曝光之前，当年这些企业都通过了环评，且环评报告都是得到官方表扬的，号称最先进的工艺，都是环境友好型的优秀化工园区。现实中媒体曝光事件，不一定都是媒体最先发现的，相比之下，几乎所有媒体曝光事件背后都有老百姓举报的身影。包括腾格里沙漠的问题，不是说在沙漠排污就不扰民，恰恰是因为污染了地下水，对周边的牧民和草原都进行了破坏，所以当地牧民多次找环保部门举报，然而，这个问题仍得不到解决，最后还得依靠媒体。最终经媒体曝光后当地政府及环保部门都受到追责。[②]

二是重大污染事故。如 2010 年 7 月发生的福建紫荆矿业污染事件[③]、2007 年 10 月发生的云南阳宗海砷污染事件、2012 年 1 月发生的广西河池镉污染事件[④]，这些事件发生后不久，包括环保部门在内的政府有关部门都受到了问责。

三是环境群体事件。2015 年 4 月，四川内江威远县建业鑫茂瓷业有限公司煤气冷凝水溢出，当地聚众数千人到政府闹事，抗议政府不作为。当地政府为了快速平息事态，首先处理环保问题，在环境污染事件未调查清楚之前，县委县政府在群众聚众闹事当天晚上就研究决定环保局局

---

① 周佩德 . 执法者需常敲法律警钟［N］. 中国环境报，2010-09-07（002）.

② 金煜 . 专家谈腾格里沙漠污染：地方政府应负最大责任［N］，新京报，2014-09-12.

③ 陈强 . 紫金矿业污染事件：天灾还是人祸［N］，中国青年报 2010-07-21.

④ 佚名 . 广西河池龙江镉污染事件 13 名责任人被判刑［N］，燕赵都市报，2013-07-17.

长停职反思。[①]

二、环保部门履职风险来源及深层分析

现实中，受处罚的环保部门及其工作人员也并非全都失职、渎职，很多时候是工作中必然遇到的“风险”，具体有以下几种情形。

（一）体制原因带来的被追责风险

环保部门虽然在业务上接受上级环保部门指导，但作为当地政府组成部门，其人财物都受制于地方政府，手中权力的实施也有赖于当地政府及有关部门的配合，部门本身并不能独立有效地完成自己的工作职责，地方政府往往有其自身的利益考量，在衡量自身利益轻重后，往往以顾全大局，确保全地区利益为出发点，牺牲当地环保利益，甚至环保部门。

绥宁县环保局局长号称是天底下最难当的官，10 年来先后换了 6 届，调查后发现，原来该县存在两个高污染企业严重污染了当地的巫水河，导致湖南六届、七届、八届、九届人大会议上均有人大代表就两企业为何迟迟不能得到整改这一问题提出议案和质询。究竟是什么原因让环保部门换了 6 届领导但这两家企业仍然屹立不倒呢？一位当地官员一语道破天机：“县里财政收入一年仅有 6000 多万，联合造纸厂一家上缴的利税就占了 2600 万，将近一半，停产治理谈何容易？”[②] 从绥宁县环保局局长难当就可窥见一斑，环保部门并非不想履行职责将环保工作干好，但迫于当地政府及现实财政压力，环保不得不给 GDP 让路，让路之余还得为之代人受过，在绥宁县的表现形式就是环保局局长不能正常干完一届任期。

在河南也发生过类似事情，原河南省副省长张大卫曾不无讽刺地斥责汝州市环保局长：“政府养猫不抓耗子，你是什么环保局局长！” 随后，

---

① 童方．四川威远煤气冷凝水溢出事件环保局局长被停职［DB/OL］－新华网 http：//news.xinhuanet.com/fortune/2015-04/15/c_1114979603.htm， 2015-04-15/2015-11-04.

② 佚名．环保局局长为何难当．绿色视野［J］.2007（3）：7-8.

汝州市环保局长王孝平被处分。事后，张大卫对记者进行了一个说明，“地方政府在推动这项工作的时候遇到了很大的阻力，在这种情况下，需要你给一个强大的信号。……我当时跟他说这些话的时候，我是让他旁边这些人听的……我们这些环保部门的同志，应该讲工作还是非常辛苦的”①。

但现实结果是汝州市环保局长王孝平被当众斥责并被处分，其作用仅是给地方政府一个“信号”，可谓环保局局长难做啊！“那些污染严重的企业往往是政府一把手的保护地，谁也动不了，也不敢动。但一旦发生事故，基层环保局就是替罪羊。不出事就是上级政府领导直接管理，出了事就变成基层环保局属地管理了。老百姓不知内情，往往批评我们渎职，我们也是有苦难言。”②这些调研访谈录客观道出了地方环保部门，特别是基层环保部门代人受过的生存状态，这在本人的调研中也得到了印证。

某些政府为了地方发展，很多时候对环保部门的工作并不支持，甚至还会压制。此外，环保部门有时候还得替司法机关背黑锅。环保部门虽作为执法机关，但并没有很多的强制执行权，不可能像工商、税务部门那样，通过使用自身权力查封、扣押、冻结银行存款等手段直接强制当事人执行，如果当事人不主动履行处罚，环保部门只能申请人民法院强制执行。而申请法院强制执行是个复杂过程，在这个过程中如果没有法院的积极配合，环保部门将处于非常被动的地位，环保监督执法效果将大打折扣，进而影响环保部门的形象和今后的执法效果。

法院对于环保部门申请的强制执行不是很“热情”也有它的原因，首先，环保部门申请的强制执行数额往往较小，一般都在 10 万元以下，申请执

---

① ［央视国际］张凯华，顾平，欧阳秉辉．河南省副省长斥责地方环保部门：养猫不抓耗子［DB/OL］.http：//www.ce.cn/cysc/hb/gdxw/200704/13/t20070413_11027558.shtml，2007-04-13/2015-11-04.

② 汪劲．环保法治三十年：我们成功了吗？中国环保法治蓝皮书（1979—2010）［M］．北京：北京大学出版社，2011：250.

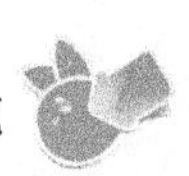

行所得费用相对其他强制执行费用要低得多，而且这类案件执行难度也较大，法院参与动力不够。其次，由于历史原因，各地企业环境违法现象较普遍，环境行政处罚也比较多，法院精力有限，出于现实考虑，为了维持法院的正常工作，执行也只能排在其他重要工作之后。再次，不排除政府干预或者司法腐败可能性。这些问题往往很难被发现，甚至也没有人愿意去发现。虽然有污染受害人对执行的关注，但受害人往往不懂得这一程序，一旦出现污染损害，他们本能地只会找环保部门，环保部门也只能被动无奈。最后，还存在一个法官的考核机制问题，现在很多法院并未将环保行政处罚的非诉执行纳入对法官办案的考核指标，导致法官对执行环保行政处罚非诉讼案件缺乏动力，而且执行这类案件的阻力风险很大，严重的可能会造成群体性事件，吃力不讨好。

在这种背景下，法院对环境强制执行案件往往比较警惕，处理不及时。当环保部门可以依照法律规定申请法院强制执行时，处罚决定已被拖延了 60 天，即使在法院受理该案件情况下，法院审查处罚决定书还可以有一段时间（一般 30 天内）。退一步讲，即使法院审查完结，也很有可能再拖延一段时间去执行，作为环境监督管理的主要手段，环保执法具有时效性强的特点，过后再去执行往往意义不大甚至没有意义。

比如对北方锅炉房冒烟、噪声扰民等行为进行处罚，法院拖几个月去执行，冬天已经过去再执行已经没有意义。包括夜间工地施工扰民、噪声扬尘污染，无证小工厂排放污染物等都存在到法院执行时工地人撤了、工厂已换老板或早已关闭等情形。但在此期间污染很可能一直在持续，甚至于排放更多污染物，由于污染物的累积而发生严重环境污染事件，环保部门就要承担环保监管不力的责任，尽管此时环保部门已经尽力。

（二）客观不能履职导致被追责

客观不能又分为以下两种情形。第一种情形，环保行政管理体制设置不合理导致的客观不能。旧《环境保护法》第七条、新《环境保护法》第十条都对环保工作的行政管理体制进行了相关规定。总的来讲，我国在环境保护领域一直坚持统一监督管理和分工负责相结合的环境监管和执法体制。从中华人民共和国成立几十年来，环保部门从无到有，从弱到强，地位越来越高，级别也逐步得到升高。在这个过程中，不可否认其他负有环保监管职能的部门在自己的职权范围内做了大量环保工作。另外一个角度看，环保主管部门现有的职责范围其实很大部分都是原有其他负有环保管理职能部门职责的转移，在这种转移过程中，基于自然环境的整体性，转移并不彻底，导致各部门之间仍然存在大量的职权交叉和利益关联，客观结果就是监管机制运行不畅，行政资源不能全面共享。环保部门作为对环保工作实施的统一监督管理的法定部门，这是环保法上明确规定的，但遗憾的是，新《环境保护法》并没有为环保部门设计一套具体如何行使统一监督管理权的方式和程序，现实中只要其他强势部门不遵守或消极对待环保法这一前置性规定，环保部门履行对其他行政主管部门各自在职权范围内行使的环保监督管理行为进行统一监督的职责就会泡汤。环保部门作为“新人”，在原有的传统部门间本就显得力量薄弱，再加上环保工作的反“GDP”性质，当地政府往往也不能公平对待环保部门，因此环保部门要监督这些部门就显得力不从心。

在此背景下，相对于其他资历更深、担负着更加传统的行政职能并同时享有环境管理权的部门，如经济主管部门、国土部门、水利部门、建设部门、农业部门等，他们作为政府的主流组成部门，能给当地政府创造大量的 GDP 和就业机会，而环保部门可能会造成失业和负的 GDP，再加上传统部门的考核标准重点依然在传统的行政职能上，这种考核导向会使传统部门疏远和远离环保部门，使其配合环保部门工作的法律设想就此落空，在此情形下，环保部门是很难实现环保行政事务统一监督管理的。

这些问题在环保执法中显得尤为突出。当环保部门在许多职能部门的管辖领域行使职权时，由于相关权利过于分散，且没有相关部门配合，常

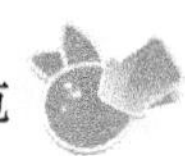

常面临有责无权的尴尬。许多调研文献都有这方面资料记载。[①] 在本人调研中也存在类似问题，访谈中一名基层环保部门副局长（主管环境执法）就谈到在他们执法过程中常常遇到其他部门不配合的情况而导致环境纠纷调处失效，特别是在农村畜牧养殖这块，污染严重，环境纠纷较多，对环保部门投诉也较多，但处理效果却一直不理想。其中一个重要原因就是环保部门虽作为环保工作的监督主管部门，但并非畜牧养殖的行政主管部门，没有有效的执法手段，再加上主管部门的不配合，监管工作几乎无法进行，最后只能上报政府，导致群众不满意，环保部门被投诉，直至被问责。如此情况相似的还有无证开采等行为，一旦这些环境违法行为累积导致严重污染事件或群体事件发生，环保部门往往逃脱不了被追责的命运。

客观不能的第二种情形是历史累积环境问题过多，人员、设备严重不足而导致监管不能。结合本书第二部分内容知道，环保部门履行法律责任之保障机制严重不足，以中部城市武汉为例，原武汉市武昌区环保局局长杨志就曾感叹武昌区的监督执法装备不全，仪器设备落后，严重影响到执法效力。执法车辆不够，到达现场时可能已经失去最佳执法时机，而且仪器设备的缺乏导致监管手段极度落后，很多时候气体泄漏只能靠人的嗅觉去判断，执法公信力严重缺乏。[②]

环保部门环境执法压力过大。就全国范围来讲，环保执法人员至今为止号称 8 万人，实际是 7 万多人。而工业企业注册登记的有 150 多万家，这些还不包括实际存在的作坊、小企业、低产能企业等。此外，执法人员素质也不够，学环保相关专业出身的人不多，而且在这 8 万多执法人员中，有 1/3 是后勤，实际上能执法的人员更少。即 8 万人都算上，且就管 150

① 2007 年环境日，环境保护部披露全国有 600 多家污水治理厂，其中有 2/3 管网不配套，浙江环保部门人员于是说：对污水处理厂的检查是由省建设厅牵头的，污水处理厂的管网通道都是由他们批准的，法律没有明确规定环保部门如何统一监管。我们怎么可能去监督管理同级的政府部门呢？但一旦有问题，都是由环保部门承担责任。参见汪劲．环保法治三十年：我们成功了吗？中国环保法治蓝皮书（1979—2010）［M］．北京：北京大学出版社，2011：241.

② 杨志．环境保护执法难点及对策思考——以武汉市武昌区为例[J]，学习与实践，2007(4)：99.

万家企业，平均下来每个执法人员要管75家企业，除去周末和节假日，一家企业1年平均下来最多只能被检查3次，而剩下的362天，环保没人来检查，企业就可以放心地排污了，所以大部分企业把污染处理设施关停，也不会被发现。[①] 如此看来，环保执法压力太大，不可能完全管顾周全，但一旦污染累积演变成环境事件，环保部门肯定“罪责难逃”，成为众矢之的。

第二节　垂改对环保部门履行职责中的风险防范提出了新的挑战

环保机构垂直管理改革后，相比改革前，风险有所减少，但依然存在，在某种意义上甚至更加普遍和难以规避，增加了环保部门被“无辜”追责的可能，这些都对环保部门履责风险防范提出了挑战，须有关部门加以重视。

一、风险来源增多带来的挑战

改革前，环保部门自上而下的存在形式单纯而统一，其风险来源相对也比较单一，主要来自所属地方政府。但改革后，环保部门本身存在形式发生了重大变化，无论在主管部门、职责内容、工作重点、履责方式方面都发生了改变，而且这些内容改变在不同层级环保部门间的状况都有所不同，相比于改革前，状况要复杂得多，风险来源也复杂得多。下文将从各级环保部门进行逐一分析。

（一）准县级环保部门

准县级环保部门作为市（地）环保部门的派出机构，虽摆脱了所在基层政府的属地管辖，但作为原县环保部门的替代机构，可预见的是原县环保部门承担的绝大部分工作仍然要由准县级环保部门来完成（除环境监测

---

① 数据来源于2015年环保部某处领导在广西环保厅业务监测执法培训讲座内容。

监察执法外），原有的工作风险并没有减少，原有的风险来源也依然存在。而改革后，最大的变化是准县级环保部门的主管机关变为原来的上级部门，自身成为市（地）环保部门的一个组成机构，接受市（地）环保部门的直接领导，完成其交代的环保任务，这一主管关系的改变，很有可能成为准县级环保部门工作风险的又一个新来源，特别是改革后，准县级环保部门作为市（地）环保部门监督县级人民政府的排头兵，极有可能因为监督不力而成为市（地）环保部门的“替罪羊”。再加上改革之初，各级环保部门之间的职责并不清晰，很多时候都存在“家家都在讲，大家都不管”的局面，特别是作为环保机关的派出机构，准县级环保部门先天性地处于一种劣势，只有等待上级环保部门主动将环保职责明确清晰，并无他法。一旦在县域出现环保问题，往往有口难辩。

垂改后，现有县级环境监测机构主要职能调整为执法监测，支持配合属地环境执法，达到环境监测与环境执法有效联动、快速响应。改革实施后，环境执法重心将向市县下移，基层执法任务将加重，力度将进一步加强。与此同时，原市级环境监测机构改革成为省级环保部门驻市环境监测机构，受省级环保部门垂直管理。如此一来，市级环保局统一管理和指挥本行政区域环境执法工作只能调动所属县域环境监测力量，而据前面第二章分析，县域环境监测力量的保障是最薄弱的，可以想象，一旦市域内环境执法完全依靠县域环境监测力量来保障执法，其执法效果可想而知。在执法与监测上就很有可能继续出现客观不能而被追责的情形。

此外，改革后准县级环保部门在信访的受理与处理方面也存在来自市级环保部门的风险。目前，各市、县（市、区）的环保信访投诉都是由所在环境监察支队、大队受理与处理的，作为公众反映和投诉环境问题的12369 环境投诉专线一般都设在当地环境监察机构。垂改后，如果这项职能继续由所在地环保局承担，很可能导致案件受理后却没有执法队伍能够及时前往查处，原因在于准县级环保部门没有独立的行政权，其执法需要市环保部门统一管理、统一指挥，从而导致没办法及时给老百姓一个交代。这一现象必然导致“百姓心声”的信息阻隔与工作上的推诿扯皮，而作为下级的基层环保部门必然会承担最大的职业风险。

（二）市（地）环保部门

根据宋世明教授分析，这次环保体制改革实际上是垂直管理、双重管理、地域管理三位一体的改革模式[①]。改革后，基层环保部门要接受地方政府领导，落实属地环境质量责任，又要接受省级环保部门直接领导和监察监督，在此基础上还要督促好下级人民政府落实环境责任，工作安排上可谓责任重大。一旦工作开展稍有不慎，很可能几头不讨好。

首先，针对市（地）环保部门而言，此次环保体制改革在大的方向上坚持了原有的双重管理体制，只是在具体执行环节做了一些改变（具体就是由属地管理为主改为接受省级环保部门管理为主），理论上，市（地）环保部门原有工作风险来源并没有实质性改变。环境监测、环境执法等工作风险依然存在。而且，由于将原县级环保机关所拥有的环境审批权上收，市（地）环保部门在行政审批领域将产生更多的风险。

其次，有别于普通的风险来源是自上至下，市（地）环保部门的风险来源还有可能来自自己的下级机构，即准县级环保部门。由于准县级环保部门与市（地）环保部门实为一体，彼此之间责任难以厘清，而且由于地缘关系，准县级环保部门与当地政府部门间的关系可能更为亲近，市（地）环保部门对其领导和监管有鞭长莫及之感，一旦准县级环保部门自身发生问题，特别是严重问题，上级环保部门追责下来，由于二者本为一体，且对外法人是市（地）环保部门，市（地）环保部门通常“罪责”难逃。

（三）省级环保部门

一直以来，涉及环保部门职责风险承担的问题，往往都是有关基层环保部门，尤其是指县市（地）两地环保部门，很少在省级环保部门中发生类似现象。这主要是因为省级环保部门主要承担的是宏观决策方面的工作，

---

① 垂直管理更需协同共治［N］. 中国环境报；2015-11-23（002）.

具体实践操作都是由基层环保部门来完成。改革后，省级环保部门将地方环境监测监察方面的权力统一上收，不可避免地将自身置于环保监测、监察一线，一旦环境状况恶化，出现环境问题，在现有规范不明确情况下很难界定是哪一方的责任，但由于监测、监察执法垂直管理已经深入人心，人民群众期望很大，追究责任，问责的对象首当其冲就是省级环保部门。其风险来源可能是下级人民政府，也可能是下级环保部门，这是以往所没有的新情况。

二、风险上移带来的挑战

环保部门的职业风险主要体现在基层环保部门，尤其是县级环保部门。垂直改革后，县级环保部门成为市（地）环保部门的派出机构，虽然不再隶属于县人民政府，但除环境行政审批权上交外工作内容和强度并没有减少多少，依然要完成原由县环保局完成的工作，而且与相关职能部门的联系依然存在，风险来源并没有减少，不同的是，准县级环保部门此时已经不代表自己，而是代表着市（地）环保部门来执行公务，无论好坏，其结果也应当由其上级主管承担，依此角度分析，县级环保部门的职业风险开始逐步上移。

此外，环保机构垂直改革后，与基层政府纠缠不清，摩擦最大的监测、监察业务上收至省级环保部门直管，意味着基层环保部门工作中职业风险最大的业务来源被省级环保部门接收。如果现有工作职责体系没有全面清理整顿，可以预见的是，原基层环保部门与所在政府间的博弈将转化为省级环保部门与地方政府间的博弈，省级环保部门也多少会存在一定的职业风险，而这一风险以前是基层环保部门才会面临的，这也是风险上移的一个具体表现。

三、风险范围和控制难度加大带来的挑战

可以预见的是，垂直改革后，环保部门将进一步成为政治、经济、社

会等各个领域的焦点。与此同时，中央会要求环保部门严格执法，完成环保工作；地方会要求环保部门照顾经济发展，招商引资；人民群众要求环保部门完成法律法规规定的义务，这三者之间其实是有矛盾的，如何协调完成这些工作对环保部门其实是一个巨大挑战。

环保机构垂直改革后，环保部门实行准垂直化管理[①]，地方政府承担监督职责的部门对直管部门的经常性监督在很大程度上失去作用，监管的弱化，往往会直接导致直管部门出现以权谋私、权钱交易等各种权力寻租现象，滋生腐败。[②]而这种腐败通常也导致环保部门风险的发生。风险范围进一步扩大，控制难度也进一步加大。

垂直管理体制虽然有利于加大执法监督管理，但集权的同时也削弱了地方政府的主体责任意识。垂直管理有助于上级部门集权，破除地方保护主义，进而避免地方政府对执法的干扰阻碍，增强了执法的独立性和行政执行力，保证政令一贯到底。但也存在缺点，最大的不足在于地方政府职权的完整性受损，导致主体责任意识削弱，推脱责任成为一大可能，给环保部门工作带来潜在风险。

如戴维基、何强认为，即使环保部门实行垂直管理，也会因部门掌握信息不对称，导致环保决策在科学性、全面性和合理性上受到制约，此外，由于环保部门工作的区域性，其人员生活、工作都与地方政府有着密切的关系，很难形成真正意义上的独立。[③]在同一行政区域内，所有部门齐抓共管是处理地区突出矛盾的有效方式，一旦部门垂直管理，会对原平行部门之间的工作协调增加难度，部门工作合力削弱。[④]一旦政府有意规避责任，在发挥其影响力的同时进行选择性配合，环保部门的隐性职业风险将急剧

---

① 相比于国税、海关的垂直管理制度，环保系统的垂直管理只能算是准垂直管理。

② 龙太江，李娜．垂直管理模式下权力的配置与制约［J］．云南行政学院学报，2007，9（6）：54–57。

③ 戴维基，何强．环境监管体制困境的破解对策探讨［J］．环境科学与管理，2012，37（z1）：22–25.

④ 王树义，郑则文．论绿色发展理念下环境执法垂直管理体制的改革与构建［J］．环境保护，2015（23）：14.

增大，防控也将更加困难。

第三节　环保部门职责履行风险防范机制构建的必要性分析

一、环保部门履职现状分析

（一）新《环境保护法》的实施对环保部门提出了更高要求

2015年开始实施史上最严《环境保护法》，该法给予环保部门大量新的执法手段、赋予了更多的执法权力，加大了对违法企业处罚的力度，对企业的要求更加严格，明确规定政府对环境质量负责，并纳入考评制度，政府对环保的投入和支持力度在逐步加大。这是对环保部门有利的一面，但随之而来是对环保部门无论是在工作能力还是水平上都提出了更高要求，也带来了巨大的职业风险。

首先，新《环境保护法》的实施对企业更加“严格”。对企业处罚额度大幅增加，如按日计罚措施，原本罚100万，如果一个月没有停止违法行为处罚就会增至3000万，直至资不抵债、倾家荡产。新《环境保护法》还取消了限期补办环评手续这一处罚办法，一旦未批先建就必须停止违法行为，接受环保部门处罚，严重者要恢复原状。而不像过去只要补办就不会有任何严重后果。生产经营者超标准排放污染物，或者超过重点污染物排放总量控制指标排放污染物的，环保部门可以依法责令其限制生产、停产整治，这有别于以往的限期治理制度。以往限期治理制度有一个期限，限期最长可以达到一年，所以在执行过程中，一些违法企业就借助这个制度合法地将其违法行为延续一年，结果对周围环境造成恶劣影响。

所有这些措施对于企业来讲要求是更加严格，反之，对于环保部门而言其执法压力也陡增。以前环保部门可以推脱法律没有相关规定，或法律规定处罚过轻，没有足够威慑力而导致环境污染问题严重，如今法律有明确规定，环保部门必须按照法律规定进行严格处罚，这必然会导致企业的反弹，执法的阻力变得更大，企业不让进工厂大门的现象会更多。①

一旦环保部门做出处罚规定，就应当具有政府部门的权威性，但阻力太大很可能导致处罚不能被顺利执行，在现有较低要求处罚都很难执行到位的背景下②，这种严格处罚措施很可能就停止在执行上，此类案件的增多会极大地伤害环保部门的公信力与权威性。③

此外，包括查封扣押的强制手段，直至移送公安机关拘留等一系列严格的执法措施需要较强的专业执法技能，很多地方环保部门并不具备这些执法的素质要求，如果严格执法，不可避免会出现大量的行政执法违法行为，轻则环保部门被问责，重则环保部门会成为被告，承担行政责任。2015 年 6 月 34 日，全国人大常委会通过决议，拟授权最高人民检察院开展检察机关提起公益诉讼改革试点，试点地区拟选择北京、内蒙古、吉林、江苏、安徽、福建、山东、湖北、广东、贵州、云南、陕西、甘肃等 13 省、自治区、直辖市检察院开展，试点期限为两年，期满后将适时提请全国人大常委会修改完善有关法律。④现各试点地区检察机关已经积极开展相关准备工作，一旦环保部门违法行使职权或者不作为，检察机关就可以提起环境行政公益诉讼。可以看出，环保部门执法风险越来越大。

其次，新《环境保护法》对地方政府要求越来越高。新的《环境保护法》第一次将环境责任与干部的考评机制挂钩，明确政府要考评的对象是本级政府中环保局及其局长的表现，以及下一级政府及其政府首长的表现，考核结果面向社会公开。地方人民政府要对本区域的环境质量负责。一旦地方环境恶化，根据《党政领导干部生态环境损害责任追究办法（试行）》，

---

① 黄庭满，赵东辉，罗博．“挂牌保护”成风执法难进厂门［N］．经济参考报，2006-11-27.

② 这一点参见上面几章内容，主要包括政府以及相关部门，包括法院等在执行上的不配合。

③ 郄建荣．环保部督办两年仍有近 3 成企业未完成整改 一些地方制止环境违法被动等靠环保部［N］．法制日报，2014-07-17（006）.

④ 陈菲．全国人大常委会拟授权检察机关“试水”公益诉讼［DB/OL］．新华网 http：//news.xinhuanet.com/politics/2015-06/24/c_1115713424.htm，015-06-25/2015-11-04.

地方党政领导都有不可推卸的责任，地方首长被约谈将成为新常态。[①]此外，一旦地方政府环境保护工作没有达标，如辖区内二氧化硫排放超过了总量控制标准，那么其他有二氧化硫排放的企业就不能正常入驻该行政区域，即使欲入驻企业二氧化硫排放标准完全达标也不可以进入，这就是区域限批制度。一旦启动限批制度，意味着地方招商工作将不得不全面停止，对地方 GDP 造成重大损失。并且政府应当每年向本级人民代表大会或者人民代表大会常务委员会报告环境状况和环境保护目标完成情况，依法接受人大及其常委会的监督。

这些都是有利于环保工作开展的积极因素，但也伴随着一些不好的“杂音”。自 2014 年开始，环保部针对环保问题严重的地区领导实施了约谈的制度，出发点是为了搞好环保工作，还老百姓以蓝天白云，客观提升环保部门的地位，其本意是问责地方行政领导，但结果是一旦启动约谈机制，当地环保部门几乎都要被问责，虽问责政府但板子是打在环保部门头上，但其实很多地方政府就是污染企业最大的保护伞，如驻马店市环保局就曾连发 3 个有关停产的文件给县政府但没有任何回应，然而约谈后的问责结果是县环保部门也要承担责任。[②]如果县环保部门能解决问题市环保局是不可能直接发文给县政府的，侧面说明县环保局也是有心无力。基层环保官员也发出了“我们该扛所有环境问题吗”[③]的疑问。

（二）环境风险急剧增长加大了环保工作的风险

自新世纪以来，中国社会进入环境群体性事件高发期，因环境问题而引发的大小群体性事件在全国各地此起彼伏。据杨朝飞（原环保部总工程

---

① 郄建荣．环保部约谈 20 城市曝光市长姓名 有市长称将亲自管环保［N］．法制日报，2015-09-09.

② 李彪．环保局 3 次致函查污未果 环保部约谈驻马店副市长［N］．每日经济新闻，2015-03-26（B04）；河南省驻马店市回应环保部约谈 4 名干部受降级处分［DB/OL］．新华网 http：//news.xinhuanet.com/2015-03/29/c_1114797641.htm，2015-03-29/2015-11-04.

③ 穆桑桑．基层环保官员之惑：我们该扛所有环境问题吗［N］．中国经济导报，2015-08-07（B05）.

师）统计，2005年以来，原环保部参与直接报处置的事件共有927起，其中重特大事件72起，2011年重大事件比上年同期增长120%，重金属和危险化学品突发环境事件呈高发态势。[①]在2012年内环境维权引发的群体性事件占到了当年群体性事件总量的8.9%。[②]

据不完全统计，2004—2012年间，主要网络媒体披露的大的知名环境事件就有65件，[③]几乎所有环境突发事件，或环境群体性事件的发生都会伴随着环保部门人员的被追责，轻则纪律处分，重则承担刑事法律责任。[④]环境风险的急剧增长导致环境重大污染事件逐年增多，环境群体性事件也经常发生，所有这些都加大了环保工作的风险。

截至2015年10月底，全国各省（区、市）环境保护部门至少已对28个市县进行了约谈，对19个市县实施了区域环评限批，对督查中发现的176个问题进行了挂牌督办。[⑤]这些约谈的县市都比较严重地存在这样或那样的环境问题，蕴藏着大量的环境风险，约谈和督办都有意无意地增大了环保部门工作的强度和难度，同时也加大了环保工作的风险。

（三）政府及人民对环保工作的高要求加大了环保工作的难度

为了加强对政府，特别是环保部门的监督，满足人民日益提升的针对环保工作的监督要求，中央政府、中央环保部等分别下发了大量有关环保监督、追责的文件。如监察部、原国家环保总局印发的《环境保护违法违纪处分暂行规定》（2006），中共中央办公厅、国务院办公厅印发的《关于实行党政

---

① 王姝．我国环境群体事件年均递增29% 司法解决不足1%［N］．新京报，2012-10-27.

② 陈锐，付萌.2012年群体性事件研究报告［DB/OL］．舆情监测－法制网 http：//www.legaldaily.com.cn/The_analysis_of_public_opinion/content/2012-12/27/content_4092138_2.htm，2012-12-27/2015-11-04.

③ 王曦．论规范和制约有关环境问题的政府决策之必要性［J］．法学评论，2013（3）：95-96.

④ 参见环境保护部应急办《关于突发环境事件问责情况的分析》的通知（环办函〔2009〕964号）。

⑤ 王灿发．新《环境保护法》实施情况评估报告［M］．北京：中国政法大学出版社，2016：67-68.

领导干部问责的暂行规定的通知》（2009），中共中央、国务院发布的《党政领导干部生态环境损害责任追究办法（试行）》（2015）。所有这些文件都直指环保部门，对环保部门的环保管理工作提出了更高的要求。

自 2012 年 1 月至 2013 年 6 月，在不到一年半时间内，全国环保系统有 977 人受到党纪政纪或法律处理。其中失职渎职比例占到将近 7 成。[①]这些都对环保部门形成了强大的追责压力，工作风险越来越大。而且随着经济社会的发展，过去因为老百姓太穷，环保没人关注，都忙于挣钱养家。现在老百姓温饱解决了，要求高品质的生活，对于生活环境要求越来越高，对环保工作也愈加重视。环保部门作为环保工作统一监督管理部门，担负着越来越多的责任。

二、构建风险防范机制对环保部门正常履职的意义

（一）从根本上提升环保部门的工作积极性，消减环保工作人员的消极对抗情绪

对环保部门风险防范机制进行研究，其根本目的在于让环保部门更好地履行其环保责任，顺利地完成人民赋予的环境监督任务。但环保部门是由理性的社会人组成，他们有自己的喜怒哀乐，也有趋利避害的本能，按照詹姆斯 · M. 布坎南等人的分类，政治市场中也存在“经济人”，而且可以把他分为三类，选民，政治家和官僚。显然，这些人应该属于官僚之列，根据布坎南的公共选择理论，官僚作为政策的职业执行者的经济人，他们的目标同样是使其自身利益最大化。一般官僚的私人动机总结起来有三种。其一是工作不要太辛苦；其二是要扩大本部门的规模，甚至也同时希望所有其他部门规模也一起扩大；其三是提高“外快”。[②]布坎南认为政治过

① 颉秀娟，唐亚龙 . 基层环保部门如何履职免责［N］. 中国环境报，2014-06-23（002）.

② 张卓元 . 政治经济学大辞典［M］. 北京：经济科学出版社，1998：226 .

程其实可以解释为一种正和博弈（a positive–sum game）。[①]

从布坎南的公共选择理论可以看出，官员也有它自己的利益考量，不是绝对无私的奉献者，是政策职业执行者的经济人，环保工作者作为行政系统中的一员，也具有同样的品质，为此，不得不考虑他们的利益与诉求，如果现实工作中充满了不稳定，以及由此带来的不可控的工作风险，这肯定会打击工作人员的积极性，特别是当这些风险来源于制度本身或者非自身因素时，更会引起工作人员的自危感，甚至会引起工作人员的消极对抗情绪。

如果不该承担责任的环保部门或者环保人员承担了责任，而且这个责任可大可小，小的可能会挨上级批评，甚或行政处分，严重的可能会被开除直至承担刑事责任。这种情形如果不能得到改变，首先，对环保部门及其工作人员造成了巨大的压力，即努力工作未必能得到应有的认可与奖励，还有可能将自己置于危险之中。

其次，对于其他公权机关（包括政府和法院）也会产生一个不好的心理暗示，即这些情形下是可以将责任推卸给环保部门的。作为政策职业执行者经济人的政府部门出于经济人自私的考虑，往往会将这种思维扩散至更广的工作内容直至被制止，并会将这种心理暗示扩散至其他地方政府部门，从而使这种风险越来越大。在这个过程中，环保部门在工作上可能出现“干得越多，错得越多，责任越多”现象，不做工作会被问责，努力做好工作也有可能会被问责（甚至官帽难保），其工作积极性将会被严重伤害。

此外，这种情形的长期存在还会导致环保人员思想的严重不稳定，逃离“环保”行业将成为他们的首选。环保部门人员的不稳定、骨干人才的流失将严重影响环保部门的日常管理工作，使本已不堪的环保人才保障局面雪上加霜。

---

① ［美］J.M.布坎南，戈登.塔洛克.陈光金译.同意的计算：立宪民主的逻辑基础［M］.北京：中国社会科学出版社，2000：26.

（二）树立环保部门权威，改善环保部门公众形象

环保部门工作风险的存在在极大伤害环保人员工作积极性的同时，也极大地损害了环保部门作为政府部门本身的权威性。在公众看来，环保部门作为一个时代发展的产物，它的存在是政府顺应民意的结果，代表着时代的进步和方向。但太多环境污染事件的发生并伴随着环保部门的被追责，在损害公众环境利益同时，也极大地消耗了公众对于环保部门的信任，摧毁了环保部门在公众心目中的公正形象。

这些情形的发生不仅对于环保部门的公众形象有影响，对于政府而言也是不利的，会加深政府与民众之间的距离，使民众与政府之间产生严重不信任感，在进一步加剧环保执法困难的同时，提高了政府治理环境污染的难度，也给了民众环境问责政府的理由。环保部门无论是代人受过还是客观不能而导致被追责都会给环保部门抹黑，让环保部门成为众矢之的。公众会质疑环保部门职务的廉洁性和自律性，甚至对环保部门履行职责的能力提出怀疑，进而表现出对环保部门的极度不信任，环保事务更多依赖当地政府本身或者直接采取各种自救的方式，如围堵污染企业、求救于各种环保社会组织，甚至是直接状告等方式，从而进一步瓦解了环保部门的权威性，将环保部门孤立，也进一步加剧环保部门被问责的可能。

风险防范机制的建立可以尽量避免该种情况的发生，有了合适的风险防范机制，环保部门就可以避免被无辜追责，环保部门避免被追责的同时也带来了两个方面的变化。其一，对于真正责任部门来讲，责任被追究势必会影响到对以后环保事务的关注，一般会更加积极地面对环保事务，尽职尽责，避免下次被继续追责，其总的环保效果会越来越好，而环保部门作为环保事务的主管部门乐见其成，这些环保成果客观上也是其业务成果的一部分，环保业绩的提升有助于环保部门公众形象的再次建立。其二，风险防范机制的建立避免了环保部门被无辜追责，客观上减少了环保部门被追责的频次，其形象也从正面上得到了维护，从而重新获得社会公众对环保部门的信赖。一旦取得人民群众的信任和支持，社会公众将会更好地配合环保部门工作，从而能进一步树立环保部门权威 。

（三）理顺政府环保工作机制，为其他部门改革提供借鉴

中国的行政体系执行的是一种“条块分割”的模式，所谓“条”就是由中央直属部委自上到下的一种指挥体制，根据业务不同而划分为不同的部委。而“块”则是以地方行政当局（即地方政府）统管的某一区域全部的行政行为，地方行政当局主要以行政区域来进行划分。这种条块分割模式人为地将整个国家分割为不同领域。就以环保部门来讲，环保部门在业务上要接受上级环保部门“条”的领导，在“块”上要接受当地政府的直接领导。理论上该体制既照顾了不同业务的专业性不同，也照顾了地域管理问题，实际上却存在一个致命的缺陷，那就是随着人类科技文明的发展，专业之间越来越模糊，往往是你中有我，我中有你，无法完全分离。就以环保为例，负有环保职责的除了环保部门之外，农业部门、国土部门、经济管理部门、渔政管理部门、工商部门、税务部门、各级公安、交通、铁道、民航管理部门等在其业务范围内都含有环保的内容，也就是说这些部门在完成他们业务职责的同时还要履行因业务而伴生的这些环保职责。于是，环保法规定环保部门对环保工作实施统一监督管理，政府有关部门和军队环境保护部门依照有关法律的规定对资源保护和污染防治等环境保护工作实施监督管理。

总的来讲，我国在环境保护领域一直坚持统一监督管理和分工负责相结合的环境监管执法体制。但由于自然环境的整体性，各部门之间无论现在还是将来都会存在大量的职权交叉和利益关联，这将使得环保监管机制运行不够顺畅，环境行政资源不能完全共享。这也是导致环保部门高风险的一个原因，如果能够解决这一问题，将会对现实中的食品安全管理、安全生产管理、市政管理、矿产管理等产生重要影响，理顺相关部门间的管理关系。由于各部门所管事物之间的相互联系性，职责之间存在交叉，如同环境问题一样，都或多或少存在职权交叉与利益关联，如果我们在环保问题上有所突破将会在其他问题的解决上起到一个标杆性的作用，成为其

他部门改革的借鉴。

第四节　对环保部门职责履行风险防范机制构建的设想

一个完善的责任体系应该综合统筹环保部门应该做什么、能做什么、做了什么；该做而没做就应该被问责，做了但没有做到位要适当减责，因为客观原因做不到也应该免责。环保部门履职风险防范机制的构建首先应该坚持以法律为依据，充分依靠人大力量，争取政府最大支持，并利用社会力量的广泛监督来参与其中，在此基础上，发挥环保部门自身主观能动性，统筹完善环保责任体系，从而建设一个和谐统一、相互制衡的风险防范机制。

一、环保部门职责履行风险防范机制构建设想中有关主体的地位、作用分析

环保工作是一个复杂的系统工程，需要各部门的配合，环保部门履职风险防范机制的构建并非环保部门一家就可独立完成，需要依赖各方主体予以支持配合，发挥各方主体的独特地位作用方可构建完成并顺利实施。现就地方人大、地方政府、社会力量在风险防范机制构建中的独特地位和作用做逐一分析。

（一）人大在环保部门履职风险防范机制构建中的地位与作用

中华人民共和国的一切权力属于人民，人民代表大会是国家最高权力机关，人民通过全国人民代表大会和地方各级人民代表大会行使国家职权。人大的特殊政治地位使各级人大及其常委会在环保部门履职风险防范机制构建中能起到重要作用。

垂改前，环保部门作为政府的组成部门，在人财物由地方政府完全控制的前提下，其独立性严重不足，导致在履行环保职责时不能发出自己独

立的声音。《瞭望》周刊曾载，安徽某市环保局长就曾因对本地招商引资企业大肆排污无能为力而举报至上级环保部门。[①]好在该市污染情况当时没有被媒体曝光也没有发生群体性环境事件，否则即使环保局局长曾举报过该污染事件，当地环保部门也难免被问责。垂改后，除准县级环保部门外，环保部门依然是作为地方政府的组成部门，各级环保部门的人财物依然主要由当地政府提供，并非完全垂直管理，独立性依然有限。此外，垂改后司法机关在环保立案与执行方面与环保部门的冲突仍需要人大的协调与统一。《中国环境报》就曾报道浙江省乐清市不予执行环保局申请强制执行的非诉行政案件，导致环保部门的环境行政处罚文书成为“白条”，最终，在乐清市环保局上书该市人大请求协调后，该事件才得以解决。[②]这些时候，现有体制下最宜于发挥人大的统领监督作用。监督政府、法院、检察院按章依法办事，掌握各方情况，综合协调各部门形成环保合力，为环保部门履行环保职责提供良好的法治环境，保障环保部门的合法权益。

鉴于环保工作的复杂性与重要性，各级人大应与当地环保部门建立起日常联系机制，定期或不定期对环保部门检查指导工作，环保部门定期向人大及常委会汇报工作进展情况，人大及其常委会针对环保部门汇报提出面临的难题进行各方协调。环保部门与人大日常联系机制的建立，可以通过人大来协调化解当地政府领导意图与环保部门严格执行环保法的矛盾，有效避免环保局长要向上级环保部门举报本地企业的无奈之举，减少上级主管部门与当地政府之间的矛盾，也有利于当地环保部门的日常工作，毕竟环保部门还在当地政府领导之下工作，维持一个和谐、目标一致的工作关系也非常重要。此外，日常联系机制的建立，人大可以准确有力地发挥其权力机关的作用，将环保机关的行政权与司法机关的司法权进行无缝对接，避免垂改后依然出现像浙江省乐清市环境行政处罚文书成为“白条”的现象。人大还可以根据实践需要，将环保部门的行政权、法院的司法权、

---

① 郭明远，王圣志，孙彬 . 地方环保局长“夹缝求生”［J］. 瞭望，2006（39）：50.

② 环保部门作出行政处罚往往存在执行难的问题，特别是在强制执行阶段，法院往往不予受理或者就是不予执行。参见侯兆晓 . 何时不再面对执行尴尬［N］. 中国环境报，2008-11-13（003）.

检察院的检察权（公益诉权）行使进行协调整合，发挥其合力。避免因其中任一环懈怠而致某一部门被无辜追责。

（二）政府在环保部门履职风险防范机制构建中的地位与作用

一切单位和个人都有保护环境的义务，政府也不例外。环境保护工作是一个大工程，如果没有政府的大力参与，环保工作将无法取得成功。根据《指导意见》精神，试点省份党委和政府对环保垂直管理制度改革试点工作负总责，各试点省份要成立相关工作领导小组，各地方党委和政府要对本地区生态环境负总责。《指导意见》还要求各地要建立健全职责明晰、分工合理的环境保护责任体系，加强监督检查，推动落实环境保护党政同责、一岗双责，对失职失责的，严肃追究责任。

法律的保障以及中央的重视为环保部门争取地方政府在风险防范机制构建上的支持提供了坚强的后盾。在环保部门风险防范机制构建上地方政府须做到以下几点。

第一，贯彻环保法的相关要求，严格遵照《党政领导干部生态环境损害责任追究办法（试行）》（以下简称《办法》）规定。将环保法对政府要求落到实处，对于政府违反环保相关法律法规的行为严格依照《办法》进行问责处理，追责对象涉嫌犯罪的，及时移送司法机关依法处理，在此过程中，积极发挥好地方人大的监督作用，环保部门要做好与人大的日常联系汇报工作，在避免与政府直接对抗的情形下依靠人大解决环保监管中出现的分歧与矛盾。

第二，明确划分环保职责范围，协调落实环保部门统一监管地位。各有关部门环保职责范围的划分，当地政府可以通过委托或者授权当地环保部门来完成该项工作，对环保职能存在交叉的专项工作，政府应该依据相关部门职责及其工作特点，本着有利于环保工作顺利推进的原则进行协商划分，但原则上履职边界要清楚明晰，尽量减少模糊地带。相关部门职责明确是环保部门环保工作实施统一监管的前提，只有相关部门职责明确、责任具体可实施，再加上环保部门环保工作统一监管地位的政府认可，即部门职责向政府意志转化的完成，环保部门统一监管的职责才可以顺利实施，同时也减少环保部门因体制不顺而被问责的风险。

第三，严格落实“绿色 GDP”考核模式，提倡环保一票否决制。在 2006 年，中共中央组织部颁布了《体现科学发展观要求的地方党政领导班子和领导干部综合考核评价试行办法》（中组发〔2006〕14 号），决定建立“促进科学发展的干部考核评价机制”。紧接着，2009 年中共中央组织部颁布了《地方党政领导班子和领导干部综合考核评价办法（试行）》（中组发〔2009〕13 号，以下简称《办法》），该《办法》进一步规定地方党政领导班子考核的实绩分析主要依据有关方面提供的经济发展、社会发展、可持续发展整体情况和民意调查结果等内容来分析地方党政领导班子和领导干部的工作思路、工作投入、工作成效等，同时明确指出对地方党政领导班子和领导干部进行实绩分析的内容必须包括节能减排与环境保护、生态建设与耕地等资源保护，以及民意调查经济社会发展满意度等。“绿色 GDP”成为“官场”新宠。2009 年《办法》中将民意调查满意度放在了必须进行实绩分析的内容中，很多地方在官员提升上实行环保一票否决制，起到了良好效果，有力地提升了环保部门在政府中的地位以及在人民群众中的形象，为环保部门顺畅地履行统一监管职责打下坚实基础。

（三）社会力量在环保部门履职风险防范机制构建中的地位与作用

风险防范机制的构建除了环保部门、人大及政府的参与外，还需要各种社会力量的介入，如社会组织、普通公众、各种社会传媒等。垂改后，环保部门将直接站在环保治理第一线，随着政府干预减少，环保部门也失去了政府协调和支持的屏障作用，直接处于矛盾中心，其职业风险也进一步加大，而社会力量的参与则可能扭转这一不利局面。

社会力量参与机制的构建主要表现在以下方面。

1. 通过各种传媒宣传普及环保知识，提高公众环保素质

公众环保素质的提高，有利于高质量地监督政府及有关部门（也包括环保部门）的环保工作，将监督的压力准确传递到有关分工负责部门，避免部门推诿而导致错过污染最佳监管治理期，导致严重环境污染事件的发生。

2. 传递环境信息，引导公众有序参与环保建设

2015 年 1 月 1 日，《企业事业单位环境信息公开办法》实施，环保部门负责指导、监督本行政区域内的企业事业单位环境信息公开工作，环保部门可以通过环境信息公开平台建设，抓住信息公开的主动权，依法建立重点排污单位目录，引导公众有序参与对环境保护的监督，提高环保部门监督效率，减少环保检查、执法压力，避免环境信息不畅而导致的环境群体性事件的发生，也减少环保暗箱操作、政府干预的可能，减少环保追责风险。

3. 发挥社会组织的作用，提升环保的社会影响力

环保社会组织有着良好的专业素质和较好的社会声誉，在我国已经具备了一定的社会影响力，新的《环境保护法》已经准许部分环保社会组织拥有提起公益诉讼的权力，虽仅限于民事诉讼方面，但已迈出一大步。环保社会组织利用他们的专业知识，不仅在政府决策上给予智力支持，在民间环保纠纷案件中也提供了不少专业帮助，甚至为他们进行专业代理，取得了一定效果，在社会上也取得了正面的广泛影响，提升了环保的社会影响力。环保部门可以多方面与环保社会组织接触，利用其技术专长，发挥其与公众沟通的桥梁作用，畅通与公众沟通的平台，增加与公众沟通的渠道，避免负面能量的累积与非常规途径的爆发（如环境群体性事件的发生、环境污染事件媒体的突然曝光等）。

二、环保部门自身尽职免责机制的构建设想

环保部门是风险防范机制构建的最主要参与人和受益人，机制构建是

否成功关键在于环保部门自身尽职免责机制是否能建立与完善。要想获得别人的信任和理解，首先要自身清白，做事过硬让别人无话可说。为此，环保部门首先要建立和完善自身的履责机制，做到自身清白过硬，责任到位，只有尽职才可能免责，也只有通过各种方式展示自己的尽职才可能规避工作中存在的各种风险。特别是垂改后，各级环保部门职责任务都有了新的调整，各种矛盾更加集中，一有不慎就会陷入风险之中，垂改后尽职免责机制的构建势在必行。尽职免责机制的构建主要从三个方面进行，首先要划清环保部门的职责范围，在职责范围划定之后再明确环保部门的尽职要求，在此基础上通过法定有效的方式公开确认免责条件，从而达到尽职免责的目的。

（一）划清环保部门的职责范围

要构建一个恰当的、范围合适的尽职免责机制，首先就要弄清楚环保部门有哪些环保职责。根据现有中央有关部门公布的垂改指导文件，垂改后，总体方面环保部门的职责范围并没有改变，仅在不同级别环保部门间进行了重新分配和调整，如省级环保部门对全省环保工作实施统一监督管理，在全省（自治区、直辖市）范围内统一规划建设环境监测网络，上收市（地）县级环保部门的监察权，对省级环境保护许可事项等进行执法。各级环保部门职责理论上侧重点可能会有所不同，权力的来源也会有所不同，如准县级环保部门的当地环境统一监督管理权很有可能将由法定权力来源转化为当地县级政府的委托，但范围上不会有太大变化。

垂改后，未按法定程序办理修改法律前，新法依然有效。根据新《环境保护法》（2015）的相关规定，环保部门作为政府环境保护主管部门，对环保工作实施统一监督管理，结合环境保护部华东环境保护督查中心副主任刘国才的论述，环保部门的职责主要有三个部分，一是参与综合决策，即环保部门参与到政府有关经济社会发展的综合决策中，其作用就是守住环境质量达标或不突破设定的环境质量目标底线；二是实施统一监督管理，即代表当地政府对环保工作实施统一监督管理，关键点就是要明确其他相关部门在其职责领域内有关环保工作的主体责任，责任分解到位后监督相

关部门严格履行环境职责；三是对工业企业环境行为进行监管，即对工业企业是否严格执行国家和地方环保法律法规及标准情况进行监督管理，其核心工作就是依法对工业企业进行环保许可、监管污染治理设施运行以及规范环境风险源企业的风险防范。①

具体来讲，垂改后，原县级环保部门转化为市（地）环保部门的派出机构（我们称之为准县级环保部门），由县级人民政府组成部门转化为市（地）环保部门派出机构。根据改革精神，县级人民政府不可能再重新设置类似环保机构，可以预知，有关环保的职责依然将由准县级环保部门来完成，即在县域内参与环境综合决策、环境统一监督管理的依然是准县级环保部门的职责范围。只是这些职责的来源由法定转变为县级政府的委托或政府内部规定。相比以往，垂改后准县级环保部门没有了环境行政审批的权力和环境行政监察的权力，换一个角度来看，准县级环保部门相比改革前少了行政审批与环境监察的责任。

对市（地）环保部门而言，除监察权被上收外，其他权力进一步扩充，可直接统筹规划指挥所辖区域内各准县级环保部门，享有市域内全部环境行政审批权，环境执法的统一指挥调配权。

对省级环保部门而言，它的职责范围在原有基础上也进行了拓宽，原由基层环保部门掌控的环境监测监察方面的权力被上收至省级环保部门。根据《指导意见》，省级环保部门对全省环境保护工作实施统一监督管理，在全省范围内统一规划建设环境监测网络，对省级环境保护许可事项等进行执法，对市县两级环境执法机构给予指导，对跨市相关纠纷及重大案件进行调查处理。省级环保部门职责范围进一步拓宽，但具体到什么程度也还需要有关部门落实改革方案前做进一步划定。

（二）明确环保部门的尽职要求

划清环保部门的职责范围后，紧接着就要明确环保部门的尽职要求。

---

① 刘国才．环保部门如何履职免责［N］．中国环境报，2014-11-17（002）．

根据法无授权不可为的原则，尽职要求应该紧密联系环保职责范围，既不能缩小也不能超越。首先，在综合决策方面，环保部门要根据行政单元经济社会发展和环境保护工作实际，综合各方因素，科学确定辖区环境质量达标或不突破设定环境质量目标的底线，在此基础上，会同有关部门根据国民经济和社会发展规划或国家环境保护规划的要求来编制本行政区域的环境保护规划，在政府环境保护规划以及政府经济社会发展各类规划编制和实施期间，环保部门要根据环境底线设计并实施好满足底线的规划工程，使规划工程充分保障规划期间政府经济社会发展行为不突破行政单元环境质量底线要求。环保部门可通过对开发利用规划环评为手段坚守行政单元区域环境质量底线，在此基础上服务于政府招商引资，促进当地经济向又好又快发展目标实现。在履行综合决策职责时，认为上级的决定或者命令有错误，在向上级（此处上级包括垂改后委托准县级环保部门从事综合决策的地方人民政府）提出改正或者撤销的意见后，上级不改变该决定或者命令的，根据《公务员法》规定的精神，应该认为环保部门已经履行完毕自己的职责，但应保留相关证据备查，如遇明显违法行为则须向有关部门汇报，避免追责。

其次，在统一监督管理方面，环境保护作为国家基本国策，内容繁杂，覆盖面极广。依照环保法律法规，环保部门是所在政府环保工作统一监督管理部门，对本级人民政府负有环境保护监督管理职责的有关部门在环境保护领域享有监督管理权。作为一项法定职权，环保部门要挺起腰杆，树立起统一监管的自信，采用科学的监管方法，真正承担起统一监管的责任。根据新《环境保护法》的法律授权，依托当前党委政府的重视，环保主管部门可以根据同级人民政府授权或委托，按照“政府统一领导、部门分工负责、属地化管理”原则，通过制定规范性文件或签订目标责任书等方式，落实网格化管理措施，将环境责任层层分解落实到下级［包括市、县、乡镇（街道）等］人民政府、开发区（工业园区）管委会及有关部门，明确各责任主体的具体负责人、职责任务和工作流程，并加强监督检查和考核评价。协调各有关部门明确各自主管范围内环保工作职责、目标，将环保

任务通过政府名义落实到本级相关部门头上，分工负责。

在明确相关部门职责基础上，可进一步建立政府环保工作目标责任制，环保部门通过统一监管手段来积极配合当地党委和政府对各相关部门环保职能建立奖惩考核机制，保障有关部门将环保工作落到实处。对未完成环境保护目标任务，或者发生重大、特大突发环境事件的，环保部门可以约谈下级地方人民政府及其相关部门负责人，要求说明情况，督促其依法履行职责并落实整改措施；针对严重违反环境法律、法规，对环境造成重大破坏或者造成重大社会影响的环境违法案件，环保部门可以提出明确要求，督促相关部门限期办理，并要求其向社会公开办理结果；对于环保工作统一监督管理，地方环保部门要勤于思考，积极实践，并总结经验、完善制度设计，加快使政府对环保工作重视的心动转变为支持环保工作机制建立、运行的行动，从而彻底摆脱环保工作部门之间难协调、统一监管难到位的不正常状况，也结束环保责任总是环保部门兜底的现实状况。[①]

最后，在监管工业企业方面，环保部门对工业企业环境监管主要做好三件事，一是开办企业的手续监管，依照《行政许可法》《环境影响评价法》《建设项目环境保护管理条例》和其他有关法律、法规，监督检查环境保护行政许可的执行情况，严格按照法律规范企业的环保验收和环评许可。二是对企业的运行过程进行监管，即依法对企业污染物的排放和处置进行监管，针对企业的日常排污和污染物的处置进行监管，一旦发现企业违法排污将严格依照法律进行处罚；依照《环境保护法》和其他有关法律、法规、规章和规范性文件，开展现场监督检查；依照《环境保护法》《行政强制法》和其他有关法律、法规，实施查封、扣押等行政强制措施；依照《环境保护法》《中华人民共和国环境保护税法》和其他有关法律、法规，征收环境税。三是对企业风险进行监管，环保部门通过依法排查程序，建立和完善辖区风险源企业名录，进一步规范辖区风险源企业编制环境风险预案，建立环境风险预案备案制度，环保部门要有针对性地对企业预案修订、

---

① 刘国才 . 环保部门如何履职免责［N］. 中国环境报，2014-11-17（002）.

论证、演练过程进行监管。此外，环保主管部门根据落实本行政区域的环境保护规划和大气、水、土壤等专项行动计划、重大活动环境质量保障方案等任务的需要，开展重大环境问题的统筹协调和监督执法检查。

在对工业企业进行监管时需要注意以下几个方面，首先，做好垂改具体方案，明确环保部门体系内部的职责范围分工。准确划分基层环保部门［包括准县级环保部门与市（地）环保部门，以下同）］与省级环保部门直管的环境监测执法机构之间对工业企业环境行为进行监管的程度、范围和方式，避免基层环保部门与省管环境执法机构产生执法责任重合问题，从而引发执法矛盾，这也是建立尽职免责机制的首要前提。

其次，无论是基层环保部门权限内执法还是省级环保部门直辖下的环境监察执法，都要有意识提高环境执法工作的计划性。特别是针对基层环保部门执法，由于当前环保执法人员保障严重不足（前面已有论述，不再赘述），而承担日益繁重的执法任务已力不从心，面对这一现实问题，《环境监察办法》第十八条给出了一个解决办法，该条规定环境监察机构应当根据本行政区域环境保护工作任务、污染源数量、类型、管理权限等，制订环境监察工作年度计划。同时，环保部门还要积极向公安、安全生产、消防等部门学习他们好的监管理念，依据监管能力实际来确定抽查数量和频次并融入执法计划之中。将环保由无限责任导向型监管向基于实际能力导向型监管转变，真正做到用公正、客观、可行的方式来评判环保执法是否存在渎职失职行为。

再次，基层环保部门和省属监察机构还要痕迹化执法。这就要求现场检查有记录，执法文书要规范，移送材料要及时和全面并有据备查。现实执法中要做到每一次任务都应当认真填写《现场检查记录表》并要求当事人签字确认，现场检查发现环境违法问题，要严格按照环保部要求，规范制作各类执法文书，文书内容要符合法定要求。对于需要移送公安机关或检察机关的案件，则需要做好文书的交接工作，及时移交并留痕备查，为失职问责，尽职免责提供最有力的证据。①

① 韩凯．环境执法人员如何尽职免责？［N］．中国环境报，2014-07-28（002）．

最后，环保部门要及时向社会公开相关环境信息。企业相关环境信息的公开有利于发挥社会公众的力量，完成环保部门的法定义务，公众监督可以提高环保的监管效率，减少政府干预环保工作的可能。

（三）公开确认环保部门的免责条件

根据责权利一致原则，环保部门在职责范围内达到尽职要求就应该免责或至少应该减责，即尽职就是免责（或减责）的条件。具体来讲，在综合决策方面，环保部门只要在其专业范围内会同有关部门做出了科学的环境保护规划，并对政府招商引资、经济社会发展规划建言献策中强调这一规划并在环评中执行该规划即算尽职。现实中在履行综合决策职责时，上级的决定或者命令错误时，环保部门应该向上级提出改正或者撤销的意见，如果上级不改变该决定或者命令，根据《公务员法》规定的精神，应该认为环保部门已经履行完毕自己的职责，如发生严重后果应该免责，但应保留相关证据备查，如遇明显违法行为则须向有关部门汇报，避免追责。

在统一监督管理方面，环保主管部门依照法律法规和本级人民政府规定（包括委托或授权）对本行政区域环境保护工作实施统一监督管理，按照“政府统一领导、部门分工负责、属地化管理”的原则，通过制定规范性文件或签订目标责任书等方式，落实网格化管理措施，将环境责任层层分解落实到下级［包括市、县、乡镇（街道）等］人民政府、开发区（工业园区）管委会及有关同级政府职能部门，明确各责任主体的具体负责人、职责任务和工作流程，并加强监督检查和考核评价。对职能部门存在交叉的环保专项工作，要依据职责及工作特点，以有利于环保工作推进来合理划分环保监管任务，达到环保履职边界清楚，责任划分清晰，做到各自责任各自承担，具体责任由分工负责单位承担，统一监管责任由环保部门承担，对未完成环境保护目标任务，或者发生重特大突发环境事件的，省级环保部门要约谈下级地方人民政府及其相关部门负责人，要求解释相关情况，督促其依法履行职责，严格落实整改措施；对违反环境法，严重污染环境或者造成重大社会影响的环境违法案件，环保部门要提出明确要求，督促有关部门限期办理，办理结果向社会公开。环保部门如果落实了上述统一监管责任，应该尽职免责。

在监管工业企业方面，监管工业企业是环保部门的核心职责，也是被追责的高风险领域，大部分环保追责是在企业监管方面针对环保部门进行追责。在此领域，环保相关职能部门尽职主要体现在检查尽职、处理尽职、后督察尽职、报告尽职、移送尽职这五个方面。首先，环保相关职能部门应当按照法律、法规、规章等规范性文件以及环境执法年度计划规定的检查对象、时间、事项、程序等，对排放污染物的企业事业单位和其他生产经营者进行现场检查；对群众举报投诉的属于环境保护主管部门职责范围的环境违法问题依法受理后，应当按照有关规定组织现场检查，即检查尽职。

其次，环保相关职能部门在执法检查中，发现企业事业单位和其他生产经营者存在环境保护违法行为的，应当依照《中华人民共和国环境保护法》《中华人民共和国行政处罚法》《环境行政处罚办法》《环境保护主管部门实施按日连续处罚办法》《环境保护主管部门实施限制生产、停产整治办法》等规定采取当场予以纠正，责令限期改正，责令停止建设，必要时可以责令恢复原状，罚款，责令采取限制生产，停产整治等合适处罚措施。执法检查中一旦发现企事业单位和其他生产经营者违反法律法规排放污染物，造成或者可能造成严重污染的，环境保护主管部门可以按照《中华人民共和国环境保护法》《环境保护主管部门实施查封、扣押办法》的规定查封、扣押造成污染物排放的设施、设备。此为发现环境违法行为的处理尽职。

再次，环保主管部门对有重大影响或者造成严重污染的环境违法案件，应当按照《环境行政执法后督察办法》的相关规定，通过制定后督察工作方案，对环境行政处罚、行政命令等行政行为的执行情况进行后督察。此外，一旦发现企事业单位和其他生产经营者超过污染物排放标准，或者超过重点污染物排放总量控制指标排放污染物且情节严重的，环保主管部门应当报经有批准权的人民政府批准，对其责令停业、关闭。对发现的依法应由有关地方人民政府处理的环境问题，或者因产业布局、城镇规划等原因导

致的环境风险，环保部门应当及时向所在地方人民政府报告。此为报告尽职。

最后，企业事业单位和其他生产经营者拒不执行行政处罚决定的，做出行政处罚决定的环境保护主管部门可以依法申请人民法院强制执行；对涉嫌环境违法可进行行政拘留和涉嫌环境污染犯罪应追究刑事责任的，环境保护主管部门应当及时将案件移送公安机关；对发现的应由其他有关部门处理的环境问题，环保部门应做到及时向有关部门通报移送。此为移送尽职。在监管工业企业方面做到了上述五个尽职环保部门基本可以免责。

结合上面对于环保部门免责（或减责）条件的论述，对于实践中环保部门免责的情形可归纳如下：被监管对象采取隐瞒事实、弄虚作假等手段规避监管，导致客观不能发现和纠正环境违法行为的；能够证明确有上级领导对污染事故负有直接责任的，且事前已向上级提出改正意见的，但上级行为明显违法的除外；前置行政行为不当导致恶劣后果的；环保部门严格按法律程序办理案件过程中发生事故的；环境影响评价机构、环境监测机构以及从事环境监测设备和防治污染设施维护、运营的机构在有关环境服务活动中弄虚作假，导致环保部门违法、不当履行或未履行职责的；被监管单位拒不执行整改要求造成恶劣后果的，或被监管单位在整改期间发生事故的；被监管单位关闭淘汰后擅自恢复生产造成事故的；有关法规、标准、规范等执法依据缺乏、规定不一致或不具备实施条件的；因不可抗力造成事故的。①

环保部门风险防范机制的构建需要各方各部门的积极配合，缺少任何一环都将有损于机制的完善，特别是环保工作主体责任的确定需要政府和环保部门的协调统一，但凡环保工作做得好的地方，无一不是各项工作机制建立运行良好的地方。环保部门要勇于实践、善于总结，在统一部门认识前提下尽快做好尽职免责的机制设计，在征询各方意见的前提下取得各方的支持和理解，尽快制定出台《环境监管履职尽责规定》，首先从部门规章的层面公开确认尽职免责条件，为环保工作尽职免责在国家层面上的

---

① 免责情形参考了岳跃国．尽职应当免责［J］．环境经济，2014（6）：20.

法律化打下基础。

中央政府层面要做好有关部门环境责任清单的梳理工作，将责任清单内容体现在各部门的三定方案中，让三定方案体现出具体的、量化的、约束性的环境主体责任，明确分工负责范围，并且逐步通过立法等形式（可以是行政法规）将各部门环保工作主体责任在国家层面予以明确、固定。中央通过对地方经验的总结，构建机制建立、运行的顶层设计，确保环保工作机制的建立和运行情况将成为上级政府对下级政府环保工作考核的重要内容，从根本上解决环保工作机制不畅问题，减少环保主体间责任的推诿与误伤。

第六章　环保部门职责履行之体制分析与完善

第一节　环保部门政府内部角色定位分析

一、环保部门与当地政府之关系

在我国，国务院环境保护主管部门为生态环境部，县级以上地方政府环境保护主管部门为环境保护厅（简称环保厅）或环境保护局（简称环保局），学术交流中习惯将环境保护主管部门称为环保部门，为方便交流，下文均以环保部门代之。根据百度百科资料，环保部门隶属于政府职能部门，即为政府所属工作部门。根据《地方各级人民代表大会和地方各级人民政府组织法（1995 年）》第六十四条和第五十九条规定，地方各级人民政府根据工作需要和精干原则，设立必要的工作部门，地方政府领导所属各工作部门的工作，改变或者撤销所属各工作部门的不适当命令和指示，依照法律规定任免、培训、考核和奖惩国家行政机关工作人员。该法第六十六条还规定，人民政府各工作部门受人民政府统一领导，依照相关法规受上级人民政府主管部门的业务指导或者领导。由于环保部门并非垂直管理部门，其上级主管部门只能对其业务进行指导，而领导者还是当地政府。现实体现就是地方环保部门按长（县长、市长的指示）办事，而非按章办事，这也是地方环保部门执法为什么一直受到地方政府制约的根本原因。①

环保部门作为政府用以实现社会环境保护的公共利益发展目标而设立的工作部门，迎合了社会发展的潮流，虽然其工作效果受到很多因素制约，但社会各界依然对其寄予厚望并给予各方面的支持。首先，政府对于环保主管部门由上而下的大力支持。自 1973 年第一次全国环境保护会议后各级政府开始逐步建立了环保管理机构，这一时期多为临时机构。1982 年，正式成立城乡建设环境保护部，下设环境保护局。到 1988 年国家环保局从部委归口管理的部门中独立升格为副部级的国务院直属局，1998 年再次升格为正部级的国家环境保护总局，2008 年国家环境保护总局改名为国家环境保护部，2018 年国务院整合环境保护部的职责，组建生态环境部，从国务院直属机构演变成为国务院的组成部门，环保部门从无到有，到地位的不断提升体现了政府对于环保工作的极度重视，同时对环保部门也寄予了厚望，希望通过对环保部门的大力建设提升政府对于环保工作的管理水平，满足人们对于美好环境的需求，也迎合了人们重视环境保护的呼声。其次，从法律层面给予环保部门大力支持。早在 1973 年，即在 1972 年斯德哥尔摩的联合国人权环境会议后，当时国务院就通过了环境保护法的雏形——《关于保护和改善环境的若干规定》，也开始有了类似环境保护领导小组办公室性质的临时环保机构。紧接着在 1979 年颁布了《环境保护法（试行）》，试行十年后正式颁布实施。1979 年在我国的法治历程中是一个比较早的年份，可以说当时还处于法制的垦荒期，包括《国务院组织法》（1982）、《地方各级人民代表大会和地方人民政府组织法》（1982）都未颁布实施，甚至我们今天一直沿用的《宪法》也是 1982 年才颁布实施。在很多基本法律制度都未建立的前提下，我们的先辈首先建立起了环境保

① 胡静．环保法缺少对地方政府规制［DB/OL］.http：//news.sina.com.cn/pl/2013-01-20/214826079605_3.shtml，2013-01-20/2015-11-04.

护法律制度，可以看出前人对于环境保护是全力支持的，甚至不惜以法律的形式对这种态度加以固定，将对环保工作的支持融入法律制度之中，同时也展现出环保工作长久以来都拥有良好的公众基础，不仅仅有政府的支持，还有最广大公众的支持。2015 年 1 月 1 日，新的《环境保护法》实施，给予环保部门更多的法律职权，这些职权是法律赋予环保部门的，是环保部门的法定权力，其实施不依赖于当地政府的意志，这既是法治的应有之意，也是对公众意志的尊重。如环保部门根据环保法规定可实施现场检查，拥有查封、扣押造成污染物排放的设施、设备的权力，这些权力的实施即使是作为领导者的地方政府也无权干涉。地方政府作为环保部门的领导者，其领导地位应该体现在法律规定模糊的地方，特别是部门之间职责模糊地带的界定上，只有在这些领域才真正需要政府来展示其领导者的风范，否则政府就有违规越权的嫌疑。

二、环保部门与其他负有环保监管职责部门之关系

环境保护是一个全面而复杂的综合工程，几乎涵盖了社会的各个领域，涉及社会管理的方方面面，除了环保部门外，还有其他很多部门都或多或少地承担有环保监督管理的职责。如建设部门、公安部门、农业部门、水利部门、工信部门、规划部门等都在各自主管业务内承担部分的环保监管职责。如此一来，就存在一个环保部门与其他部门在环保监管上的职责交叉问题，若想处理好这个问题，就必须搞清楚他们之间的关系。

关于环保部门与其他负有环保监管职责部门之间的关系，在地方政府组织法中并没有明确答案，但可以推测出的是二者都是地方政府的工作部门，都是为了满足地方政府工作需要而设置，在行政级别上他们之间应该是平级的部门关系。随着规范政府环保工作的环保法的颁布实施，二者之关系才有了进一步明确。在 1979 年《环境保护法（试行）》中的第四章专章规定了环境保护机构和职责，规定国务院设立环境保护机构，省、自治区、直辖市人民政府设立环境保护局，市、自治州、县、自治县人民政

府根据需要设立环境保护机构。地方各级环境保护机构的主要职责有检查督促所辖地区内各部门、各单位执行国家保护环境的方针、政策和法律、法令；会同有关部门制定本地区环境保护长远规划和年度计划，并督促实施；会同有关部门组织本地区环境科学研究和环境教育等。此外，还规定国务院和地方各级人民政府的有关部门，大、中型企业和有关事业单位可根据需要设立环境保护机构，分别负责本系统、本部门、本单位的环境保护工作。在1979年的《环境保护法》中，并没有出现环境保护机关，更没有环境保护主管部门字样，与之功能最接近的为人民政府设立的环境保护机构，当时鼓励和提倡地方各级人民政府的有关部门，大、中型企业和有关事业单位设立环境保护机构来负责本系统、本部门、本单位的环境保护工作。这个阶段几乎所有环保事务都由各单位内部环保机构完成，地方政府所设环保机构在其中作用主要为一个协调和沟通平台，并代表政府检查督促各有关部门执行国家的环保方针、政策和法规。在试行环保法中，环保部门还不是一个独立的部门，特别是在地方市、自治州、县、自治县人民政府还可根据需要自主决定是否设立环境保护机构，可看出环保部门（当时为环保机构）与其他部门相比明显处于弱势，在环保事务的管理上并没有多少实质性的权力，几乎处于一种可有可无的地位。环保职责主要放在国务院和所属各部门、地方各级人民政府身上，这点在该法第五条规定有明确体现。

到1989年《环境保护法》正式实施，在第七条规定国务院环境保护行政主管部门对全国环境保护工作实施统一监督管理；县级以上地方人民政府环境保护行政主管部门对本辖区的环境保护工作实施统一监督管理。该条规定奠定了环保部门与其他部门在环保监管业务方面的基本关系，那就是统一监管与部门监管的关系。县级以上人民政府的土地、矿产、林业、农业、水利行政主管部门在其主管业务内都或多或少牵涉环境保护方面的内容，出于对管理的便利和成效，法律规定其对某些资源的保护实施监督管理，承担部分环保监管职责。此外，国家海洋行政主管部门、港务监督、渔政渔港监督、军队环境保护部门和各级公安、交通、铁道、民航管理部

门，也依照有关法律规定对环境污染防治实施监督管理。政府将主要环保职责转交给环保部门，在这些环保事务上，环保部门履行政府统一监督（此时已上升为法律规定，不仅仅是政府委托）管理责任，包括对政府其他部门履行环境监管责任的监管。政府对环保部门承担领导责任，对所辖地区环境质量负责。在1989年的《环境保护法》中虽然规定环保部门对环保工作实施统一监督管理，但对统一监督管理的方式和方法并没有进一步地深入规定。

2015年1月1日，新的《环境保护法》正式实施，新法在1989年《环境保护法》的基础上加大了对政府的问责力度，并继续保留了环保部门作为环保工作统一监管部门的地位，同时也给予环保部门更大的职务权限。但遗憾的是，该法依然没有对统一监督管理的方式、方法和内容进行明确规定。根据新法规速递软件查询得知，截至2013年，由全国人大及其常委会颁布并在施行的法律有14部，内容包含有统一监督管理字样。除去和环保相关的法律后还剩7部。主要有《测绘法》《传染病防治法（1989）》[①]《海上交通安全法》《计量法》《建筑法》《民用航空法》《证券法》。其中只有《测绘法》和《传染病防治法（1989）》中涉及县级以上地方政府相关部门拥有统一监督管理职能，其他只有国务院相关部门（或机构）拥有统一监督管理的职能。在环保相关的法律中只有《放射性污染防治法》《海洋环境保护法》中没有明确提出县级以上地方政府环保部门拥有统一监督管理职能，该职能只有国务院原环保部拥有。从统一监督管理职能并非所有县级以上地方政府相关部门都拥有这一事实至少可以说明以下两点，第一，统一监督管理和一般监督管理是有区别的，否则不会在法律中加以特别注明，甚至在不同法律中刻意将中央部门与地方部门进行区别对待。第二，从拥有统一监督管理职能的部门（或机构）分析，上述法律中中央一级部门（或者机构）都拥有统一监督职能，地方部门则不一定全部拥有，

① 该法在2004年进行了修订，2013年对部分内容作出了修改，《传染病防治法》在2004年的修订版中将“统一监督管理”内容进行了删除。

说明统一监督管理职能比一般监督管理职能更具有全局性和权威性。当然，从法律内容看，14 部法律规定有统一监督管理职责内容，其中 7 部涉及环保领域，5 部涉及地方政府环保部门，可看出立法者对于环保以及地方环保部门作用的重视。在重视之余遗憾的是这些法律绝大部分都未曾就统一监督管理与一般监督管理进行实质性的划分，作为部门职责划分的难点，这也为日后环保工作部门之间扯皮落下伏笔。本人通过考察上述有关统一监督管理方面的法律，意外发现已失效的 1989 年实施的《传染病防治法》中对统一监督管理做出了一些比较有新意的规定，有所启发，现就此做一共享。该法共有七章，分别为总则、预防、疫情的报告和公布、控制、监督、法律责任、附则等。该法在第一章总则部分规定了各级政府卫生行政部门对传染病防治工作实施统一监督管理。[①] 并在第五章监督使用了三个法条来对卫生行政部门的监督管理权进行界定，并就行使的方式进行了规定。[②]

规定卫生行政部门可以对传染病的预防、治疗、监测、控制和疫情

① 《传染病防治法》（1989）第五条规定："各级政府卫生行政部门对传染病防治工作实施统一监督管理。各级各类卫生防疫机构按照专业分工承担责任范围内的传染病监测管理工作。各级各类医疗保健机构承担责任范围内的传染病防治管理任务，并接受有关卫生防疫机构的业务指导。军队的传染病防治工作，依照本法和国家有关规定办理，由中国人民解放军卫生主管部门实施监督管理。"

② 《传染病防治法》（1989）第五章监督的内容如下：

第三十二条 各级政府卫生行政部门对传染病防治工作行使下列监督管理职权：

（一）对传染病的预防、治疗、监测、控制和疫情管理措施进行监督、检查；

（二）责令被检查单位或者个人限期改进传染病防治管理工作；

（三）依照本法规定，对违反本法的行为给予行政处罚。

国务院卫生行政部门可以委托其他有关部门卫生主管机构，在本系统内行使前款所列职权。

第三十三条 各级政府卫生行政部门和受国务院卫生行政部门委托的其他有关部门卫生主管机构以及各级各类卫生防疫机构内设立传染病管理监督员，执行卫生行政部门或者其他有关部门卫生主管机构交付的传染病监督管理任务。传染病管理监督员由合格的卫生专业人员担任，由省级以上政府卫生行政部门聘任并发给证件。

第三十四条 各级各类医疗保健机构设立传染病管理检查员，负责检查本单位及责任地段的传染病防治管理工作，并向有关卫生防疫机构报告检查结果。传染病管理检查员由县级以上地方政府卫生行政部门批准并发给证件。

管理措施进行监督、检查；可责令被检查单位或者个人限期改进传染病防治管理工作。如果检查单位或相对人违反该法规定的可给予行政处罚。并在卫生行政部门及卫生防疫机构设立传染病管理监督员，在各级各类医疗保健机构设立传染病管理检查员，通过这些具体措施来完善和实施地方卫生行政部门的统一监督管理职责。环保部门针对环保工作具有统一监督管理的职责，这一职责的明确可以借鉴卫生行政部门关于类似统一监管职责的规定，用独立的法条就这一监管责任的范围进行明确规定，具体来讲，其职责内容应该是对其他部门（或单位）环保工作内容的指导、监督和检查，避免涉入具体环保工作而与其他负有具体环保职责的部门（或单位）产生工作交叉而导致责任相互推诿，特别是针对负有环保监督责任的其他政府部门。对于检查后未达到要求者可要求限期整改，甚至给予一定处罚，该处罚可以是给予其上级部门或者监察部门处分的一种建议。在具体实施中可以参照该法建立环境管理监督员制度，建立一支环境管理监督员队伍对各单位，特别是政府其他负有环境监管职责的部门是否履行其环境职责进行监督，监督结果可以作为政府考核该部门领导人是否完成环境保护目标的重要参考，是对其考核评价的重要依据。当然，这些工作成果也是作为环保部门在履行一般监管责任的同时是否履行其统一监管职责的判断依据，也是环保目标考核的一项重要内容。

三、上级环保部门与下级政府之关系

在1989年实施的《环境保护法》中上级环保部门与下级人民政府之间关系并没有被明确提出，仅笼统表示地方各级人民政府应当对本辖区的环境质量负责，县级以上地方人民政府环境保护行政主管部门，对本辖区的环境保护工作实施统一监督管理，环境保护监督管理人员滥用职权、玩忽职守、徇私舞弊的，由其所在单位或者上级主管机关给予行政处分，若构成犯罪的依法追究刑事责任。在整部法律中看不到上级环保部门与下级人民政府之间的直接联系，实践中上级环保部门只能单向指导下级环保部门工作，而下级环保部门的直接领导者为当地政府，当二者指令发生矛盾时，当地环保部门往往不知所措，莫衷一是。最新的《环境保护法》（2015）基本上解决了这一问题，新的环保法第六十七条规定："上级人民政府及其环境保护主管部门应当加强对下级人民政府及其有关部门环境保护工作的监督。发现有关工作人员有违法行为，依法应当给予处分的，应当向其任免机关或者监察机关提出处分建议。依法应当给予行政处罚，而有关环境保护主管部门不给予行政处罚的，上级人民政府环境保护主管部门可以直接做出行政处罚的决定。"从这条可以得出，无论上级人民政府还是上级环保部门都可以对下级人民政府在环保领域的工作进行监督，而且作为一项职责，应该加强不能推卸。对上级环保部门而言，如发现地方政府人员有违法行为的，可以向其任免机关或者监察机关提出处分建议。有了新环保法的第六十七条，可以明确得出，上级环保部门与下级人民政府（包括更下级人民政府）在环保工作领域内是监督与被监督的关系。如发现下级人民政府在环保领域对下级环保部门发出错误指令时，上级环保部门可以要求其改正，甚至向其任免机关或者监察机关提出处分建议。

第二节　完善中国环保部门职责履行机制的建议

如何通过保障机制、监督机制、激励机制和风险防范机制的建设来形成和完善环保部门履行环境法律责任机制是本书的最重要任务，上面各章已就环保部门环境法律责任履行机制的各组成机制进行了具体分析并提出了具体意见和建议，现就环保部门履行环境法律责任机制方面谈下个人看法和建议。

一、准确定位环保部门在政府中的角色

通过本章前一节的分析，环保部门虽作为政府的一般工作部门，但与其他一般部门相比具有其独特之处，或者说因为环境问题的普遍性和重要性，立法部门赋予其更重要的地位与作用，其在政府中的角色地位已远

远超出一般普通工作部门。首先，作为环保领域的基本法——《环境保护法》第十条明确规定县级以上地方人民政府环保部门对本行政区域环境保护工作实施统一监督管理。这在其他领域中是极其少见的，在现有有效法律中仅有《测绘法》有此类规定，足见立法者对于环保部门的重视，政府其他负有环境监管职责的部门受其统一监管，环保部门在政府中扮演的角色可见一斑。其次，法律明确规定上级环保部门可以对下级人民政府环境保护工作进行监督。上级环保机关一旦发现下级政府有关工作人员有违法行为，可以向其任免机关或者监察机关提出处分建议。上级业务部门可以直接监督下级政府这一管理模式通过法律的形式明确的并不多见，从这点来看，新的环保法吸收了美国相对集中的环境监督管理体制经验①，将联邦环保局保有对环境保护执行不力或对环保计划不配合的州实施惩罚的权力模式进行了中国式移植。从这里也可以看出立法者对于环保机关职能的看重和重大期望，其部门角色重要性已对下级地方政府产生实质性影响。最后，环保部门作为政府工作部门一直受到自上而下的重视。自 20 世纪 70 年代以来，在党和政府的大力支持下，我国环保机构从无到有，从临时机构到正式机构，在整个环保事业上紧随世界先进国家，特别是从 80 年代后期，在将近二十年时间内，环保部门从部委归口管理的部门中独立为国务院直属局，随后又升格为环境保护总局，再随后转为国务院组成部门而改名为环境保护部，直至最近整合为生态环境部，在三十年内环保部门实现了“四级跳”，足见中央政府对于环保工作的重视，客观上也巩固和夯实了环保部门在政府中的地位。

虽然法律规定环保部门在政府部门中的特殊地位，但现实中环保事务相关方往往对此认识不到位，对环保部门在政府中的角色不能准确定位，

---

① 美国的环境监管体系由环保局、国会和司法系统组成，其中环保局代表联邦政府统一行使环境监管的职责，美国环保局与州环保机构共同行使环境保护监督管理权，这其中大多数联邦法规都授权联邦环保局把实施和执行法律的权力委托给经审查合格的州环保机构，但联邦环保局仍有权力对环境保护执行不力或对环保计划不配合的州实施惩罚。参见刘慧卿．国外环境监管机制及其对我国的借鉴［J］．环境保护，2014（13）：31.

影响了环保部门法定职能的发挥，对环保机关顺利履行环境法律责任造成困难。为此，完善环保部门履行环境法律责任机制首先需要各方准确定位环保部门在政府中的角色地位。对于环保部门的角色定位需要政府、其他负有环保监管职责的部门、社会公众以及环保部门本身参与其中，承担起自身应尽的法律和社会责任。

（一）各级政府

对于环保部门在政府部门中的角色定位最关键的还在于各级政府本身，无论环保部门角色如何特殊，其并非像国税系统一样采取垂直领导，最终都是政府隶属职能部门，受当地政府直接领导，环保部门环保领域统一监管职能的发挥在很多方面仍然依赖于当地政府的支持和配合。特别在环保部门对于政府其他负有环保监管责任部门的监管上，如果没有政府的支持将很难监管到位。此外，环保事务并不单纯和孤立，涉及社会生活方方面面，与各行各业都有紧密联系，为了环保工作取得预期效果，环保职责在各个部门间的划分就显得尤为重要，现有法律法规对于环保职责已有了一定划分，但随着环保工作的深入开展，各种新情况、新问题的不断产生，政府有必要对这些发展中出现的问题及时跟进，将环保职责在各部门间划分清楚，突出环保机关的统一监管地位，明确其他部门在环保事务上的主管责任，将其他部门业务范围内的具体环境监管责任明确到位，责任到人。根据环境保护目标责任制和考核评价制度，县级以上人民政府应当将环境保护目标完成情况纳入对本级人民政府负有环境保护监督管理职责的部门及其负责人的考核内容，作为对其考核评价的重要依据，其考核结果向社会公开，在此过程中，对环保部门考核评价除了对于环境污染治理的一般监管责任外还应重点考察其负有的对其他部门的统一监管责任。政府在对除环保部门外其他负有环境保护监督管理职责的部门及其负责人考评时，要给予环保部门充分的话语权，从而彰显其环保工作统一监管职责，树立其环保领域政府特别委托人的权威。本人在课题调研中也发现，环保工作做得好的地区，往往当地政

府都能够协调好环保部门与其他部门的关系，重视环保部门的统一监管作用。

作为政府的隶属职能部门，环保部门拥有众多的法定职责，这些法定职权的取得是立法者直接授予各级环保部门的，其无须通过政府的授权，对于这些职权的行使政府应严禁干涉，避免违法，下级政府要尊重上级环保部门对其监督的权力，最终将环保工作纳入法治的轨道。

（二）其他负有环保监管职责的部门

在政府部门中，除了环保部门外，土地、矿产、林业、农业、水利行政主管部门，以及国家海洋行政主管部门、港务监督、渔政渔港监督、军队环境保护部门和各级公安、交通、铁道、民航管理部门都在其主管领域内对环境保护工作负有具体的监督管理责任，这些专业领域内环保责任的具体履行是由其业务主管部门完成的，但这些工作完成的效果应该接受环保部门的监督，这也是环保部门统一监管的具体体现。在环保领域，其他部门应该严格遵守法律法规，深刻领会法律精神，履行自身应该承担的环保监管职责，不推诿、不拖拉，在规定未明确领域自觉向环保部门请示汇报，接受环保部门的指导监督，认可和接受环保部门在环保领域作为法定统一监管部门的权威，这一权威的确立也需要当地政府的支持与配合，在行政上确认和加强环保部门在环境领域政府代理人的角色，这在上一部分已有论述，不过多阐述。

（三）社会公众

社会公众既是环保工作的最终受益者，也是环保工作的最坚定支持者。社会公众对于环保部门的准确定位有利于环保部门工作的顺利开展，对环保工作的监督和问责也能准确到位，避免部门间的推诿扯皮。要通过教育行政部门、学校、新闻媒体，以及基层群众性自治组织、社会组织、环境保护志愿者开展环境保护法律法规和环境保护知识的宣传，将法律法规对环保部门的角色定位传递给最广大的公众，让公众明白和理解环保部门有哪些权力和责任，哪些权力是政府的，哪些权力又是其他政府部门的。如对污染企业进行停产、关闭的处罚只有对辖区环境质量负责的政府才有权进行；环保部门以外其他负有环境保护监督管理职责的部门也有依法公开相关环境信息的义务（很多信息可能只有他们有，所以要求环保部门公布所有环境信息是不现实的）、有现场检查、查封和扣押的权力，怠于行使其职权也要受到法律的制裁。公众对于这些信息的准确掌握有利于环境污染举报和投诉的准确进行，避免部门间不必要的内耗，加强公众监督的精确性,将监督压力准确传达给有效部门,也避免环境责任追究的“误伤无辜”，客观上也倒逼政府理顺监管关系，加大环境监管力度。同时，公众对环保部门角色的准确认知，客观上提升了环保部门的行业监管自信，也让环保部门从一些日常琐碎的管理事务中解放出来，集中精力做好统一监管工作，特别是对于其他负有环保监管职责部门负责的环保工作、人民群众反映强烈但一直得不到解决的问题进行监管,做到重点突出，有的放矢。

（四）环保部门

在《环境保护法》中，立法者给予了环保部门优先的地位和充分的权力，而其效果却并不见好，其中最大的问题就在于环保部门缺乏足够的自信，动辄将自身划归于政府部门弱势群体、政坛“新人”，而不能够准确地定位自己的角色，导致不仅不敢主动争取自身权力，甚至怯于行使法定的环保统一监管职权，更别说监督下级人民政府。幸好，原中央环保部为各级环保部门做出了一个榜样，截至 2015 年 10 月 7 日，原环保部已经约谈了 25 个城市或者单位，其中地级市 15 个，省会城市 5 个，约谈市长 13 名、副市长 1 名。[①] 市长被原环保部约谈是一个积极信号，也是新环保法第六十七条中对于上级环保部门应该加强对下级人民政府环境保护工作监

① 佚名 .20 城市被环保部约谈 市长们亲自到场表态［DB/OL］.http：//news.21cn.com/hot/cn/a/2015/1007/06/30122552.shtml，2015-10-07/2015-11-04.

督的具体实施[①]，可以预见的是，在不久的将来，不仅生态环境部可以约谈市长，环保厅等地方环保部门也能约谈市长、县长、乡长。

二、建立和完善履行机制之各组成机制

环保部门履行环境法律责任机制主要由保障机制、监督机制、激励机制和风险防范机制组成，他们为环保部门顺利履行环境法律责任提供激励、保障、监督和风险防范方面的功能，每一功能对于环保部门来讲都缺一不可，将直接影响法律责任履行机制整体功能的发挥。要完善我国环保部门履行环境法律责任机制就必须先对该机制的组成机制进行建立和完善，对于各组成机制的建立与完善可参见本人前面论述，在此不做赘述，现仅就各组成机制在履行机制中的作用和地位谈一下个人看法。

（一）重视保障机制的基础性地位

根据马克思主义的观点，“物质决定意识，经济基础决定上层建筑”。在物质基础决定上层建筑的社会现实中，保障机制在法律责任履行机制中处于基础性的地位，是履行法律责任的基础。当然，此处保障机制不仅包括给予环保部门以物质保障，还包括给予其权力保障。保障机制的基础性地位主要体现在以下几个方面。

首先，物质保障是环保职责履行的前提。没有物质保障作为基础，环保监测、环保执法都无法顺利开展，于国于民都有利的环保工程也无法组织实施。其次，权力保障是责任履行的前提。权责一致是法律的基本原则，权是责的基础，无权则无责。要想环保部门承担环境法律责任就必须赋予其必要的职权。最后，保障机制也是其他组成机制发挥作用的前提条件。激励机制作用的发挥直接依赖于保障机制的充分和健全；监督机制整个过

---

① 《环境保护法》第六十七条：“上级人民政府及其环境保护主管部门应当加强对下级人民政府及其有关部门环境保护工作的监督。发现有关工作人员有违法行为，依法应当给予处分的，应当向其任免机关或者监察机关提出处分建议。依法应当给予行政处罚，而有关环境保护主管部门不给予行政处罚的，上级人民政府环境保护主管部门可以直接做出行政处罚的决定。”

程都需要有足够的物质保障，如对群众的宣传教育、对公众监督举报的奖励、对环境信息的公布，以及整个监督机制运转都需要经费来支撑；风险防范机制亦是如此，机制的建立与运行也需要物质保障来支撑。

（二）发挥激励机制与风险防范机制的提升效果

风险防范机制在本质上也属激励机制中的一种，其主要作用在于充分释放环保部门的内在动力，通过避免“无辜追责”而充分发挥其对工作的主观能动性，敢于主动积极地参与工作。并在激励机制的作用下，推动环保部门大胆而积极地从事环保工作，不用看眼色，也无后顾之忧。只要本职工作干好了，都有奖励。激励机制对环保工作绩效的提升具有重要作用。

（三）巩固监督机制的最后屏障作用

监督机制是责任履行机制的安全阀，起到最后屏障作用。一旦环保部门工作出现问题，无论在哪个环节发生，只要监督机制还正常运转，这个问题就能够在一个小的范围内被有效控制，否则，将给国家和人民造成巨大损失和无法挽回的严重后果。此外，监督机制的正常运转，还有助于环保部门推动建立自身的风险防范机制，通过倒逼政府提升环保部门的地位，划清部门责任界限，还权于环保部门，使环保部门获得公正对待。

三、完善立法机制、增强环保部门环境法律责任规定的有效性和可操作性

要求环保部门严格履行环境法律责任，前提是首先要有具体可操作的法律责任规范。但现实是我国在这块做得并不是很好，还存在诸如法律制定上的部门利益问题、党政不同责问题，以及立法者思想认识不到位等问题，这就要求我们在环保立法源头上把关，将环保部门环境法律责任规范好，提高其有效性和可操作性，便于其实施。具体措施如下。

（一）建立和完善超越部门利益的立法启动和起草体制

在我国，一般法律的制定往往是由相关部门提出并由其起草，最后由人大予以授权通过。这种立法模式最大的缺陷在于颁布的法案融入了太多部门的意志，部门利益太浓。整个法案的特点就是权力多、责任少，管理多、服务少，不能够完整地体现出人民的意志。为此，建立超越部门利益的立法启动和起草体制和机制就显得尤为重要。具体对于法律制定或者修改的启动，可以由全国人大根据执法检查或者调研情况来决定启动，或者由国务院提请全国人大或其常委会审议来启动。国务院在做出提请的决定前各部委局可以提出自己的意见。全国人大或其常委会决定启动环境法律的制定或者修改的，应该由全国人大常委会有关专委会或者工作委员会负责草拟条文，不得委托国务院法制办甚至各部委局起草草案。以保证环境法律草案的公正性和超脱性。全国人大常委会有关专委会或者工作委员会径行调研拿出草案后，可以召集国务院法制办和各部委局听取意见，这些意见可供全国人大参考。[①] 当然，无论是哪方启动或者起草法律草案，都应该充分调研，听取各方意见，在此基础上起草条文并再次广泛征求社会意见后直接提交人大或其常委会审议。在此过程中，可以允许利益方特别是利益部门提出自己的意见，但意见只能作为参考，不具有最终效力。

（二）完善党内法规与国家法律间的制度衔接

在我国，各级党委在我国行政管理体制和政治体制中具有非常重要的地位，绝大部分重大行政事务都要在党委中讨论决定，故各级党委应为其领导区域内的环境质量恶化，承担在党纪、政纪方面的领导、失职责任，如果严重违法还应承担相应的刑事法律责任。然而，由于种种原因，我国并没有明确的、制度化的规定来界定党委在环境管理方面的权责，在环保法律上更是空白，这就使得党委的环保责任在很大程度上被虚化了。于是对地方环境质

---

① 常纪文，焦一多．还有多少执法难题亟待破解？［DB/OL］.http：//www.zgsthbw.org/newsitem /277136904，2015-10-19/2015-11-04.

量负责的主要是地方政府及其政府部门有关领导及工作人员，而做出具体决定的党委则因不负责具体的环境管理事务而免于担责。2015年1月1日《党政领导干部生态环境损害责任追究办法（试行）》（以下简称《办法》）实施，首次明确了各级党委的职责，以及应该承担的各种环境损害责任。但遗憾的是该《办法》作为党内法规却并没有相关法律与之相呼应，显得有些突兀。在环境立法问题上，有必要完善党内法规与国家环境法律法规的制度衔接。这一措施既有利于解决我国当前环境管理的实际困难，也响应了十八届四中全会提出的国家治理体系现代化的战略要求。具体可借《水污染防治法》修订之机进行试点。在修订的《水污染防治法》中规定“各行政区域的水污染防治工作应定期向同级党委汇报，地方各级党委和政府对本地区生态环境和资源保护负总责”，同时启动党内环境保护法规的制定工作，由中共中央制定党内法规或者通知等规范性文件，规定各省级党委和政府的水污染防治责任，同时，各省级地方党委制定对应实施方案细则，实行定期考核，作为干部使用任命的依据之一。此外，还可以由中共中央和国务院共同发布通知、意见等党政联合式的规范性文件来制定党内环保法规。试点后，如果效果良好，可以在其他污染防治法律或环境资源保护法律修订时将“党委对本地区生态环境和资源保护负总责”条款加入其中，最终将该条款写入《环境保护法》，在此基础上各级党委依据权限制定对应的党内法规。

（三）吸收理论新成果用于环保创新立法

环境污染对于人类来讲是一个严重而紧迫的问题，人类要创造性地发挥其最大能力才能挽救因本身的无知而造成的环境灾难。这其中既要有理论界细致入微的观察力和创新能力，发现创造新的理论成果，而且还需要立法界能够勇于担当，吸收利用新成果。如将经济学中产权理论、心理学、社会行为学中的激励理论，以及社会管理学中的治理理论、理性经济人理论等运用于环保立法，确保环保立法更加人性化、生活化、易执行、可操作。当然，环保部门的环境法律责任也易于履行。

第七章　环保部门职责履行的跨越——理论与实践发展之结合

近年来，伴随着党和国家对于环保工作的重视，环保部门取得了很好的阶段性成绩。随着人们生活环境的逐步改善，人们对环境质量的要求也逐步提高，由污染控制为主的传统环境管理模式已经不能适应当前的环境管理工作目标要求。环境质量目标主义将成为环保部门管理模式转型的重要理论来源，如何将该理论与垂改相结合，需要我们进一步探讨。此外，随着国家体制改革创新的进一步深入，特别是党的十九大召开后，我党在河长制、生态损害赔偿、监察体制、环境保护税等方面都做了重要的改革创新。针对这些新的有关环保工作的改革创新点，我们有必要结合垂改进行深入探讨，让环保部门能更充分地履行好自身职责。

第一节　环保部门职责履行与环境质量目标主义

一、垂改前环保部门职责履行治理模式的状况分析

垂改前环保部门职责主要是控制污染，防止环境进一步恶化，很少（或者没有足够资源）关注环境质量的改善。表现形式往往就是头痛医头脚痛医脚，没有能很好地对环境质量要求进行一个预期的规划，并通过这种规

划来指导工作，从而导致很多不好的情况出现。

（一）环保部门对于其执法效果缺乏明确的预判

大部分环保部门在实际执法过程中，往往以职责履行完毕为最终目标，而对实际环境质量是否改善漠不关心。这种有限行使行政权力的行为，虽说一定程度上体现了行政机关“法无授权不可为”的执法原则，但对环境改善目标的缺失，不仅使得环保部门的工作流于形式，更使得生态修复、污染防治等目的沦为空谈。

此外，“不法行为惩罚主义”及“总行为控制主义”立法中的处罚措施和总量控制制度，在法律设计层面上就欠缺对环境质量实际改善效果的明确预判。其在构建现代环境质量标准等基本环境法律制度方面的缺失，自然延伸到了环境执法领域。试想，倘若既定的环境法律制度已得到较好执行的前提下，仍不能保证环境改善的目的得以实现，或者说在完成环境执法的阶段性目标之后，仍未出现明确的、可预期的环境改善迹象，则在环境法律实施与环境改善效果之间、环保部门执法与公众对环境改善的良好期许之间，形成了一道难以逾越的鸿沟，这对于今后环保工作的开展是非常不利的。不幸的是，当前环保部门对于其执法效果缺乏明确预判的情况，并不罕见。

（二）恶性“排污交易”普遍存在

作为行政相对人的不法行为主体（通常表现为违规或超标准排污的企业）的违法成本较低，故而他们在“遵纪守法”与“经济效益”二者之间，往往更倾向于牺牲前者以换取更高的经济回报，为此甚至不惜冒着被采取行政处罚乃至行政强制措施的风险。对于环保部门而言，其采取行政处罚的对象行为与手段有限。具体而言，在未达到吊销营业执照、责令停产整改的情况下，环保部门通常只能采取罚款的处罚方式对违法对象予以惩治。然而，一些“财大气粗”的企业，则并不畏惧这种程度的处罚。原因在于，这些企业往往已经在相关产业领域占据垄断或者绝对优势地位，不乏资金

与销路。对他们而言，只要开工便意味着盈利，因此缴纳一定数额的罚款不足以打消其违规排放的动机与行为，只是“交易成本”的一部分而已。而对于环保部门而言，违法企业的这种公开违规行为虽然可恨，却并未在形式上阻碍其履行职责，部分对象甚至主动交纳罚款，令执法部门哭笑不得却又无可奈何。久而久之，逐渐形成了一种恶性“排污交易”的行为默契，大有“井水不犯河水”之感。

（三）环保执法活动易受地方保护主义掣肘

当地政府作为本地生态与环境保护的主要负责单位，同时也担负着振兴地方经济、促进就业等社会发展目标与政绩考核的任务。多元化的目标追求以及传统的重视“GDP”考核标准的思想桎梏，使得地方政府在面临重大抉择时往往选择牺牲长远的环境利益，优先保证当地短视的经济发展。个别极端情况下，由于一些大型央企能够为当地经济发展提供强大动力，带来巨额财政收入，部分地方政府往往选择无视环保禁令大开绿灯。之后面临环保压力时，为了防止前期投资活动“打水漂”，或降低暂停相关项目引发的职工群起性事件的风险，通常会处处袒护，甚至摇身一变成为重大污染企业的“保护伞”，多方制约环保部门的执法活动开展。如此一来，环保部门的执法效果与威慑力，自然大打折扣。

（四）执法工作人员积极性不高

过去很多年来国家对于环保问题重视不够，投入不足，直接导致了社会人才流向的明显偏移。以公务员考试为例，大多数考生更倾向于考取党委、政府办公室、组织部、公检法等政府机关，而对环保部门相关的机构兴趣不大。政府财政支持的不到位，直接决定了相关环保机构在人员编制、技术设备、晋升路径等方面的劣势。此外，垂改前各级环保部门作为同级政府部门的组成部分，其人、财、物皆受其制约，很难发挥其监督本级政府完成环保工作目标的艰巨任务。政府与环保部门、环保部门与其他政府机关在主要工作目标上的分歧，以及环保部门在与其交往过程中所处的弱势地位，都使得环保工作人员“底气不足”。在行使行政制裁这把“大刀”的过程中，环保部门又不得不主要依靠法院等强制执行机关的配合，种种现实都导致环境执法工作人员的积极性、主动性普遍不高。

（五）对于“污染转移行为”无能为力

我国污染物减排目标的实现相当一部分建立在污染转移的基础上，包括污染形态的转移、污染物的转移和污染产业的转移。[①] 相关问题集中体现在京津冀地区，许多重型污染企业为维护国家核心利益，不惜牺牲其他地区（尤其是河北省）的环境利益，而迁址地区又迫于前者的政治、经济影响力等因素，敢怒不敢言。倘若只是京畿附近出现此种情况，倒也无可厚非。可惜，现实情况却是许多大型污染化工企业同样避开了人口密集，经济相对发达的大中城市集群，而选择在人口相对稀少、经济欠发达的西部地区投资建厂。表面上看，仿佛是这些一线城市在环保领域的长期投入收获了治理成效，本质却是对环境恶化现象的深层掩埋。因为那些看似隐蔽、环保成本相对低廉的西部地区，恰恰正是我国生态系统中最脆弱、最敏感的地区，一旦超出环境阈值遭受难以自我修复的损害，将给整个国家环境安全带来严峻挑战，甚至大大增加其引发系统性环境危机的风险。

二、目标导向的环境质量改善管理模式对垂改的挑战

进入 21 世纪，民众对于良好环境与生境的要求逐步提高，传统以污染防治为目标的环境法制无论在设计理念还是法律实效上都开始凸显其落后与低效。正如原环保部部长周生贤先生所说，我国的环境治理的最终实效只有反映在环境质量的改善上，才能获得民众真心的拥护与支持。同时，外界普遍认可 2013 年修订通过的《环境空气质量标准》，是我国环境治理模式从以往以污染防治为主转向以环境质量改善为主的标志性事件。

---

① 李挚萍．论以环境质量改善为核心的环境法制转型［J］．重庆大学学报（社会科学版），2017（2）．

事实上，对于环境治理模式的转型问题，徐祥民教授于2015年发表在《中国法学》上的一篇题为《环境质量目标主义：关于环境法直接规制目标的思考》的文章中，就对我国环境法制的规制目标从立法层面进行了深入分析，并进一步认为，“环境质量目标主义环境法是环保目标先定的法、政府负责的法、服从科学的法，既便于实现立法确定的环境保护目标，又能使法定的环境保护目标更符合人与自然和谐的要求。环境质量目标主义环境法的制度主要有环境质量标准制度、环境决策制度、环境规划制度和环境质量及环保业绩评估制度等。”[①] 此外，李挚萍教授也认为，“相较于传统的污染控制为主的环境管理模式而言，以环境质量改善为核心的管理模式在法律管制目标、环境法律义务分配、法律监管对象及措施、法律责任等方面都有新要求。”[②]

环境治理模式的转型对于既有的各项传统制度势必产生一定的冲击，环保部门垂直管理改革作为当下试点的重要制度之一，自然不会置身事外。总体来看，目标导向的环境质量改善管理模式对环保部门垂改提出的挑战，主要体现在以下几个方面。

（一）对准县级环保部门的挑战

（政府责任）不同于以往的以污染防治为主的环境管理模式，以环境质量改善为核心的管理模式要求政府与企业共同作为环境保护义务承担的责任主体，且政府须对环境质量不达标的结果承担主要责任。具体而言，企业的主要环保义务在于预防、减少、控制相关污染物的排放量，而政府则应着力于采取各项积极措施修复生态系统和改善环境的整体质量。垂改后，准县级环保部门作为市（地）环保部门的派出机构，在法律上不再作为县级人民政府的组成部门，其人、财、物也由市（地）环保部门统一调配。如前所述，作为本次改革最大的亮点之一，准县级环保部门的设置将

---

① 徐祥民．环境质量目标主义：关于环境法直接规制目标的思考［J］．中国法学，2015（6）．

② 李挚萍．论以环境质量改善为核心的环境法制转型［J］．重庆大学学报（社会科学版），2017（2）．

使得环保部门对基层人民政府的业务指导转变为可具体操作的现实。此外，原县级环保部门的行政审批权被上收至市（地）环保部门，现场执法与县域范围内的环境监测成为准县级环保部门的主要工作重心。

在中国政府环境问责实践中，普遍存在"重企业主体责任，轻政府监管责任""重基层直接责任，轻部门主管责任""重环保主管部门责任，轻环保分管部门责任""重环境监管责任，轻党政领导责任"等问题，且有政治责任法律化和法律责任政治化等乱象。①准县级环保部门正应抓住此次垂改的时机，充分利用其相对独立的身份、职务状态，充分发挥其对基层人民政府的督促作用，在对县级人民政府相关环保工作进行业务指导的同时，对于其不履行、消极履行或履行不当的行政行为及时予以纠正，对于拒不改正的行为及时向市（地）环保部门进行汇报，从而为政府环境责任的追究提供现实、可靠的事实依据。

（二）对市（地）环保部门的挑战

2015 年修订通过的《大气污染防治法》堪称体现环境质量改善目的的立法典型，其在第 2 条中明确规定，"防治大气污染，应当以改善大气环境质量为目标，坚持源头治理，规划先行，转变经济发展方式，优化产业结构和布局，调整能源结构。"其中，源头治理、规划先行的治理理念，不仅适用于大气污染防治，也对其他环境领域的治理工作提出了更高要求和新型治理路径。值得一提的是，本次垂改将原由县级环保部门享有的县域环境保护许可职能上收至市（地）环保部门享有。这便对市（地）环保部门在其行政管辖区域内主持制定城市规划以及做出可能对环境产生一定影响的项目决策时，提出了更为审慎的要求。

对于市（地）环保部门而言，其管理体制由过去的以属地管理为主转变为省级环保部门管理为主的双重管理体制。新增了准县级环保部门作为

---

① 杨朝霞，张晓宁．论我国政府环境问责的乱象及其应对——写在新《环境保护法》实施之初［J］．吉首大学学报（社会科学版），2015（4）：1－12.

其派出机构之后，市（地）环保部门对基层人民政府的督促作用有了实现保证。而准县级环保部门所提供的各项监测数据，又为市（地）环保部门及时、准确了解本市环境基本状况及协调县际区域、流域环境问题，乃至配合省级环保部门做好省际区域、流域环保工作提供了可靠依据。此外，由于垂改后原县级环保部门的监测机构并未上收至省级，而是与准县级环保部门一并划入市（地）环保部门分局，接受统一指挥、调度。而以环境质量改善为目的的法制转型，则要求市（地）环保部门在执行区域性总量控制任务时，也必须服务于环境质量改善这一核心目的。不难发现，实现这一目标的最佳方式是对域内相关企业的排污行为进行精细化的总量控制，即"一厂一策"，并通过排污许可证的周期性换发迫使企业革新技术，提高资源利用效率，从而与环境质量达标的终极目的相衔接。这便对市（地）环保部门的监测技术水平、执法方式等提出了更高的要求。

（三）对省级环保部门的挑战

作为地方环保最高管理机构的省级环保部门，尽管从表面上看各项变动不大，却是决定这场环保垂改成败的关键。如前所述，通过将县、市监察权上收至省级环保部门，其对省内各级人民政府及环保部门在环境质量考核评价方面均实现了有效监督与惩处。而对市（地）环保部门监测权的上收，则使得省级环保部门得以对全省的环境质量状况拥有更翔实的资料与更准确的判断，很大程度上破解了过去由于地方保护主义造成的数据失真难题。

以环境质量改善为目标的环境法制转型，不仅要求环保部门手握足够海量、准确的数据，还要求环保部门能够依据其掌握的第一手环境信息，制定和构建反映地方实际情况的环境质量基准制度。具体而言，过去地方上的环境质量标准制定反映出技术和方法不够成熟、质量要求与考核目标不够清晰、过多考虑经济成本等弊端等问题。而新型环境质量标准制度的制定，要求相关部门在采用较为先进的监测技术、方法获取精确数据的前提下，更多考虑环境自身阈值的单因子因素，推算区域环境容量，并在此基础上进一步对该行政区划内的不同地区进行生态环境分类与评级。从而针对不同区域，制定不同的环境改善策略方针。简单来说，对于生态环境良好的地区，以维持环境品质为主要工作目标；对轻度污染的地区，以减少排放、控制污染扩散、加强监测为主；而对重度污染地区，则须着重进行风险防控和综合治理。

此外，本次垂改无论省级还是市（地）环保部门，皆具有协调区域、流域间环境治理相关工作，以及配合上级政府与环保部门开展环保工作的任务。这其中具有典型意义的便是主持生态补偿的相关工作。以流域生态补偿为例，对于上下游之间因一方牺牲发展权等人权利益而使另一方享受环境质量提升的外溢效果，由此引发的环境公平问题则又是环境质量改善法制转型给垂改后的环保部门出的一道难题。

三、垂改与目标导向的环境质量改善管理模式的有机结合

（一）建立目标导向的环境基本制度

1. 建立目标导向的环境质量标准制度

我国已经建立了环境质量标准制度，但现行的环境质量标准主要是衡量污染状况的标准。在污染防治之外的其他环境保护事务领域，不管是资源保护领域、生态保护领域，还是环境退化防治领域，都很难找到环境标准或环境质量标准。总体而言，我国的环境质量标准普遍存在着指标单一、目标要求滞后、排污标准与环境质量标准衔接不够等问题，此外，部分指标还存在与国际社会通用标准不符甚至脱轨的问题。

故而，应当从以下两个方面建立符合我国当前环境治理要求的质量标准制度。

（1）“依自然标准”建立环境健康标准制度

正如汪劲教授所说，环境法学的特征之一便是科学技术性。可以说，目标导向的环境质量改善法制转型的重点之一，便是现代环境质量标准制

度的建立。而其中的重中之重，便是“环境健康标准制度”的建立及其依据。在这里，我们不谈纯粹技术意义上的标准制定问题，而是从该标准对环境法学的价值层面，讨论其建构方法与意义。总体而言，我国以往制定的环境质量标准主要存在两点问题：一是制定依据考虑非环境因素过多。简单来说，我国以往制定的环境质量标准，无论是由国务院制定起草，还是由地方自行制定确定的质量标准，都“全面”考虑到了对当地乃至全国经济社会可持续发展可能造成的影响。这样做原本无可厚非，也是政府机关积极履职的良好表现。但错就错在，这项程序不应置于环境基本质量指标测定的过程中，而应置于其后。因为说到底，高标准的环境质量要求对社会与政府行政可能造成的影响，属执行层面的问题。而这种错误的程序前置，给环境治理造成的困难是灾难性的：它直接导致我国环保工作的开展缺乏客观的标准，同时环保部门无法给公众对于良好环境的要求提供一个准确的技术性预期。二是环境状况标准居多，环境健康标准不足。具体来说，我国既有的环境质量标准大多用于衡量和判断当前生态环境的现状如何，而对怎样的环境质量标准属于健康的、可持续利用的问题研究不足。同时，已有的等级评定标准制度亦无法设定相应的环境治理目标。原因很简单，环境等级评定标准既不等于环境质量标准，也不等于环境健康标准。我国环境质量标准建设的现状告诉我们，要建设环境质量目标主义环境法，必须先全面建立环境质量标准，形成环境质量标准体系。①

（2）以环境改善为目的建立污染物排放与环境风险防控标准制度

2017 年 5 月 23 日，原环保部召开例行发布会，据原环境保护部科技标准司司长邹首民介绍，“十二五”以来，原环境保护部环境管理由以控制环境污染为目标导向，向以改善环境质量为目标导向转变。原环境保护部已有国家环保标准共计 1753 项。两级五类的环保标准体系已经形成，分别为国家级和地方级标准，类别包括环境质量标准、污染物排放（控制）标准、环境监测类标准、环境管理规范类标准和环境基础类标准。在已有

① 徐祥民 . 环境质量目标主义：关于环境法直接规制目标的思考［J］. 中国法学，2015（6）.

环保标准中，环境质量标准16项，已经覆盖了空气、水、土壤、声与振动、核与辐射等主要环境要素。然而，必须指出的是，尽管污染物排放（控制）标准已经包括在现行的环保标准体系之内，但其制定理念却依旧停留在污染防治与总量控制上。严格来说，新制定的污染物排放（控制）标准并没有摆脱传统的重视排污行为控制，忽略环境质量改善的桎梏。至于环境风险防控标准的制定，则并未在原环保部的未来制定规划中提及。由此可见，我国已有的环境质量标准体系仍不够成熟，有待完善。

必须说明的是，之所以在此处着重强调污染物排放标准与风险防控标准，是由于二者在整个环境质量标准制度体系中的重要地位和作用。就排放标准而言，其作为环保部门执行国家环保任务的重要参考指标，在未来很长一段时间内仍将占据决定性的主导地位。我国欠缺的是在污染防控的同时明确改善环境的目标导向，即通过控制排放污染物的行为确定和实现环境质量的提升。至于风险防控标准是考虑到现代规模工业的潜在破坏性、由生化技术导致的环境危机的突然性、生态环境的脆弱性等因素，必须针对突发环境事件制定相应的标准制度。当然，即使是风险防控标准的制定，也应当明确改善环境质量的目标导向，否则就会出现类似传统污染物排放标准的弊端，即只维持控制环境风险的最低限度，忽略对整体环境质量的改善。

综上所述，如若对上述两项要求具备较为清晰的认识，则在即将全面展开的环保垂改实践中，相应问题均能得到妥善地解决。理由如下：（1）传统的环境质量标准之所以难以满足客观要求，很大程度上是由于同级政府和其他非环保行政机关的不当干涉。而垂改后的环保部门都在很大程度上摆脱了对当地政府的依赖和制约，通过加强纵向垂直管理的方式提高了自身的独立性。（2）垂改后的环保部门，其所处地位较其他同级行政机关而言有了明显提升，行政地位和级别的提高无疑会吸引社会资源与人才向其转移，人员配置与资金的增加也会促使环保部门工作人员的士气大为提升。（3）环境法制理念的转变要求环保部门做出新的业绩，而此时刚刚“履新”的各级工作人员，既有动力也有实力运用其先进设备与庞大的执法队

伍制定出符合时代要求的环境质量标准，填补相关领域的制度空白。

2. 建立目标导向的环境规划与决策制度

以环境质量改善为核心的法制转型，强调源头治理、规划先行。需要澄清的是，此处所说的环境决策并非是简单的行政决策，而是符合环境治理改善目标的决策。从这个层面上说，它应当是由国家权力机关做出的，或者至少是由行政机关依据国家权力机关意志做出的规划和决策。之所以做这样的限定，是因为尽管生态环境的质量状况时刻处于变动之中，但其环境容量的“极点”却是相对恒定的科学指标。简单来说，只要人类的自然开发活动不超出这个阈值，生态环境便能得到有效的修复与改善。如前所述，这种“依自然标准”测定的数据具备较高的科学性与稳定性。但行政行为往往具有主动性、高效性的特点，尤其是伴随行政主管方面的人事变动，该级行政机关的决策与价值倾向就更加难以确定，无法给环境治理工作提供稳定的预期。要想使行政人事上的变动不至于给环境质量改善造成影响，最好的办法便是通过国家立法权的介入和调整，依据经科学检验的环境阈值对各级行政机关的环境决策与规划予以限制。

垂改后，原县级环保部门的环境许可管理职能被上收至市（地）环保部门。同时，市（地）环保部门的监察职权也被上收至省级环保部门。这就使得上级环保部门得以对下级人民政府涉及环境影响的规划与决策，进行监督甚至审批。而省级环保部门依照法律规定，要对生态环境部报告工作并对其负责。生态环境部作为隶属于国务院的行政机关，自然要与中央政府一道接受国家立法机关的监督与制约。因此可以说，至少在这个层面上当前的环保部门垂改为我国未来建立目标导向的环境规划与决策制度提供了良好的执行基础。

3. 建立目标导向的环境容量与生态红线制度

如前所述，过去由于技术设备与方法的落后、环境治理理念的滞后以及过多考虑地方经济发展情况等因素，我国的环境容量与相应的生态红线制度并未真正建立在生态修复与环境质量改善的要求之上。同时，这方面的制度缺位直接导致环保部门无法通过排污许可制度进行有效的污染防治与环境治理，代价不可谓不重。值得庆幸的是，垂改后的省、市（地）两级环保部门通过监察、监测权的上收，为将来建立若干支人员充足、设备先进、技术精湛的环保执法队伍提供了有力的制度与实物保障。尤其是准县级环保部门的设立，由于其直接受市（地）环保部门的领导，对其负责，故而在很大程度上摆脱了过去受县级人民政府制约的被动地位。同时，其被赋予的督促县级政府进行环境治理的职能与更完备的环境监测手段，也使得其能够掌握更准确、翔实的动态环保数据。此外，本次垂改最大的亮点之一便是使得省级环保部门得以一管到底，直达基层，再加上省级环保部门直接受中央环保部的领导，则未来我国在考虑建立新形势下国家层面的生态环境容量与红线制度时，可以依据全面、准确的海量数据做出更为科学的判断。同理，各省级环保部门在制定和执行区域环境容量与红线制度时，亦更为便利。

4. 建立目标导向的生态补偿制度

自 20 世纪 90 年代以来，我国学界关于生态补偿相关制度的讨论便从未平息过。应当说，生态补偿的适用范围极广，不仅涵盖森林、矿产等固定的有形物，也包括空气、水流等流动性自然资源。值得一提的是，生态补偿制度不同于一般私法意义上的资源交易行为，其以补偿一方实际享受到了生态环境质量改善的外溢效果为直接补偿依据。如前所述，生态补偿作为协调补偿、受偿主体双方间环境公平问题的环境法律制度，无可避免地存在跨区域进行补偿的现实可能与需求。故而，尽管这套制度符合我国当前向以环境质量改善为目标的法制转型的要求，却因其固有的补偿主体不明，标准和范围不一，缺乏第三方评估机构，跨行政区域管辖困难等原因一直举步维艰。

然而，垂改后的省级与市（地）环保部门皆具有协调区域、流域间环境治理相关工作，以及配合上级政府与环保部门开展环保工作的任务，这就为上述问题的解决提供了制度性的保障与支持。具体而言，省级、市（地）

环保部门的介入将极大地提高双方尤其是政府间协议达成的可能性。原因在于，不同于以往，垂改后的环保部门对于其下级人民政府的环保业绩具有实际督促乃至监察的权力。此外，监测权力的上移使得环保部门不仅在监测设备、队伍建设方面更加优化，也使得其得以摆脱地方保护主义的束缚，获得更为全面、准确的环境基本数据，从而为生态补偿中的相关技术性问题的解决，提供较为客观、公正的界定依据。

（二）构建目标导向的环境质量动态监管制度

1. 构建目标导向的新型环保业绩评估制度

除大气质量、水质等某些身体感官可以觉察到的环境品质外，环境质量，比如全球气候变暖、森林健康、生物多样性等是无法凭普通人的肌体机能和生活常识来辨别的。有鉴于此，构建相应的新型环保业绩评估制度自然势在必行。值得一提的是，此处所称的新型环保业绩评估制度，包含以下三点特征：一是评估主要针对政府环保工作而言。众所周知，以环境质量改善为核心的法制转型，强调政府与企业均应作为环境保护的义务主体，并认为政府应当对环境质量的改善承担主要责任。二是以环境质量是否改善为主要评估依据。过去的环保业绩评估重在考察相关环保部门履职是否恰当、总量控制的分解任务是否落实。此处所说的新型环保业绩评估制度，与以往不同，是以环境质量是否得到明显改善或存在改善迹象，作为评定环保部门履职行为优劣的依据。三是此处的业绩评估是一个动态监管的过程。与环境治理工作是一个长期、持续、动态的过程同理，考察评估政府机关环保业绩的过程自然也不会仅仅停留在一个孤立的时间点上，而必然表现为一种动态监测、分析判定的工作范式。

如前所述，垂改后环保部门纵向管理力度的加强，横向依赖的程度减弱，使得其对同级（或下级）人民政府环保工作的督促作用不再流于形式，而真正具备可操作性。此外，监测、监察权的上收，不仅增强了省级环保部门监督下级人民政府的作用，也使得下级人民政府在环保方面履职不当的行为面临遭受惩处的压力。同时，充足的人员、设备、财政保障也使得环保部门有能力、有动力完成动态监测、分析判定的环境质量评估任务，为新时期下环境法制的战略转型提供正面效应。

2. 构建目标导向的环境质量维持制度

受传统思维影响，人们在提到环境法律制度时第一反应都是如何治理、修复已损坏的生态环境，即我国已有的环境法律制度大多是以减少损害为主，对于其增进利益的效用却鲜有提及。换言之，原有的环境制度适用于环境已遭破坏的情形，但对于环境质量良好或者经修复已恢复其生态效用的情形，缺乏维持其环境质量不下降的具体有效的法律措施。而以环境质量改善为目标导向的环境法制转型，强调实现环境质量的实质提高，并作为衡量此次转型成功与否的风向标。从这个角度看，如何在生态环境质量良好的情况下，预防环境质量的下降，甚至抓住有利时机进一步改善和提高环境质量恰恰是当前的制度构建中，存在缺失的地方。

笔者以为，目标导向的环境质量维持制度应更多地表现为一种动态的监管制度。相较于环境质量不高的地区执行生态修复任务，维持和进一步改善环境质量的任务从某种意义上来说更为艰巨。原因在于，当环境质量不高作为某一区域内普遍达成的共识时，相关环保工作的开展不会遭受太大的舆论压力，行政措施以限排、限制开发为主，质量改善为辅。可以说，此种情形下只要环保责任机关能够持之以恒，环境质量的改善和提高并非遥不可期。而在环境质量良好的前提下，公众对于良好环境与其他物质利益之间做出的价值选择与利益衡量就可能存在偏差，这种偏差也会造成政府内部关于环保重要性的争论。此外，环境质量的提升与否只需依据已有的相关数据指标即可进行判断，但必须注意的是，并非每次导致环境质量下降的“决定因子”或路径都必然相同。这就使得维持环境质量不下降的环保工作存在较大的不确定性，即这一监管过程势必是动态的、持续的、实时变化的。

垂改后的环保部门相较于之前，对本级政府的依赖程度降低，一定程

度上说受人民政府行政偏好影响的可能性不大。在环境质量良好的条件下，即便当地政府对于环保工作的重视程度下降，甚至为一些环境污染项目大开绿灯、盲目乐观时。以垂直管理为主的环保部门却能保持清醒的“头脑”，继续严格督促本级（或下级）人民政府履行环保职责。同时，一如既往严格把控垂改前属于下级环保部门享有的环境项目审批职权，并充分利用垂改后建成得更为专业、成熟的环境执法监测队伍，完成动态监管、维持环境质量不下降的新任务。

3. 构建目标导向的公众环境权益制度

我国由于历史原因，一直奉行的是中央层面的分权式威权治理模式。即中央政府负责地方一把手的相关人事任命，同时在不涉及国防、外交、财政等领域根本利益与权柄的事项上，给予地方政府更大的行政自主权，这样的治理理念同样渗透于传统的环境治理制度设计中。长期以来，我国的相关环境立法以政府环境管理权为核心，却常常忽视了公众对于良好环境的需求。事实上，撇开环境权的问题不谈，公众对于良好环境质量的需求和期望才是政府环境治理权力的来源。换而言之，只有这种需求和期望在环境法权利构架中的核心地位得以确定，改善环境质量才能成为环境管理的核心与目标追求。

毫无疑问，传统的将公众排除在环境治理权力核心之外的做法，既违背人民主权与社会契约的宪政思想，也不符合环境治理的科学要求，而构建目标导向的公众环境权益制度要求合理的目的和价值取向的引导。垂改后的环保部门其行政地位相对独立，因为在机构设置、人员编制、资金来源、行政管理上不受制于地方政府或制约较小，其能够更好地履行环境监测、执法、督促政府履职的法定职能。笔者以为，正可以利用此次垂改的契机，拉近环保执法部门与非环保行政利害关系的公众之间的距离，使得公众参与的多元共治理论真正落到实处。事实上，这是完全可行的，因为追求环境质量提升不仅是环保部门的职责使命，更是公众对于自身美好生活环境的不懈追求。二者在督促政府履行环保职责，监督环境行政相对人履行法

定义务等方面均具有广阔的协作空间。而将公众改善环境质量的要求作为我国当代环境法权利架构的核心，也符合现代公共治理的价值追求与理念。

（三）明确环境质量不达标的法律责任

1. 完善环境质量行政公益诉讼制度

据中国最高人民法院 2016 年 7 月公布的《中国环境审判白皮书》披露，2015 年 1 月至 2016 年 6 月，全国法院共受理环境公益诉讼一审案件 116 件，审结 61 件。其中，环境民事公益诉讼案件 104 件，环境行政公益诉讼案件 12 件；由社会组织提起的公益诉讼案件 93 件，由检察院提起的公益诉讼案件 23 件；12 件环境行政公益诉讼案件中 10 件由检察院提起。不难发现，尽管新《环境保护法》已施行一年有余，但其中涉及环境行政公益诉讼的案件却不足 12%。由此可见，在我国无论监察机关还是社会组织都未充分发挥其对环境主管部门的监督与制约作用。

事实上，政府环境质量责任的可诉性决定了相关主体以要求政府履行环境质量责任为由提起诉讼，是具有法理和法律依据的。过去起诉政府较为困难的一大原因，便是检察机关和社会组织手头缺乏足够的证据资料，而掌握数据的环保部门又慑于地方政府的权威，不敢跟上级作对。垂改后，环保部门对同级政府的财政依赖减弱，督促和监察作用增强，这就为相关起诉主体的取证活动扫除了一大障碍。易言之，在本级（或下级）政府拒不履行环保职能时，倘若同级环保部门向上级汇报后仍无及时反馈，则该级环保部门可以同相关社会组织与检察机关合作，通过提供数据资料的方式支持起诉，使得司法层面的救济成为督促本级（或下级）人民政府履行环保职责的新路径。

2. 完善环境质量生态损害赔偿制度

2015 年 12 月国家发布了《生态环境损害赔偿制度改革试点方案》（以下简称《方案》）。《方案》所称的生态环境损害，是指因污染环境、破坏生态造成大气、地表水、地下水、土壤等环境要素和植物、动物、微生物等

生物要素的不利改变以及上述要素构成的生态系统功能的退化。由此可见，生态损害赔偿制度的主要作用在于修复、改善生态系统，或者是扭转其质量下降的不利局面，改善环境质量。可以毫不夸张地说，该项制度的设立完全符合以改善环境质量为目标的法制转型的全部要求。2017 年 4 月 26 日，南京市中级人民法院开庭审理江苏省政府和省环保联合会首次提起的生态环境损害赔偿诉讼案件。据报道，这是江苏省人民政府首次以赔偿权利人身份提起的环境损害赔偿诉讼，并最终获得胜诉判决。作为国家确定的七个生态损害赔偿诉讼试点的省市之一，江苏省政府的这一举动不仅彰显了政府治理污染，提升环境质量的决心，也为将来相关制度的法律化提供了宝贵经验。依此类推，垂改后的环保部门在行政执法活动中，倘若遭遇诸如大型央企分公司依仗权势，拒不执行环保部门决定的情况时，具备独立监测、监察权的省级环保部门，可以与省级人民政府联合，对行政相对人提起生态损害赔偿之诉。事实上，只要能让类似事件通过诉讼的方式为公众所知晓，不一定要走完整个诉讼程序，行政相对人或许就会迫于社会舆论的压力与环保部门达成磋商协议，从而保障行政决定的顺利执行。

第二节　环保部门职责履行与政府改革创新

一、河长制与环保部门职责履行之关系

（一）河长制与环保机构垂直管理改革

有关“河长制”的最早记录见于 2007 年 8 月 23 日无锡市委办公室和无锡市人民政府办公室印发的《无锡市河（湖、库、荡、氿）断面水质控制目标及考核办法（试行）》。文件中提道：将河流断面水质的检测结果“纳入各市（县）、区党政主要负责人政绩考核内容”，“各市（县）、区不按期报告或拒报、谎报水质检测结果的，按照有关规定追究责任”。2008 年，江苏省人民政府决定借鉴无锡市的经验，在太湖流域推广“河长

制”。自此，江苏全省境内的15条主要入湖河流均全面实行了“河长制”。2016年12月11日，中共中央办公厅、国务院办公厅印发的《关于全面推行河长制的意见》中明确提出，“全面推行河长制是落实绿色发展理念、推进生态文明建设的内在要求，是解决中国复杂水问题、维护河湖健康生命的有效举措，是完善水治理体系、保障国家水安全的制度创新。”2017年6月27日，十二届全国人大常委会第二十八次会议修订通过了《中华人民共和国水污染防治法》，新法第5条规定“省、市、县、乡建立河长制，分级分段组织领导本行政区域内江河、湖泊的水资源保护、水域岸线管理、水污染防治、水环境治理等工作”。由此，“河长制”正式入法，成为我国水环境治理制度的重要组成部分。

相比之下，垂改则是在2015年10月29日中国共产党第十八届中央委员会召开第五次全体会议通过的《中共中央关于制定国民经济和社会发展第十三个五年规划的建议》中首次提出的。2016年9月14日，中共中央办公厅、国务院办公厅印发《关于省以下环保机构监测监察执法垂直管理制度改革试点工作的指导意见》（以下简称《指导意见》），部署启动环保垂改工作。自此，河北、重庆、江苏、山东、湖北、青海、上海、福建等试点省（市）均已完成方案制定工作，环保垂改已初见成效。在此基础上，《指导意见》要求进一步推动全国其他省（市）的环保垂改工作，本着“成熟一个，备案一个，启动一个的原则”，力争在2018年6月底前完成全国省以下环境保护管理体制调整工作。

（二）垂改背景下河长制对环保部门职责履行的挑战

流域生态环境整体性治理是一项长期复杂的系统工程，而河长制只是其中一项的具体制度，它的执行效果不仅取决于该制度本身的执行成本，而且还受制于与其他制度的匹配程度。[①]《中华人民共和国水污染防治法》

① 黎元生，胡熠．流域生态环境整体性治理的路径探析——基于河长制改革的视角［J］．中国特色社会主义研究，2017（4）．

第二十八条规定，国务院环境保护主管部门应当会同国务院水行政等部门和有关省、自治区、直辖市人民政府，建立重要江河、湖泊的流域水环境保护联合协调机制，实行统一规划、统一标准、统一监测、统一防治的措施。由此可见，河长制的功能能否充分发挥在很大程度上取决于环保部门能否及时、有效地提供相关环境信息。垂改前，环保部门的环境监测设备及相关执法资源大都集中于省级单位，部分较大的市尚能拥有一支相对完整的环境执法力量，及至县级单位已然是政府环境主管部门力量延伸的极限。故而，许多环境污染的乱象乃至重大污染事件往往发生在县级以下的行政管理区域内，尤其是农村地区。河长制的建立使得国家环境治理工作权史无前例地覆盖了省、市、县、乡四级行政机关，并通过其“党政同责”“一岗双责”的独有追责模式明确了本行政区域内的党政领导人，为该行政区域内江河、湖泊等水资源保护及相关水环境治理工作的主要负责人，从而在实质上将地方水环境治理工作纳入对当地党政领导干部考核的政绩指标。如此一来，可以基本推断地方党政领导干部是有足够的动力去维护和提升当地水环境质量的。

问题在于，县、乡两级环保部门在环境监测设备、执法力量配置上的短板并未随着河长制的落地迎刃而解。原因有二：一是财政方面的原因。垂改前，县级环保部门作为同级政府的组成部门，其财政主要由其供给。许多县（区）之所以无力保有一支精干的环境执法队伍，直接原因就是县级政府财政上的拮据。河长制落地后，环境监测、监察的范围扩展至乡级行政区域，这无疑会加大基层环境治理的工作成本。遗憾的是，相关执法工作带来的经费空缺问题并未随着河长制的普及得以解决。二是发展理念方面的原因。如前所述，尽管随着河长制的普及，县、乡两级政府的主要负责人均已提高了对地方水环境治理工作的重视程度，但政府的工作目标仍是多元的。尤其是县级政府，不仅要对地方环境治理的质量状况负责，更要担负起振兴地方经济、发展教育、医疗设施、精准扶贫等公共治理任务。在这样的多元目标导向下，政府难免顾此失彼。

（三）将河长制融于垂直改革中的探讨

整体性治理是英国学者佩里·希克斯基于对西方国家公共管理碎片化和政府责任模糊化困境进行反思而提出的全新政府治理模式。它强调以公民需求为导向，以协调、整合和责任为机制，运用信息技术对治理层级、功能和公私关系进行整合，不断推动政府管理“从分散走向集中，从部分走向整体，从破碎走向整合”。[①]中华人民共和国成立后，我国流域生态环境管理体制从无到有，几经调整和变革，逐步形成以水利、环保为主，农业、林业、国土等多部门参与的分工协作、共同治理的格局。然而，这种按照自然资源单项、单要素的职能管理格局，与流域生态环境服务整体化供给的要求形成了鲜明的矛盾，造成相关职能部门在流域水资源、水环境、水生态、水安全监管职责边界模糊不清，不同层级政府之间以及内部职能部门在流域生态服务供给中拥有各自的地盘，即不同部门具有各自独立的职能区域和政策空间，以及该领域的裁判权。[②]这种碎片化科层管理体制，导致江河流域乱占乱建、乱排乱倒、乱采砂、乱截流等诸多问题，加剧了我国流域生态环境的恶化。事实上，河长制创立的初衷便是为了克服传统水环境治理中“九龙治水”、权责不清的“顽疾”。而此次环保垂改则着力于解决“现行以块为主的地方环保管理体制存在的难以落实对地方政府及其相关部门的监督责任”“难以解决地方保护主义对环境监测监察执法的干预”“难以适应统筹解决跨区域跨流域环境问题的新要求”“难以规范和加强地方环保机构队伍建设”等四个突出问题。二者在制度设计理念、具体操作规则上均具有较强的契合性。

具体而言，垂改后县级环保部门被取消，代之以准县级环保部门作为市（地）环保部门的派出机构。准县级环保部门的财政供给、人事任免均由上级环保部门提供和决定，使其免受同级人民政府的掣肘。同时，监测、

① 竺乾威.从公共管理到整体性治理［J］.中国行政管理，2008（10）.

② David C.King.Turf Wars：How Congressional Committee Claim Jurisdiction ［M］.Chiago：University of Chicago Press，1997.

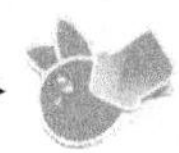

监察权的上收更是使得省级环保部门得以在第一时间准确地知晓基层环境执法情况和相关环境信息。这就在很大程度上缓解了当地环保部门执法理念与同级人民政府多元治理目标之间可能的冲突问题，并为各级河长制功能的发挥提供了坚实的物质保障。此外，我国现行《环境保护法》第 67 条第 1 款规定，“上级人民政府及其环境保护主管部门应当加强对下级人民政府及其有关部门环境保护工作的监督。发现有关工作人员有违法行为，依法应当给予处分的，应当向其任免机关或者监察机关提出处分建议。”垂改后，省以下各级环保部门呈现出以垂直管理为主的行政组织形态，这就为实现上级环保部门对下级人民政府环境保护工作的监督（包括准县级环保部门对乡级人民政府的监督）提供了制度保障。同时，作为上级环保部门监督对象的下级人民政府的主要负责人，恰恰正是当地的党政一把手（即河长），这就为河长制功能的发挥构建了一套外部监督机制，更有利于督促其履行职责。

二、生态损害赔偿制度与环保部门职责履行之关系

（一）生态损害赔偿制度与环保机构垂直管理改革

我国关于建立生态环境损害赔偿制度的灵感源于美国。美国的生态损害赔偿制度经历了从普通法到制定法的发展过程。最初，生态损害仅作为环境侵权损害的一种，由美国普通法赋予公共机构对自然资源损害赔偿的起诉，从而实现赔偿请求。由于普通法提供的对生态损害求偿的机会十分有限，从 20 世纪 70 年代起，美国开始在联邦制定法中对生态损害赔偿进行规范。《清洁水资源法》、《综合环境应对、赔偿和责任法案》（通常也称为 “超级基金法案”）和《油污法》共同构成了美国环境法下生态损害赔偿基本制度的构架和原则。[①]

2015 年 12 月 27 日，中共中央办公厅、国务院办公厅印发《生态环境

---

① 任世丹，美国的生态损害赔偿制度［J］. 世界环境，2010（3）.

损害赔偿制度改革试点方案》（以下简称《试点方案》），拉开了我国生态环境损害赔偿制度改革的大幕。翌年4月，经国务院授权，吉林、江苏、山东、湖南、重庆、贵州、云南7个试点省（市）相继开展了试点工作。同年8月，中央全面深化改革领导小组第二十七次会议正式研究通过了7个试点省（市）的试点方案。经过两年努力，生态环境损害赔偿制度改革已基本完成了试点阶段的各项任务，并形成了可借鉴、可复制的经验做法。有鉴于此，2017年12月，中共中央办公厅、国务院办公厅印发《生态环境损害赔偿制度改革方案》（以下简称《改革方案》），标志着生态环境损害赔偿制度改革进入全国范围内试行的新阶段。

根据《试点方案》的定义，生态环境损害是指“因污染环境、破坏生态造成大气、地表水、地下水、土壤等环境要素和植物、动物、微生物等生物要素的不利改变，及上述要素构成的生态系统功能的退化”。这一制度的设立，旨在破解“企业污染、群众受害、政府买单”的不合理局面，改善生态环境质量，满足人民日益增长的优美生态环境需要。此外，《改革方案》进一步指出，各省（自治区、直辖市）政府应当制定生态环境损害索赔启动条件、鉴定评估机构选定程序、信息公开等工作规定，明确国土资源、环境保护、住房城乡建设、水利、农业、林业等相关部门开展索赔工作的职责分工。由此可见，环保部门作为此次改革的相关部门之一，承担着新的特定职能。此时，将生态环境损害赔偿制度改革与当下进行的环保垂改进行一体研究，具有重要意义。

（二）垂改背景下生态损害赔偿制度改革对环保部门职责履行的挑战

生态环境损害赔偿责任的实质是将生态环境损害的外部成本内部化的过程，这种内部化的过程须将环境利益作为独立的保护对象，采用公法方式解决个体利益与公共利益的冲突。因为区域环境质量下降、生态功能退化等生态环境损害后果往往体现为公众对环境资源的享有、利用等利益受损而非基于公众对环境资源的所有权或人格权关系所遭受的具体的人身、

财产损害，虽然生态环境损害可能进一步导致人身财产权利损害，但公共环境利益的损害与人身、财产权利的损害并无直接关系，传统的民事法律无法有效应对生态环境损害的公共性问题。[①]根据《改革方案》的要求，未来我国生态环境损害赔偿制度将分“启动、组织实施、深入落实”三阶段推动实施。具体而言，2018年6月底前，组建改革领导小组，明确赔偿权利人及其指定的相关部门或机构的人员和工作流程，印发本行政区域改革实施方案，进一步明确生态环境损害赔偿适用范围；2018年7月以后，积极采取措施开展生态环境损害赔偿工作，做好配套文件制定和实施；2020年以后，深入开展生态环境损害赔偿工作，推动有关方面修订相关法律法规政策，进一步指导地方改革实践。此外，在赔偿权利人的主体设置方面，《改革方案》提出“由国务院授权省级、市地级政府（包括直辖市所辖的区县级政府，下同）作为本行政区域内生态环境损害赔偿权利人……省级、市地级政府可指定相关部门或机构负责生态环境损害赔偿具体工作。省级、市地级政府及其指定的部门或机构均有权提起诉讼”。由此可见，不同于以往单纯的监测执法职能，此次改革又赋予作为“相关部门”之一的环保部门代表国家向污染者提起生态环境损害赔偿诉讼的职能，责任不可谓不重。与此同时，新的职能也对环保部门的履职能力提出了更高的要求，主要表现在如下三个方面。

一是因果关系的证明。垂改后，县级环保部门被取缔，代之以准县级环保部门作为市（地）级环保部门的派出机构。同时，环境监测、监察权的上收使得市、县两级环保部门更多地接受上级主管部门领导，减少了同级政府的制约。但这都只是为环保部门的环境监测执法提供了更好的物质保障和平台，却不能当然地解决环保部门在诉讼中对因果关系证明能力不足的问题。具体而言，鉴于目前国内尚无专门立法规定生态损害赔偿诉讼的举证责任分配问题，故可参照《侵权责任法》第66条的规定，由污染者就其不承担责任或者减轻责任的情形及其行为与损害之间不存在因果关

① 刘倩，生态环境损害赔偿：概念界定、理论基础与制度框架［J］. 中国环境管理，2017（1）.

系承担举证责任。但无论将来是否采取类似的“举证责任倒置”规则，环保部门作为生态环境损害赔偿诉讼案件的起诉方，都必须提供污染者的损害行为与生态环境损害结果之间存在基本因果关系的证明。然而，环保部门虽能通过环境监测手段基本确定污染者的排污行为及其污染物质，却未必能当然证成其存在法律上的因果关系。毕竟，法律事实的认定并不能仅仅依靠科学数据的堆砌。

二是职能履行的顺位。本轮垂改的核心目的是实现省级以下环保部门的垂直管理。换而言之，无论是环境监测、监察权的上收，还是准县级环保部门的设立都旨在减少或消除地方政府对环境事务的干预，加强垂直管理、提高执法效率。诚然，生态环境损害赔偿制度改革赋予市（地）环保部门代表国家提起生态环境损害赔偿之诉的职权，的确使其履职方式更加多元，部门地位大获提高。但也忽略了一个重要问题，即环保部门的职能履行顺位。具体而言，环保部门作为行政机构，其第一顺位的职能必定是行政执法。而生态环境损害赔偿制度改革虽然赋予环保部门作为起诉主体之一的职权，却未能明确其起诉职能与固有的行政执法职能之间的履行顺位。这就容易导致未来环保部门在履行职责时，任意舍弃主动、高效的执法职能，却滥用起诉职权将环保工作的压力移至地方司法机关，造成不必要的低效和资源浪费。

三是对政府行为的督促。《改革方案》指出，“生态环境损害的索赔权由国务院授权省级、市地级政府行使；省级、市地级政府也可指定相关部门或机构加以行使。”相比《试点方案》，《改革方案》将赔偿权利人的范围由省级政府扩大至市地级政府，这是考虑到在实践过程中，损害赔偿案件主要发生在市地级层面，而市地级政府在配备法制和执法人员、建立健全环境损害鉴定机构、办理案件的专业化程度等方面均具有一定的基础。但有关“省级、市地级政府可指定相关部门或机构负责生态环境损害赔偿具体工作。省级、市地级政府及其指定的部门或机构均有权提起诉讼”的表述却忽略了一个问题：假设某污染企业违法排污造成当地生态环境严重损害，环保部门认为其行为已符合被提起生态环境损害赔偿诉讼的条件。

但拥有生态环境损害赔偿请求权的省级、市级政府却既不授权环保部门起诉，也不自行提起相关诉讼时，环保部门采取何种手段督促政府履职，值得研究。

（三）将生态损害赔偿制度融于垂直改革中的探讨

据中国环境新闻统计，截至 2018 年 1 月，率先试点的 7 个省（市）已探索形成相关制度文件 75 项，深入开展案例实践 27 件，涉及总金额约 4 亿元，在赔偿权利人、磋商诉讼、鉴定评估、修复监督、资金管理等方面，均已取得阶段性进展。可以预见，生态环境损害赔偿制度改革与环保垂改在全国推行后，不仅“企业污染、群众受害、政府买单”的不合理现象将大为减少，各地的自然生态质量、环境执法水平也将显著提高。前途是光明的，但正如习总书记所说，美好的生活只有通过奋斗才能获得。对于将生态环境损害赔偿制度融于环保垂改这一命题而言，则应着力从因果关系的证明、职能顺位的明确、政府起诉的督促三个方面寻求突破。具体而言，在因果关系的证明方面，同级人民政府和检察机关应加强对环保部门的业务指导，积极开展对相关工作人员的法律培训；在职能顺位的明确方面，要求环保部门的工作人员必须先用尽行政救济手段，如及时关停污染源防止损害扩大、尽早采取修复措施挽救生态环境等。在充分发挥行政执法高效性的前提下，方可允许环保部门对无法修复的生态环境损失提出替代性的赔偿请求（即生态环境损害赔偿之诉）。最后是对政府起诉的督促。我国现行《环境保护法》第 67 条第 1 款规定，“上级人民政府及其环境保护主管部门应当加强对下级人民政府及其有关部门环境保护工作的监督。发现有关工作人员有违法行为，依法应当给予处分的，应当向其任免机关或者监察机关提出处分建议。”由此可以确定，我国上级环保部门有权对下级人民政府及其有关部门的环境保护工作进行监督。根据《改革方案》的规定，我国有权提起生态环境损害赔偿诉讼的政府仅为省级和市地级两级政府。垂改后，环境监测、监察权上收至省级环保部门，故其可对市地级人民政府的“符合条件不起诉”行为向省级人民政府或市级监察机关提出处分建议。但由于垂改仅限于对省以下各级环保部门的管理模式进行改革，故针对省级人民政府的环境违法行为，省级环保部门无能为力。笔者建议，应依据《环境保护法》第 67 条第 1 款的精神，确立环保部对省级人民政府及其有关部门的环境监督权。当发现省级人民政府存在“符合条件不起诉”的行为时，先督促其履职，必要时再由环保部向国务院或省级监察机关提出处分建议。

三、国家监察体制改革与环保部门职责履行之关系

（一）国家监察体制改革与环保机构垂直管理改革

2016 年 10 月 27 日，第十八届中央委员会第六次全体会议修订了《中国共产党内监督条例》（下文简称《党内监督条例》），《党内监督》第 37 条规定：“各级党委应当支持和保证同级人大、政府、监察机关、司法机关等对国家机关及公职人员依法进行监督。”拉开了我国监察体制改革的大幕。2016 年 12 月 25 日第十二届全国人大常委会正式做出《关于在北京市、山西省、浙江省开展国家监察体制改革试点工作的决定》（下文简称《试点决定》）。2017 年 6 月 23 日，全国人大常委会法制工作委员会协同配合中央纪委机关，在深入调查研究、认真总结监察体制改革试点地区实践经验的基础上，拟定了《中华人民共和国监察法》草案，经全国人大常委会委员长会议讨论，决定提请十二届全国人大常委会第二十八次会议审议。[①]2017 年 11 月 4 日第十二届全国人民代表大会常务委员会第三十次会议决定：在全国各地推开国家监察体制改革试点工作。

根据《试点决定》的要求，“未来将在各省、自治区、直辖市、自治州、县、自治县、市、市辖区设立监察委员会，行使监察职权。将县级以上地方各级人民政府的监察厅（局）、预防腐败局和人民检察院查处贪污贿赂、失职渎职以及预防职务犯罪等部门的相关职能整合至监察委员会。同时，暂时

---

① 陈光中，邵俊．我国监察体制改革若干问题思考［J］．中国法学，2017（4）．

调整或者暂时停止适用《中华人民共和国行政监察法》，《中华人民共和国地方各级人民代表大会和地方各级人民政府组织法》第五十九条第五项关于县级以上的地方各级人民政府管理本行政区域内的监察工作的规定。其他法律中规定由行政监察机关行使的监察职责，一并调整由监察委员会行使。”而我国于2015年1月1日施行的《环境保护法》第67条第1款则规定，“上级人民政府及其环境保护主管部门应当加强对下级人民政府及其有关部门环境保护工作的监督。发现有关工作人员有违法行为，依法应当给予处分的，应当向其任免机关或者监察机关提出处分建议。”这便意味着，当环保部门发现下级人民政府及其有关部门的工作人员有环境违法行为时，可以向代行行政监察职能的同级监察委提出处分建议。有鉴于此，将国家监察体制改革与环保机构垂直管理改革一并进行研究，确有其现实意义。

（二）垂改背景下国家监察体制改革对环保部门职责履行的挑战

2016年9月14日中共中央办公厅、国务院办公厅印发的《关于省以下环保机构监测监察执法垂直管理制度改革试点工作的指导意见》中指出，垂改后，市县两级环保部门所拥有的环境监察职能将统一上收至省级环保部门，由省级环保部门通过向市或跨市县区域派驻等形式统一行使环境监察职能。无独有偶，2017年11月4日通过的《关于在全国各地推开国家监察体制改革试点方案》也明确提出，“监察委员会按照管理权限，对本地区所有行使公权力的公职人员依法实施监察；履行监督、调查、处置职责，监督检查公职人员依法履职、秉公用权、廉洁从政以及道德操守情况，调查涉嫌贪污贿赂、滥用职权、玩忽职守、权力寻租、利益输送、徇私舞弊以及浪费国家资财等职务违法和职务犯罪行为并作出处置决定；对涉嫌职务犯罪的，移送检察机关依法提起公诉。”这就给未来环保部门职责履行带来两个主要问题：

一是监察竞合的问题。根据垂改相关文件的精神，原先由市、县两级环保部门分别行使的监察职能上收至省级环保部门，并由其通过向市或跨市县区域派驻等形式加以行使。其目的在于减少各级地方政府对同级环保部门的掣肘，加强垂直管理。然而，监察体制改革的相关文件却要求各级监察委对本地区所有行使公权力的公职人员依法实施监察，包括其依法履职、秉公用权、廉洁从政以及道德操守情况。这就导致市（地）级环保部门在发现县级人民政府及其有关部门的环境保护工作存在违法行为时，面临着向谁报告的问题。

二是风险防范的问题。如前所述，在环保垂改与国家监察体制改革相继推行之后，环保部门尽管在物质保障、人员配置、独立履职等方面获得了较大的改善，但也同时面临着“双重监察”的巨大压力。在过去，每当发生环境群体性事件时，某些地方人民政府为了平息众怒、明哲保身，往往采取让环保部门背黑锅的方式“弃车保帅”。事实上，垂改前的环保部门通常不受同级人民政府的重视，属于相对次要的工作部门。而地方各级人民政府出于发展经济的考虑往往会选择忽略甚至牺牲一定的环境利益，对此，人事、财政皆受地方掌控的环保部门很难加以制止。随着各级监察委的设立，环保部门作为行使公权力的部门之一自然也会成为同级监察委的关注对象。因此，如何建立符合环保部门合法利益的风险防范机制，也是未来环保垂改亟须解决的一个问题。

（三）将国家监察体制改革融于垂直改革中的探讨

2018 年 1 月 19 日，十九届中央二次全会审议通过了《中共中央关于修改宪法部分内容的建议》（以下简称《建议》）。会议强调，“国家监察体制改革是事关全局的重大政治体制改革，是强化党和国家自我监督的重大决策部署，要依法建立党统一领导的反腐败工作机构，构建集中统一、权威高效的国家监察体系，实现对所有行使公权力的公职人员监察全覆盖。”从《建议》的表述来看，国家监察委员会所实现的“全覆盖”，其权力所涉对象的范围是非常广阔的，既包括所有的党员，又包括所有的公职人员，乃至企事业单位成员，从人口数上进行估算或高达 1.9 亿人。[①] 不

① 秦前红 . 国家监察体制改革该如何进行宪法设计［J］. 财经杂志，2017（11）.

论未来采取哪种方式修宪，国家监察体制改革的步伐都将不可阻挡。因此，将国家监察体制改革融于环保垂改的制度设计中，确有其必要性和现实性。下面，笔者就个人对前述有关监察竞合与风险防范两大问题的思考，做一简要陈述。

1. 有关监察竞合的思考

笔者以为，首先，环保垂改中的“监察”与国家监察体制改革中的“监察”在内涵上存在较大区别。具体而言，环保垂改中的“监察”侧重于对环保部门执法行为的评价，而国家监察体制改革中的“监察”则更倾向于一种对公职人员廉洁从政、道德操守方面的考察。其次，二者之间并不存在严格的界限，只是在违法性或法益侵犯程度上有不同。如前者主要表现为一种可能的、行政处分层面的责任，而后者更多地表现为一种承担职务型刑事责任的风险。最后，可以通过设置程序性制度的方式缓解矛盾。即环保部门在确信下级人民政府及其有关部门的工作人员存在环境违法行为时，应先向同级监察委员会汇报情况。同级监察委审查后，认为构成犯罪、应负刑事责任时，则由其展开调查并将相关情况通知省级环保部门。同理，同级监察委审查后，认为该行为违法但不构成刑事犯罪时，应退回同级环保部门并督促其向省级环保部门上报。

2. 有关风险防范的思考

笔者以为，环保部门的风险防范机制主要应从三个方面进行建构。一是明确部门职责分工。众所周知，地方各级人民政府环保事务相关的工作部门，除环保部门外至少还应包括农业、林业、国土、住房和城乡建设等部门。倘若这些部门之间的职责划分不清，风险防范机制的建立便无从谈起。二是加强与同级监察委的沟通。很多时候，各级政府工作部门对于行政监察机构都是能躲就躲，能瞒则瞒。事实上，监察委的设立在很大程度上有助于各级工作部门（尤其是环保部门）排除政府干预，独立履行职责。倘若垂改后的环保部门，依旧抱着传统心态规避同级监察委的监察工作，不仅为自身独立履职制造了困难，也为将来可能遭遇的责任风险埋下无人开脱的隐患。三是推进政务公开，鼓励公众参与。阳光是最好的防腐剂，公开执法信息，让公众和媒体监督、参与环保部门的执法工作，不仅是防范自身腐败的最好办法，也是规避部门风险、打造服务型部门的最佳途径。

四、环境保护税与环保部门职责履行之关系

（一）环境保护税与环保机构垂直管理改革

征收环境保护税的观点，最早由英国经济学家庇古提出。不同于以往采取的政府干预手段，庇古主张通过收取生态税、绿色环保税等方式解决环境污染这一人类生产活动中的“负外部性”问题。这一观点已为西方发达国家普遍接受。最早开征环境保护税的国家是荷兰，其种类包括燃料税、噪声税、水污染税等。1984 年意大利首次开征废物垃圾处置税，以此作为地方政府处置废物垃圾的资金来源。此后，法国和欧盟又相继创设了森林砍伐税和碳税。我国的《环境保护税法》是 2016 年 12 月 25 日在第十二届全国人民代表大会常务委员会第二十五次会议上通过的，共计 5 章 28 条，于 2018 年 1 月 1 日起施行。据财政部税政司司长王建凡介绍，截至 2018 年 1 月 16 日，全国各省区市（除西藏自治区外）均已按法定程序出台了本地区应税大气污染物和水污染物的具体适用税额。其中，北京、上海、江苏等 6 个省市的税额处于较高水平，大气污染物税额在每污染当量 4.8 元至 12 元之间，水污染物税额则在每污染当量 4.8 至 14 元之间；山西、广东、云南等 12 个省份的税额处于中间水平，大气污染物税额在每污染当量 1.8 元至 3.9 元之间，水污染物税额则在每污染当量 2.1 至 3.5 元之间；黑龙江、福建、新疆等 12 个省份的税额按低限确定，大气、水污染物税额分别为 1.2 元和 1.4 元。[①] 如无意外，我国的环境保护税将于 2018 年 4 月 1 日至 15 日迎来首个征期。

---

① 央广网，国家税务总局公众号，2018 年 1 月 16 日。

此次通过的《中华人民共和国环境保护税法》不仅是继《中华人民共和国税收征收管理法》《中华人民共和国企业所得税法》《中华人民共和国个人所得税法》《中华人民共和国车船税法》之后的第五部税法，也是自2015年3月《立法法》修改落实税收法定原则以来我国颁布的第一部税收单行法，意义非同一般。此外，《环境保护税法》第14条第3款规定，“县级以上地方人民政府应当建立税务机关、环境保护主管部门和其他相关单位分工协作工作机制，加强环境保护税征收管理，保障税款及时足额入库。”这就意味着，各级地方政府又多了一项履职要求，即为环境保护税的征收构建一套内部的协调机制。环保部门作为这一协调机制中的主要参与部门之一，如何在垂改的大背景下履行好与税务机关之间的沟通和协调义务，确有其研究意义。

（二）垂改背景下环境保护税对环保部门职责履行的挑战

由上述介绍不难推知，征收环境保护税的工作若想在各地顺利开展，离不开当地环保部门与税务机关的密切配合。正是出于这一考虑，《环境保护税法》在5章法条正文之后，附加了两份列表，分别为《环境保护税税目税额表》和《应税污染物和当量值表》。其中，附表1主要供税务机关作为征收税额的参考，附表2则主要用于辅助环保部门确定排污者的污染当量。通过与已经废止的《排污费征收管理条例》对比，可以发现《环境保护税法》在计税污染物当量的计算上仍基本沿用物料衡算法，对于征收对象及各项收费标准也基本实行“税负平移”。值得一提的是，无论是在已经废止的《排污费征收管理条例》还是在新颁行的《环境保护税法》中，环保部门作为污染物监测信息的提供者，都发挥着举足轻重的作用。正是出于这一考虑，《环境保护税法》在第14条第2款明确规定，“环境保护主管部门依照本法和有关环境保护法律法规的规定负责对污染物的监测管理。”这就对环保部门的环境监测执法提出了新的要求。

垂改前，我国对地方各级环保部门采取的是“条块结合”的管理模式。即下级环保部门不仅要服从上级环保部门的指示，还要接受同级人民政府的领导并向其汇报工作。尽管这一制度设计的初衷是希望各级环保部门在完成上级环保部门下达指令的同时，不致与同级人民政府的工作目标相冲突，但在实际操作中却逐渐演变成“块块为主”“条条虚置”的单一管理现状。这是由于地方各级环保部门无论财政拨款、人事安排均仰仗地方政府的支持，缺乏独立执法的能力和动机。在这样的背景下，许多偏远地区的市、县缺少基本的环境监测设备，有的部门即便掌握真实的环境数据，也迫于同级人民政府的压力不敢如实上报。为此，2017 年 1 月实施的《最高人民法院、最高人民检察院关于办理环境污染刑事案件适用法律若干问题的解释》明确从事环境监测设施维护、运营的人员实施或者参与实施篡改、伪造自动监测数据、干扰自动监测设施、破坏环境质量监测系统等行为的，应当从重处罚；2017 年 5 月 23 日中央全面深化改革领导小组第三十五次会议审议通过的《关于深化环境监测改革提高环境监测数据质量的意见》，更是明确提出要建立“谁出数谁负责、谁签字谁负责”的责任追溯制度。遗憾的是，尽管中央加大了违法惩治的力度，各地数据造假的情况依旧屡禁不止。

（三）将环境保护税融于垂直改革中的探讨

本轮垂改的核心目标，是实现省级以下环保部门的垂直管理。其中的关键之一，便是通过监测、监察权的上收，使得省级环保部门能对省内各级环保部门的执法情况以及当地的环境信息做到了然于胸，一管到底。而《环境保护税法》的施行，至少在资金来源、数据监测两大方面促成了这一目标的实现。

1. 资金来源

垂改后各级环保部门的重组和新设（包括执法队伍的扩充和环境监测设备的购进等）均须花费大量的资金，地方财政对此往往是捉襟见肘。2017 年 12 月 27 日，国务院发布了《关于环境保护税收入归属问题的通知》，称为促进各地保护和改善环境、增加环境保护投入，决定将环境保护税全部作为地方收入。这就在很大程度上缓解了地方政府的环保财政压力。须

知，此前征收的排污费实行中央与地方 1 ： 9 的分派模式。据财政部 2015 年的数据，当年非税收入中的排污费征收额约为 173 亿元，也就是说，只有不到 156 亿元的排污费通过中央的转移支付返还给地方。而据中央财经大学的估算，“费改税”后每年环保税的征收规模将达到 500 亿元，这对于财政拮据的地方政府来说的确是一个难得的喜讯。

2. 数据监测

垂改后，县级环保部门将被取缔，代之以准县级环保部门作为市（地）环保部门的派出机构。与此同时，准县级环保部门的人事任免、财政供给均由市（地）环保部门决定和提供。这就保证了市（地）环保部门得以通过准县级环保部门提供的、未经县级人民政府“处理”的一手数据了解到基层环境的真实质量状况。当然，这也对准县级环保部门的监测质量和监测水平提出了更高的要求。有趣的是，《环境保护税法》第 15 条第 2 款规定，“环境保护主管部门应当将排污单位的排污许可、污染物排放数据、环境违法和受行政处罚等环境保护相关信息，定期交送税务机关。”这一规定无疑为环保部门的监测执法行为添加了一套外部监督机制，进一步促使其更加精准、高效地完成对特定环境和污染对象的环境监测任务。

结　论

为了解决现行环保体制存在的四大难题，2015 年 10 月 29 日，中共中央会议决定，要实行省以下环保机构监测、监察执法垂直管理制度（即本书所指的环保机构垂直改革），且要争取在“十三五”时期内完成改革任务。垂改一旦实施，必定会对环保部门的履责产生影响，而环保部门履责的好坏、充分与否又直接相关到垂改实施的效果，甚至关系到垂改的最终成败。本书要解决的就是弄清垂改可能对环保部门履责机制产生的挑战，以及如何应对这些挑战，将垂改带来的负面影响降到最小，从而保障垂改制度的顺利实施以及环保部门职责的充分履行。

为达到这一写作目的，本书首先从垂改对环保部门职责履行机制带来的挑战分析开始，指出垂直改革将会对环保部门产生重大影响。垂改后环保部门将在法定职责、主管部门、职责重心、履责方式等方面发生重大改变，而这些改变将直接对现有环保部门职责履行机制产生新的挑战。在此基础上，本书就垂改可能对环保部门履责机制产生的影响重点从保障机制、监督机制、激励机制、风险防范机制四个方面进行了详细阐述，并从四个方面以及整体上尝试找出解决问题的办法。

在保障机制方面，本书认为，一旦要求环保部门严格履行工作职责，就必须给予其各方面的保障，而现实中，环保人、财、物投入的不足严重制约着地方环保部门履职的效果与质量。垂改后，地方各级环保部门无论

在物质保障方面还是执法手段保障方面都还存在很多的问题需要面对和解决，我们不仅需要从环境法律法规的完善和修订，以及垂改本身来找出口，更要从财税体制的源头来看待问题，将垂改与财税体制改革放在一起进行宏观考虑来解决现有的困境。

监督机制方面，本书分析得出现有监督机制存在监督主体众多但严格履责者少、监督方式多但监督程序启动难、社会监督机制发展缓慢等问题。垂改后，在某些方面可能会有所加强，但要面对的问题依然不少，甚至更严重，采用多元治理模式，发挥公众监督作用将是减轻垂改对原有监督机制产生冲击的最好解决方案。具体做法就是强化社会监督的基础作用、培养社会公众的社会监督意识，以及正确引导社会监督方向。

激励机制方面，本书系统地论述了环保部门职责履行激励机制法律适用的理论与现实基础，认为激励机制在环保部门内部是可以被采纳和施行的，具有正面的法律激励作用。在此基础上对其要素进行了归纳分析，认为激励机制可以从针对环保部门及其公务人员的实际需求进行对应激励、针对环保部门公务人员的全过程进行激励、针对环保部门公务人员进行过程强化激励等三个方面同时进行。同时总结了垂改在激励机制方面可能会带来的挑战，并就可能出现的挑战做出了分析应对。

风险防范机制方面，“风险”一词特指环保部门在正常履职中承担超出其职权、能力范围以外责任的可能。在环保工作实践中，“风险”一直伴随着职责存在。垂改后，职责风险来源可能会增多，风险也会向上级环保部门转移，风险的范围和控制难度也将进一步加大。为了减少或避免现实中法律对环保部门人员的“误伤”，风险防范机制的构建势在必行。环保部门履职风险防范机制的构建首先应该坚持以法律为依据，充分依靠人大力量，争取政府最大支持，并利用社会力量的广泛监督来参与其中。在此基础上，再发挥环保部门自身主观能动性，构建自身的尽职免责体系。笔者对环保部门自身尽职免责体系的构建也提出了具体设想。

环保部门职责履行整体方面。首先依法对环保部门在政府内部的主体地位进行界定，明确其权力范围，增强主体的权力自信。并主张建立和完善超越部门利益的立法启动和起草体制、完善党内法规与国家法律间的制度衔接、吸收激励理论等新成果用于环保创新立法来完善立法机制、增强环保部门环境法律责任规定的有效性和可操作性，并通过对职责履行之各组成机制的建立和完善来对环保部门职责履行机制整体进行完善与加强。

最后，有关环保部门职责履行跨越一章，为本人博士论文扩展部分。该章主要是与时俱进，将环保部门垂直改革与政府其他有关环保最新政策改革内容进行有效衔接，让环保部门能更充分、更有效地履行好自身职责。

参考文献

著作类：

[1] 张建伟 . 政府环境责任论 [M] . 北京：中国环境科学出版社，2008.
[2] 汪劲 . 环保法治三十年：我们成功了吗？中国环保法治蓝皮书（1979—2010）[M] . 北京：北京大学出版社，2011.
[3] 何艳梅 . 环境法的激励机制 [M] . 北京：中国法制出版社，2014.
[4] 王文革，等 . 环境经济政策和法律 [M] . 北京：中国法制出版社，2015.
[5] 查尔斯 · J. 福克斯，休 · T. 米勒 . 后现代公共行政：话语指向 [M] . 楚艳红，曹沁颖，吴巧林 . 译 . 北京：人民出版社，2013.
[6] 付子堂 . 法律功能论 [M] . 北京：中国政法大学出版社，1999.
[7] 张维迎 . 信息、信任与法律 [M] . 北京：生活 · 读书 · 新知三联书店，2003.
[8] 刘超 . 环境法的人性化与人性化的环境法 [M]. 武汉：武汉大学出版社，2010.
[9] 世界环境与发展委员会 . 国家环保局外事办公室译 . 我们共同的未来 [M] . 北京：世界知识出版社，1989.
[10] 林灿铃 . 国际环境法 [M] . 北京：人民出版社，2004.
[11] 杨宗科 . 法律机制论——法哲学与社会学研究 [M] . 西安：西北大

学出版社，2000.

[12] [美] 斯蒂芬·L.埃尔金，卡罗尔·爱德华·索乌坦.周叶谦，译.新宪政论——为美好的社会设计政治制度 [M].北京：生活·读书·新知三联书店，1997.

[13] [美] 亚伯拉罕·马斯洛.许金声，等译.动机与人格（第3版）[M].北京：中国人民大学出版社，2007.

[14]孙佑海.超越环境“风暴”——中国环境资源保护立法研究[M].北京：中国法制出版社，2008.

[15] 周敏凯.比较公务员制度 [M].上海：复旦大学出版社，2006.

[16] [美] 罗伯特·克赖特纳，安杰洛·基尼奇.顾琴轩，等译.组织行为学（第6版）[M].北京：中国人民大学出版社，2007.

[17] [美] J.M.布坎南，戈登.塔洛克.陈光金，译.同意的计算：立宪民主的逻辑基础 [M].北京：中国社会科学出版社，2000.

[18] 李挚萍.环境法的新发展：管制与民主之互动 [M].北京：人民法院出版社，2006.

[19] 胡静.环境法的正当性与制度选择 [M].北京：知识产权出版社，2009.

[20]刘年夫，李挚萍.正义与平衡——环境公益诉讼的深度探索[M].广州：中山大学出版社，2011.

[21] 叶俊荣.环境行政的正当法律程序 [M].台北：台湾大学法学图书编辑委员会，2001.

[22] 胡肖华.走向责任政府：行政责任问题研究 [M].北京：法律出版社，2006.

[23] 李艳芳.公众参与环境影响评价制度研究 [M].北京：中国人民大学出版社，2005.

[24] 吕忠梅.环境法的新视野 [M].北京：中国政法大学出版社，2000.

[25] 张雷.政府环境责任问题研究 [M].北京：知识产权出版社，2012.

[26] 张象枢，李克国 [M].环境经济学 [M].北京：中国环境科学出版社，

2003.
[27] [美] 查尔斯·哈珀. 肖晨阳，等译. 环境与社会——环境问题中的人文视野 [M]. 天津：天津人民出版社，1998.
[28] [美] 波斯纳. 道德和法律理论的提问 [M]. 北京：中国政法大学出版社，2002.
[29] [日] 原田尚彦. 环境法 [M]. 北京：法律出版社，1999.
[30] [日] 岸根卓郎. 环境论——人类最终的选择 [M]. 南京：南京大学出版社，1999.
[31] [德] 福尔迈. 进化认识论 [M]. 武汉：武汉大学出版社，1994.
[32] [法] 阿尔贝特·史怀泽. 敬畏生命 [M]. 上海：上海社会科学出版社，1995.
[33] [日] 岩佐茂. 环境的思想 [M]. 北京：中央编译出版社，1997.
[34] [美] 怀特海. 科学与近代世界 [M]. 北京：商务印书馆，1989.
[35] 吴卫星. 环境权研究——公法学视角 [M]. 北京：法律出版社，2007.
[36] 王曦. 美国环境法概论 [M]. 武汉：武汉大学出版社，1992.
[37] 叶俊荣. 环境政策与法律 [M]. 北京：中国政法大学出版社，2003.
[38] 韩德培. 环境保护法教程 [M]. 北京：法律出版社，2003.
[39] 韩志明. 行政责任的制度困境与制度创新 [M]. 北京：经济科学出版社，2008.
[40] 李军鹏. 公共服务型政府 [M]. 北京：北京大学出版社，2004.
[41] 吕忠梅. 沟通与协调之途：论公民环境权的民法保护 [M]. 北京：中国人民大学出版社，2005.
[42] 徐祥民. 环境权——环境法基础理论研究 [M]. 北京：北京大学出版社，2004.
[43] 蔡守秋. 调整论 [M]. 北京：高等教育出版社，2003.
[44] 蔡守秋. 环境政策法律问题研究 [M]. 武汉：武汉大学出版社，1997.

[45] 周训芳．环境权论［M］．北京：法律出版社，2003.
[46] 江山．法的自然精神导论［M］．北京：法律出版社，1997.
[47] 曹明德．生态法原理［M］．北京：人民出版社，2002.
[48] 汪劲．环境法律的理念与价值追求［M］．北京：法律出版社，2000.
[49] 罗桂环．中国环境保护史稿［M］．北京：中国环境科学出版社，1995.
[50] 郑少华．生态主义法哲学［M］．北京：法律出版社，2002．
[51] 徐嵩龄．环境伦理学进展——评论与阐释［M］．北京：社会科学文献出版社，1997.
[52] 林娅．环境哲学概论［M］．北京：中国政法大学出版社，2000.
[53] 王立．中国环境法的新视角［M］．北京：中国检察出版社，2003.
[54] 张文显．法哲学范畴研究［M］．北京：中国政法大学出版社，2001.
[55]［美］乔治・费雷德里克森．张成福，等译．公共行政的精神［M］．北京：中国人民大学出版社，2003．
[56]［德］乌尔里希・贝克著．吴英姿、孙淑敏，译．世界风险社会［M］．南京：南京大学出版社，2004．
[57]［德］乌尔里希・贝克．何博闻，译．风险社会［M］．北京：译林出版社，2004.
[58] 梁治平．寻求自然秩序中的和谐［M］．北京：中国政法大学出版社，2002.
[59] 刘湘溶．生态文明论［M］．长沙：湖南教育出版社，1999.
[60] 裴广川．环境伦理学［M］．北京：高等教育出版社，2002.
[61]［德］福尔迈．进化认识论［M］．武汉：武汉大学出版社，1994.
[62] 夏勇．人权概念起源［M］．北京：中国政法大学出版社，1992.
[63] 曲格平．中国环境问题及对策［M］．北京：中国环境科学出版社，1989.
[64]［意］彼德罗，彭梵得．黄风，译．罗马法教科书［M］．北京：中国政法大学出版社，2005.

[65]［意］桑德罗．斯奇巴尼．范怀俊，译．物与物权［M］．北京：中国政法大学出版社，1999.

[66] 江金权．论科学发展观的理论体系［M］．北京：人民出版社，2007

[67]江必新．法治社会的制度逻辑与理性建构[M]．北京：中国法制出版社，2014.

[68] 张文显．法理学［M］．北京：高等教育出版社，北京大学出版社，1999.

[69] 汪劲．环境法学（第三版）［M］．北京：北京大学出版社，2014.

[70] 李爱年．生态效益补偿法律制度研究［M］．北京：中国法制出版社，2008.

[71] 陈慈阳．环境法总论．［M］．北京：中国政法大学出版社，2003.

[72] 常纪文，杨朝霞．环境法的新发展．[M]．北京：中国社会科学出版社，2008.

[73] 姜明安．行政执法研究．［M］．北京：北京人学出版社，2004.

[74] 王灿发．新《环境保护法》实施情况评估报告［M］．北京：中国政法大学出版社，2016

[75] J. R. Lucas. Responsibility［M］. Oxford：Clarendon Press，1993.

[76] Piet Strydom. Risk，Environment and Society：ongoing debates，current issues，and future prospects［M］. Buckingham：Open University Press，2002.

[77] Duncan，Graeme. Democratic，Theory and Practice［M］. New York：Cambridge University Press，1983.

期刊类：

[1] 钱水苗，沈玮．论强化政府环境责任[J]．环境污染与防治，2008(3).

[2] 吴志红．行政公产视野下的政府环境法律责任初论［J］．河海大学学报（哲社版），2008（3）.

[3] 蔡守秋．论政府环境责任的缺陷与健全［J］．河北法学，2008（3）.

[4] 李挚萍 . 论政府环境法律责任——以政府对环境质量负责为基点 [J] . 中国地质大学学报（社会科学版），2008（02）.
[5] 胡静 . 地方政府环境责任冲突及其化解 [J] . 河北法学，2008（03）.
[6] 王曦 . 论美国《国家环境政策法》对完善我国环境法制的启示 [J] . 现代法学，2009（4）.
[7] 郑艺群 . 论后现代公共行政下的环境多元治理模式——以复杂性理论为视角 [J] . 海南大学学报，2015（2）.
[8] 王曦，唐瑭 . 环境治理模式的转变：新《环保法》的最大亮点 [J] . 经济界，2014（5）.
[9] 林美萍 . 环境善治：我国环境治理的目标 [J] . 重庆工商大学学报（社会科学版），2010（2）.
[10] 朱德米 . 从行政主导到合作管理：我国环境治理体系的转型 [J] . 上海管理科学，2008（2）.
[11] 肖建华，彭芬兰 . 试论生态环境治理中政府的角色定位 [J] . 中南林业科技大学学报（社会科学版），2007（2）.
[12] 秦昊扬 . 生态治理中的非政府组织功能分析 [J] . 理论月刊，2009（4）.
[13] 韩从容 . 新农村环境社区治理模式研究 [J] . 重庆大学学报（社会科学版），2009（6）.
[14] 张紧跟，唐玉亮 . 流域治理中的政府间环境协作机制研究——以小东江治理为例 [J] . 公共管理学报，2007（3）.
[15] 张雅京 . 城市行政生态环境建设需要共同治理 [J] . 行政论坛，2010（2）.
[16] 王树义，郑则文 . 论绿色发展理念下环境执法垂直管理体制的改革与构建 [J] . 环境保护，2015（23）.
[17] 周业安，冯兴元，赵坚毅 . 地方政府竞争与市场秩序的重构 [J] . 中国社会科学，2004，（1）.
[18] 张厚美 . 基层对环保机构体制改革有哪些顾虑？[J] . 资源与人居环境，2016（2）.
[19] 汪习根 . 论实现人大法律监督权的保障 [J] . 现代法学，2000（6）.

[20] 张建伟 . 完善政府环境责任问责机制的若干思考 [J] . 环境保护，2008（3）.

[21] 王曦，唐瑭 . 环境治理模式的转变：新《环保法》的最大亮点 [J] . 经济界，2014（5）.

[22] 李挚萍 . 节能减排指标的法律效力分析 [J] . 环境保护 .2007（12）.

[23] 何艳梅 . 我国现行环境执法激励机制考察 [J] . 上海政法学院学报，2014（6）.

[24] 戴维基，何强 . 环境监管体制困境的破解对策探讨 [J] . 环境科学与管理，2012，37（z1）.

[25] 王树义，郑则文 . 论绿色发展理念下环境执法垂直管理体制的改革与构建 [J] . 环境保护，2015（23）.

[26] 王曦 . 论规范和制约有关环境问题的政府决策之必要性 [J]. 法学评论，2013（3）.

[27] 岳跃国 . 尽职应当免责 [J] . 环境经济，2014（6）.

[28] 徐嫣，宋世明 . 协同治理理论在中国的具体适用研究 [J] . 天津社会科学，2016（2）.

[29] 常纪文，焦一多 . 还有多少执法难题亟待破解？[J] . 环境经济，2015（Z7）.

[30] 巩固 . 政府激励视角下的《环境保护法》修改 [J] . 法学，2013（1）.

[31] 吕忠梅 . 监管环境监管者：立法缺失及制度构建 [J] . 法商研究，2009（5）.

[32] 李修棋 . 为权利而斗争：环境群体性事件的多视角解读 [J] . 江西社会科学，2013（1）.

[33] 刘长兴 . 论环境法上的代际公平 [J]. 武汉理工大学学报（社会科学版），2006（1）.

[34] 蔡守秋 . 从环境权到国家环境保护义务和环境公益诉讼 [J]. 现代法学，2013（6）.

[35] 龚向和 . 国家义务是公民权利的根本保障 [J] . 法律科学，2010（4）.

[36] 陈海嵩.国家环境保护义务的溯源与展开[J].法学研究，2014(3).
[37] 肖艳.我国环境问题的解决与公众参与制度的建设[J].江西社会科学，2002(11).
[38] 谢艳红，姚俭健.生态文明与当代中国的可持续发展[J].社会科学，1998(11).
[39] 沈福俊.论对我国行政诉讼原告资格制度的认识及其发展[J].华东政法学院学报，2000(5).
[40] 张式军.环境公益诉讼浅析[J].甘肃政法学院学报，2004(5)
[41] 那力.论环境事务中的公众权利[J].法制与社会发展，2002(2).
[42] 邹清平.论危害环境罪[J].法学评论，1986(3).
[43] 王历生.环境犯罪及其立法的完善[J].当代法学，1991(3).
[44] 刘宪权.污染环境的刑事责任[J].环境保护，1993(10).
[45] 吕忠梅.自然环境理念与民法典制定[J].法学，2003(9).
[46] 陈泉生.论环境权民事权利的建立[J].法学杂志，1998(4).
[47] 保罗·萨缪尔森.公共支出的纯粹理论[J].当代经济研究，1999(8).
[48] 张华民.行政问责法治化的基本理念[J].当代行政.2010(4).
[49] 蔡守秋.环境公平与环境民主[J].河海大学学报·哲学社会科学版，2005(2).
[50] 巩固.政府激励视角下的《环境保护法》修改[J].法学，2013(1).
[51] 王灿发，傅学良.论我国《环境保护法》的修改[J].中国地质大学学报(社会科学版)，2011(3).
[52] Lam S.S.K，Hui C. H .&，Law K.S.Organizational citizenship behavior; comparing perspectives of supervisors and subordinates across four international samples[J]，Journal of Applied Psychology，1999.
[53] James R. Rasband，The Public Trust Doctrine：a Tragedy of the Common Law[J]，77 Texas Law Review. 1999.

附录一：《关于省以下环保机构监测监察执法垂直管理制度改革试点工作的指导意见》

关于省以下环保机构监测监察执法垂直管理制度改革试点工作的指导意见

中央全面深化改革领导小组

新华社北京9月22日电。近日，中共中央办公厅、国务院办公厅印发了《关于省以下环保机构监测监察执法垂直管理制度改革试点工作的指导意见》，并发出通知，要求各地区各部门结合实际认真贯彻落实。

《关于省以下环保机构监测监察执法垂直管理制度改革试点工作的指导意见》全文如下。

为加快解决现行以块为主的地方环保管理体制存在的突出问题，现就省以下环保机构监测监察执法垂直管理制度改革试点工作提出如下意见。

一、总体要求

（一）指导思想

全面贯彻党的十八大和十八届三中、四中、五中全会精神，深入学习贯彻习近平总书记系列重要讲话精神，紧紧围绕统筹推进“五位一体”总体布局和协调推进“四个全面”战略布局，牢固树立新发展理念，认真落实党中央、国务院决策部署，改革环境治理基础制度，建立健全条块结合、各司其职、权责明确、保障有力、权威高效的地方环境保护管理体制，切实落实对地方政府及其相关部门的监督责任，增强环境监测监察执法的独立性、统一性、权威性和有效性，适应统筹解决跨区域、跨流域环境问题的新要求，规范和加强地方环保机构队伍建设，为建设天蓝、地绿、水净的美丽中国提供坚强体制保障。

（二）基本原则

——坚持问题导向。改革试点要有利于推动解决地方环境保护管理体制存在的突出问题，有利于环境保护责任目标任务的明确、分解及落实，有利于调动地方党委和政府及其相关部门的积极性，有利于新老环境保护管理体制平稳过渡。

——强化履职尽责。地方党委和政府对本地区生态环境负总责。建立健全职责明晰、分工合理的环境保护责任体系，加强监督检查，推动落实环境保护党政同责、一岗双责。对失职失责的，严肃追究责任。

——确保顺畅高效。改革完善体制机制，强化省级环保部门对市县两级环境监测监察的管理，协调处理好环保部门统一监督管理与属地主体责任、相关部门分工负责的关系，提升生态环境治理能力。

——搞好统筹协调。做好顶层设计，要与生态文明体制改革各项任务相协调，与生态环境保护制度完善相联动，与事业单位分类改革、行政审批制度改革、综合行政执法改革相衔接，提升改革综合效能。

二、强化地方党委和政府及其相关部门的环境保护责任

（一）落实地方党委和政府对生态环境负总责的要求

试点省份要进一步强化地方各级党委和政府环境保护主体责任、党委和政府主要领导成员主要责任，完善领导干部目标责任考核制度，把生态

环境质量状况作为党政领导班子考核评价的重要内容。建立和实行领导干部违法违规干预环境监测执法活动、插手具体环境保护案件查处的责任追究制度，支持环保部门依法依规履职尽责。

（二）强化地方环保部门职责

省级环保部门对全省（自治区、直辖市）环境保护工作实施统一监督管理，在全省（自治区、直辖市）范围内统一规划建设环境监测网络，对省级环境保护许可事项等进行执法，对市县两级环境执法机构给予指导，对跨市相关纠纷及重大案件进行调查处理。市级环保部门对全市区域范围内环境保护工作实施统一监督管理，负责属地环境执法，强化综合统筹协调。县级环保部门强化现场环境执法，现有环境保护许可等职能上交市级环保部门，在市级环保部门授权范围内承担部分环境保护许可具体工作。

（三）明确相关部门环境保护责任

试点省份要制定负有生态环境监管职责相关部门的环境保护责任清单，明确各相关部门在工业污染防治、农业污染防治、城乡污水垃圾处理、国土资源开发环境保护、机动车船污染防治、自然生态保护等方面的环境保护责任，按职责开展监督管理。管发展必须管环保，管生产必须管环保，形成齐抓共管的工作格局，实现发展与环境保护的内在统一、相互促进。地方各级党委和政府将相关部门环境保护履职尽责情况纳入年度部门绩效考核。

三、调整地方环境保护管理体制

（一）调整市县环保机构管理体制

市级环保局实行以省级环保厅（局）为主的双重管理，仍为市级政府工作部门。省级环保厅（局）党组负责提名市级环保局局长、副局长，会同市级党委组织部门进行考察，征求市级党委意见后，提交市级党委和政府按有关规定程序办理，其中局长提交市级人大任免；市级环保局党组书记、副书记、成员，征求市级党委意见后，由省级环保厅(局)党组审批任免。直辖市所属区县及省直辖县（市、区）环保局参照市级环保局实施改革。计划单列市、副省级城市环保局实行以省级环保厅（局）为主的双重管理；涉及厅级干部任免的，按照相应干部管理权限进行管理。

县级环保局调整为市级环保局的派出分局，由市级环保局直接管理，领导班子成员由市级环保局任免。开发区（高新区）等的环境保护管理体制改革方案由试点省份确定。

地方环境保护管理体制调整后，要注意统筹环保干部的交流使用。

（二）加强环境监察工作

试点省份将市县两级环保部门的环境监察职能上收，由省级环保部门统一行使，通过向市或跨市县区域派驻等形式实施环境监察。经省级政府授权，省级环保部门对本行政区域内各市县两级政府及相关部门环境保护法律法规、标准、政策、规划执行情况，一岗双责落实情况，以及环境质量责任落实情况进行监督检查，及时向省级党委和政府报告。

（三）调整环境监测管理体制

本省（自治区、直辖市）及所辖各市县生态环境质量监测、调查评价和考核工作由省级环保部门统一负责，实行生态环境质量省级监测、考核。现有市级环境监测机构调整为省级环保部门驻市环境监测机构，由省级环保部门直接管理，人员和工作经费由省级承担；领导班子成员由省级环保厅（局）任免；主要负责人任市级环保局党组成员，事先应征求市级环保局意见。省级和驻市环境监测机构主要负责生态环境质量监测工作。直辖市所属区县环境监测机构改革方案由直辖市环保局结合实际确定。

现有县级环境监测机构主要职能调整为执法监测，随县级环保局一并上收到市级，由市级承担人员和工作经费，具体工作接受县级环保分局领导，支持配合属地环境执法，形成环境监测与环境执法有效联动，快速响应，同时按要求做好生态环境质量监测相关工作。

（四）加强市县环境执法工作

环境执法重心向市县下移，加强基层执法队伍建设，强化属地环境执法。市级环保局统一管理、统一指挥本行政区域内县级环境执法力量，由市级承担人员和工作经费。依法赋予环境执法机构实施现场检查、行政处罚、行政强制的条件和手段。将环境执法机构列入政府行政执法部门序列，配备调查取证、移动执法等装备，统一环境执法人员着装，保障一线环境执法用车。

四、规范和加强地方环保机构和队伍建设

（一）加强环保机构规范化建设

试点省份要在不突破地方现有机构限额和编制总额的前提下，统筹解决好体制改革涉及的环保机构编制和人员身份问题，保障环保部门履职需要。目前仍为事业机构、使用事业编制的市县两级环保局，要结合体制改革和事业单位分类改革，逐步转为行政机构，使用行政编制。

强化环境监察职能，建立健全环境监察体系，加强对环境监察工作的组织领导。要配强省级环保厅（局）专职负责环境监察的领导，结合工作需要，加强环境监察内设机构建设，探索建立环境监察专员制度。

规范和加强环境监测机构建设，强化环保部门对社会监测机构和运营维护机构的管理。试点省份结合事业单位分类改革和综合行政执法改革，规范设置环境执法机构。健全执法责任制，严格规范和约束环境监管执法行为。市县两级环保机构精简的人员编制要重点充实一线环境执法力量。

乡镇（街道）要落实环境保护职责，明确承担环境保护责任的机构和人员，确保责有人负、事有人干；有关地方要建立健全农村环境治理体制机制，提高农村环境保护公共服务水平。

（二）加强环保能力建设

尽快出台环保监测监察执法等方面的规范性文件，全面推进环保监测监察执法能力标准化建设，加强人员培训，提高队伍专业化水平。加强县级环境监测机构的能力建设，妥善解决监测机构改革中监测资质问题。实行行政执法人员持证上岗和资格管理制度。继续强化核与辐射安全监测执法能力建设。

（三）加强党组织建设

认真落实党建工作责任制，把全面从严治党落到实处。应按照规定，在符合条件的市级环保局设立党组，接受批准其设立的市级党委领导，并向省级环保厅（局）党组请示报告党的工作。市级环保局党组报市级党委组织部门审批后，可在县级环保分局设立分党组。按照属地管理原则，建立健全党的基层组织，市县两级环保部门基层党组织接受所在地方党的机关工作委员会领导和本级环保局（分局）党组指导。省以下环保部门纪检机构的设置，由省级环保厅（局）商省级纪检机关同意后，按程序报批确定。

五、建立健全高效协调的运行机制

（一）加强跨区域、跨流域环境管理

试点省份要积极探索按流域设置环境监管和行政执法机构、跨地区环保机构，有序整合不同领域、不同部门、不同层次的监管力量。省级环保厅（局）可选择综合能力较强的驻市环境监测机构，承担跨区域、跨流域生态环境质量监测职能。

试点省份环保厅（局）牵头建立健全区域协作机制，推行跨区域、跨流域环境污染联防联控，加强联合监测、联合执法、交叉执法。

鼓励市级党委和政府在全市域范围内按照生态环境系统完整性实施统筹管理，统一规划、统一标准、统一环评、统一监测、统一执法，整合设

置跨市辖区的环境执法和环境监测机构。

（二）建立健全环境保护议事协调机制

试点省份县级以上地方政府要建立健全环境保护议事协调机制，研究解决本地区环境保护重大问题，强化综合决策，形成工作合力。日常工作由同级环保部门承担。

（三）强化环保部门与相关部门协作

地方各级环保部门应为属地党委和政府履行环境保护责任提供支持，为突发环境事件应急处置提供监测支持。市级环保部门要协助做好县级生态环境保护工作的统筹谋划和科学决策。省级环保部门驻市环境监测机构要主动加强与属地环保部门的协调联动，参加其相关会议，为市县环境管理和执法提供支持。目前未设置环境监测机构的县，其环境监测任务由市级环保部门整合现有县级环境监测机构承担，或由驻市环境监测机构协助承担。加强地方各级环保部门与有关部门和单位的联动执法、应急响应，协同推进环境保护工作。

（四）实施环境监测执法信息共享

试点省份环保厅（局）要建立健全生态环境监测与环境执法信息共享机制，牵头建立、运行生态环境监测信息传输网络与大数据平台，实现与市级政府及其环保部门、县级政府及县级环保分局互联互通、实时共享、成果共用。环保部门应将环境监测监察执法等情况及时通报属地党委和政府及其相关部门。

六、落实改革相关政策措施

（一）稳妥开展人员划转

试点省份依据有关规定，结合机构隶属关系调整，相应划转编制和人员，对本行政区域内环保部门的机构和编制进行优化配置，合理调整，实现人事相符。试点省份根据地方实际，研究确定人员划转的数量、条件、程序，公开公平公正开展划转工作。地方各级政府要研究出台政策措施，解决人员划转、转岗、安置等问题，确保环保队伍稳定。改革后，县级环保部门继续按国家规定执行公务员职务与职级并行制度。

（二）妥善处理资产债务

依据有关规定开展资产清查，做好账务清理和清产核资，确保账实相符，严防国有资产流失。对清查中发现的国有资产损益，按照有关规定，经同级财政部门核实并报经同级政府同意后处理。按照资产随机构走原则，根据国有资产管理相关制度规定的程序和要求，做好资产划转和交接。按照债权债务随资产（机构）走原则，明确债权债务责任人，做好债权债务划转和交接。地方政府承诺需要通过后续年度财政资金或其他资金安排解决债务问题，待其处理稳妥后再行划转。

（三）调整经费保障渠道

试点期间，环保部门开展正常工作所需的基本支出和相应的工作经费原则上由原渠道解决，核定划转基数后随机构调整划转。地方财政要充分考虑人员转岗安置经费，做好改革经费保障工作。要按照事权和支出责任相匹配的原则，将环保部门纳入相应级次的财政预算体系给予保障。人员待遇按属地化原则处理。环保部门经费保障标准由各地依法在现有制度框架内结合实际确定。

七、加强组织实施

（一）加强组织领导

试点各级党委和政府对环保垂直管理制度改革试点工作负总责，成立相关工作领导小组。试点省份党委要把握改革方向，研究解决改革中的重大问题。试点省份政府要制订改革实施方案，明确责任，积极稳妥实施改

革试点。试点省份环保、机构编制、组织、发展改革、财政、人力资源社会保障、法制等部门要密切配合，协力推动。市县两级党委和政府要切实解决改革过程中出现的问题，确保改革工作顺利开展、环保工作有序推进。

环境保护部、中央编办要加强对试点工作的分类指导和跟踪分析，做好典型引导和交流培训，加强统筹协调和督促检查，研究出台有关政策措施，重大事项要及时向党中央、国务院请示报告。涉及需要修改法律法规的，按法定程序办理。

（二）严明工作纪律

试点期间，严肃政治纪律、组织纪律、财经纪律等各项纪律，扎实做好宣传舆论引导，认真做好干部职工思想稳定工作。

（三）有序推进改革

鼓励各省（自治区、直辖市）申请开展试点工作，并积极做好前期准备。环境保护部、中央编办根据不同区域经济社会发展特点和环境问题类型，结合地方改革基础，对申请试点的省份改革实施方案进行研究，统筹确定试点省份。试点省份改革实施方案须经环境保护部、中央编办备案同意后方可组织实施。

试点省份要按照本指导意见要求和改革实施方案，因地制宜创新方式方法，细化举措，落实政策，先行先试，力争在 2017 年 6 月底前完成试点工作，形成自评估报告。环境保护部、中央编办对试点工作进行总结评估，提出配套政策和工作安排建议，报党中央、国务院批准后全面推开改革工作。

未纳入试点的省份要积极做好调查摸底、政策研究等前期工作，组织制订改革实施方案，经环境保护部、中央编办备案同意后组织实施、有序开展，力争在 2018 年 6 月底前完成省以下环境保护管理体制调整工作。在此基础上，各省（自治区、直辖市）要进一步完善配套措施，健全机制，确保“十三五”时期全面完成环保机构监测监察执法垂直管理制度改革任务，到 2020 年全国省以下环保部门按照新制度高效运行。

附录二：《全国环境监察标准化建设标准》和《环境监察标准化建设达标验收管理办法》

《全国环境监察标准化建设标准》

第一部分：队伍建设

<table>
<tr><th rowspan="2">类别</th><th rowspan="2">序号</th><th rowspan="2">指标
内容</th><th colspan="3">建设标准</th><th rowspan="2">备注</th></tr>
<tr><th>一级</th><th>二级</th><th>三级</th></tr>
<tr><td rowspan="8">机构
与
人员</td><td>1</td><td>机构</td><td colspan="3">经当地编制主管部门发文批准的独立机构；机构名称符合原国家环保总局（环发〔2002〕100号）文件规定或为环境监察（分）局；组织健全，正式运行</td><td></td></tr>
<tr><td>2</td><td>人员规模</td><td colspan="3">综合考虑辖区面积、经济社会发展水平、污染源数量分布及检查频次要求等因素，原则上东、中、西部地区省级分别不少于50人、40人、30人，直辖市本级不少于60人，东、中、西部100万人口以上城市本级分别不少于50人、45人、40人，东、中、西部50～100万人口中等地市本级不少于40人、35人、30人，其余不少于20人</td><td></td></tr>
<tr><td>3</td><td>人员管理</td><td colspan="3">人员全部纳入公务员管理或参照公务员管理。</td><td></td></tr>
<tr><td>4</td><td>人员学历
（大专以上）</td><td>95%</td><td>90%</td><td>85%</td><td></td></tr>
<tr><td>5</td><td>环保相关
专业人员</td><td>35%</td><td>30%</td><td>25%</td><td></td></tr>
<tr><td>6</td><td>执法人员
培训率</td><td>100%</td><td>95%</td><td>90%</td><td></td></tr>
<tr><td>7</td><td>执法人员
持证上岗率</td><td>100%</td><td>95%</td><td>90%</td><td>指持“中国环境监察执法证”</td></tr>
<tr><td>8</td><td>职能到位</td><td colspan="3">基本职能按环境保护部规定的职能能够到位。</td><td></td></tr>
</table>

续表

类别	序号	指标内容	建设标准			备注
			一级	二级	三级	
基础工作	9	执行环境监察工作制度	制度健全、遵守和实施			
	10	执行环境监察工作程序	程序完整合理，操作简单实用，执行规范有序			
	11	执行环境监察政务信息报送制度	按有关文件要求报送			
	12	政务公开制度	按5项公开要求公开			
	13	档案管理工作	填写工整规范，资料齐全完整			
经费保障	14	基本支出	全部纳入财政预算安排			包括人员工资、日常公用经费等
	15	执法经费	全部纳入财政预算安排			含执法工作经费和执法装备运行维护费用

第二部分：装备建设

类别	序号	指标内容	建设标准			标配 / 选配
			一级	二级	三级	
交通工具	1	执法车辆	1辆/2人（省级至少3辆越野车）	1辆/3人	1辆/4人	标配
	2	车载GPS卫星定位仪	每车1台			
	3	多通道卫星通信执法指挥车	满足工作需要			选配
	4	车载通信设备	满足工作需要			
	5	车载办公设备	满足工作需要			
	6	车载样品保存设备	满足工作需要			
	7	车载电台	满足工作需要			
	8	环境监察执法船	满足工作需要			
	9	无人驾驶航拍飞机	满足工作需要			
取证设备	10	摄像机	1部/2人	1部/3人	1部/4人	标配
	11	照相机	1部/2人	1部/3人	1部/4人	
	12	录音设备	1部/2人	1部/3人	1部/4人	

续表

类别	序号	指标内容	建设标准			标配 / 选配
			一级	二级	三级	
取证设备	13	影像设备（电视机和DVD机等）	3套	2套	2套	标配
	14	手持GPS定位仪	3部	2部	1部	
	15	测距仪	3部	2部	1部	
	16	流量计	3部	2部	1部	
	17	酸度计	4部	3部	2部	
	18	声级计	1部/3人	1部/5人	1部/8人	
	19	采样设备	5套	4套	3套	
	20	勤务随录机	5台	4台	3台	
	21	烟气污染物快速测定仪	满足工作需要			选配
	22	个人防护设备	满足工作需要			
	23	暗管探测仪	满足工作需要			
	24	水质快速测定仪	满足工作需要			
	25	烟气黑度仪	满足工作需要			
	26	粉尘快速测定仪	满足工作需要			
	27	冰心钻	满足工作需要			
	28	溶解氧仪	满足工作需要			
	29	放射性个人剂量报警仪	满足工作需要			
	30	管道探测仪	满足工作需要			
通信工具	31	固定电话	1部/2人	1部/3人	1部/4人	标配
	32	传真机	每间办公室1台			
办公设备	33	台式计算机	1台/人			
	34	打印机	10台	8台	5台	
办公设备	35	便携式打印机	5台	3台	2台	标配
	36	笔记本电脑	1台/2人	1台/3人	1台/5人	
	37	复印机	1台			
信息化设备	38	排污收费管理系统	1套			标配
	39	环境执法管理及移动执法系统	系统1套 移动执法工具箱：每车1套和/或手持PDA：1台/人			
	40	污染源在线监控中心	1个			
	41	12369环保举报热线	1套			
	42	卫星遥感图片	满足工作需要			选配

第三部分：业务用房

序号	指标内容	建设标准			备注
		一级	二级	三级	

续表

<table>
<tr><td>1</td><td>办公用房</td><td>人均不少于 12m²</td><td>人均不少于 10m²</td><td>人均不少于 8m²</td><td rowspan="8">均为使用面积</td></tr>
<tr><td>2</td><td>执法接待室</td><td>不低于 70m²</td><td>不低于 60m²</td><td>不低于 50m²</td></tr>
<tr><td>3</td><td>取证设备间</td><td colspan="3">不低于 50m²，内设小型操作间</td></tr>
<tr><td>4</td><td>样品室</td><td colspan="3">不低于 30m²</td></tr>
<tr><td>5</td><td>档案室</td><td colspan="3">不低于 80m²</td></tr>
<tr><td>6</td><td>排污申报受理厅</td><td colspan="3">不低于 80m²，包括受理区和申报区</td></tr>
<tr><td>7</td><td>12369 环保热线投诉受理夜间值班室</td><td colspan="3">2 间，20m²/ 间</td></tr>
<tr><td>8</td><td>车位面积</td><td colspan="3">30m²/ 辆</td></tr>
<tr><td>9</td><td>污染源监控中心用房</td><td colspan="4">按照《污染源监控中心建设规划》（环函〔2007〕241 号）规定执行</td></tr>
</table>

备注：

1. 硬件装备包括标配和选配。标配属于必配的装备，除信息化设备外其他均为最低建设指标；各地可根据本地实际将部分选配列入标配，也可增加选配内容。

2. 该标准中按照人员数量配备的项目，其人员基数指的是执法人员数量（不含正式编制的后勤和工勤人员）。例如，执法车辆 1 辆 /2 人，即为每 2 名执法人员配备 1 辆执法车。

3. 第一部分 5 项“环保相关专业”主要包括环境工程、环境科学、生态学、化学、应用化学、生物科学、资源环境与城乡规划管理、大气科学、给水排水工程、水文与水资源工程、化学工程与工艺生物工程、农业建筑环境与能源工程、森林资源保护与游憩、野生动物与自然保护管理、水土保持与荒漠化防治、农业资源与环境、土地资源管理以及其他环境保护部认可的环境保护相关专业。

4. 第二部分 2 项“车载 GPS 卫星定位仪”应具有导航和轨迹定位功能。

5. 第二部分 19 项“采样设备”包括: 符合环境监测规范的水质采样设备、大气采样设备和土壤采样设备等。

6. 第二部分 20 项“勤务随录机”为具有录像、拍照和 / 或录音等功能的取证设备。

7. 第二部分 22 项“个人防护设备”: 分为重型防护设备和轻型防护设备。

重型个人防护设备应包括重型防护服、防毒面具、空气呼吸器、救生衣、防酸长筒靴、耐酸手套和放射性个人剂量报警仪；轻型个人防护设备，应包括轻型防护服、防毒面具、救生衣、防酸长筒靴、耐酸手套。

8. 第二部分 39 项“环境执法管理及移动执法系统”包括：“移动执法终端”支持平台、服务器、网络设备、存储设备、操作系统软件、数据库软件、地理信息系统软件、遥感软件等。“移动执法系统”具有照相、摄像、录音、视频通话、GPS 定位与导航、法律法规查询、企业基本情况查询等功能，可实现与污染源在线监控中心平台音频、视频同步双向传输，并具有现场执法和任务管理等功能。“移动执法系统”配套终端主要包括移动执法工具箱（内有上网本、3G 上网卡、便携式打印机、数码摄像机、扫描棒、录音笔等）和 / 或手持 PDA。“移动执法系统”地市级以上为标配，县区级为选配，并可自行选择配备移动执法工具箱或手持 PDA，也可两者都配备。

9. 第二部分 40 项“污染源在线监控中心”包括：服务器、用于监控指挥的大屏幕、实时监控报警接收设备和联网通信设备等硬件，以及基于电子地图、实现对污染源现场排放情况在线、实时、自动的监控和报警，并可以对有关数据进行汇总、分析及应用的软件。

10. 第二部分 41 项“12369 环保举报热线”若已在应急或其他机构配备的不再配备。

《环境监察标准化建设达标验收管理办法》

第一条　为适应新形势下环境执法能力建设的需要，加快建设完备的环境执法监督体系，加强和规范环境监察标准化建设达标验收管理工作，制定本办法。

第二条　本办法适用于各级环境监察机构的标准化建设考核验收管理。

第三条　《全国环境监察标准化建设标准》为环境监察标准化建设的基本依据。各省、自治区、直辖市环境保护厅（局）可根据实际制定高于国家标准的地方性标准。

第四条　《环境监察标准化建设达标验收计分细则》为环境监察标准化建设达标考核验收的依据。达标验收考核内容包括队伍建设、装备建设和业务用房三部分，按照分项考核计分原则，总分达到 270 分，分项不低于 85 分，方可认定为环境监察标准化建设达标单位。

第五条　环境监察标准化建设达标验收实行国家、省两级验收管理。

省级、副省级城市环境监察机构应达一级标准，东、中部地区的地市级及县级市环境监察机构至少达二级标准，西部地区地市级和其他县区级环境监察机构至少达三级标准。

环境保护部负责组织省级和副省级城市环境监察机构标准化建设的达标验收和全国一级达标单位的审定。各省、自治区、直辖市环境保护厅（局）负责组织辖区内环境监察机构标准化建设二级、三级达标验收工作。

第六条　申请验收的环境监察机构由同级环境保护部门向上级环境保护部门提交申请报告，包括工作措施、标准化建设取得的成效和经验、存在问题及下一步工作计划等内容的工作报告以及包括预评分表、机构设置和人员编制、经费保障与业务用房情况说明、装备配置统计、基础工作执行情况等内容的技术报告。

第七条　负责验收的环境保护厅（局）成立环境监察标准化建设委员会，成员由负责验收的环境保护厅（局）负责人和内设的人事和规财等部门、环境监察机构人员组成，验收时可邀请所在地政府、编办、财政等部门人员参加。验收委员会应进行逐项考核、记分，现场检查，并形成标准化验收意见。

第八条　各省、自治区、直辖市环境保护厅（局）负责验收的一级达标单位名单及验收材料应于验收完成后的次年 1 月份报环境保护部审定。

第九条　经验收和审定的单位由组织验收的单位颁发国家统一样式和规格的标牌。一级达标单位，颁发环境保护部监制的标牌；二级和三级达标单位，颁发各省、自治区、直辖市环境保护厅（局）监制的标牌。

第十条　环境保护部与省、自治区、直辖市环境保护厅（局）负责标准化建设工作的监督检查。达标单位每两年复检一次。省、自治区、直辖市环境保护厅（局）应于复检完成后的次年 1 月份将复检情况上报环境保护部，并予以通报。

已经按原环境监察标准化建设标准通过达标验收的单位，应在两年内达到新标准，并由所在省、自治区、直辖市环境保护厅（局）负责复检。

第十一条　各级环境监察机构及其工作人员有下列行为之一的，由环境保护部或省级环境保护厅（局）进行通报批评，情节严重的或者一年检查发现两次或两例违反标准化建设要求的，取消达标单位称号，并收回达标标牌。

（一）执法装备被经常性调用的；

（二）执法装备或仪器设备管理混乱的；

（三）基础工作不能达到标准化建设要求的；

（四）环境监察人员违反环境监察“六不准”的或者违反“环保系统六项禁令”的；

（五）违反标准化建设其他有关规定，屡次指出不改正的。

第十二条　对于弄虚作假、蒙蔽标准化验收工作的，一经查实，由环境保护部或省级环境保护厅（局）取消达标单位称号，收回达标标牌，并通报批评。

第十三条　标准化建设工作力度大、进展快、效果好的地区，由各省、自治区、直辖市环境保护厅（局）初审推荐，环境保护部通报嘉奖，并在安排环境保护专项资金时给予优先考虑。

第十四条　本办法由环境保护部负责解释。

第十五条　本办法自发布之日起执行。

后 记

还记得十年前刚进入环境法这一新兴的学科领域，由于自己本科是理学专业，思想一下子很难进入法学的思维逻辑，感谢中国政法大学民商经济法学院的老师们，特别是环境法研究所的所有老师和同学，通过他们专业和耐心的教育辅导，对环境法我总算是有所感知和了解了，而且也开始逐渐喜欢它，当然期间也走了不少弯路，几经努力，终于获得了在中山大学李挚萍教授门下求学深造的机会。弹指一挥，到中山大学读博的日子已三年有余。回首这三年多的风风雨雨，虽有熬夜苦读、修改论文的辛苦，但更多的是收获学术成果的喜悦。

在伏案冥思博士论文时常常会神游到致谢的环节，那个瞬间总觉得心潮澎湃，有很多壮丽豪迈的语言需要表达，但真的走到这一刻，反而心情异常的平静，也找不到以往曾想过千遍万遍的华丽辞藻来表达自己的感情，脑海中有的只是一些熟悉的面孔和名字。在此，借本书一角提供给自己的表达机会，向所有关心爱护我的人表达我最深的感谢。

生活中，我要感谢我的父母和妻子。没有父母、妻子在生活中的无私付出，在身后默默地支持，就不可能有今天的博士学位，至少不会这么顺利地取得今天的成绩。

在学术成长上，我首先要感谢我的导师李挚萍教授，老师对政府在环境保护中的角色及制度构建进行了深入探索，并取得了大量具有开创性的成果，这给了我开阔的视野与一往无前的学术勇气。为此，本人的博士论文的内容也是有关政府（环保部门）与环境保护。李老师学识渊博让人钦佩，严谨的治学态度也让人肃然起敬，我已经记不清自己从博士论文开题到论文完成定稿李老师到底给我修改了多少次，但我保存的李老师手批的修改稿就不下十件，还不算通过电子邮件方面的指导。从开题时的反复修改，到博士论文完成再彻底推倒重来，李老师对学术要求可见一斑，太累时甚至会有些埋怨，但一路走来，发现学术就是应该严谨，只有这样才能学到做学问的真本领。如果不是因为工作原因，真的很想再跟在您身边多学几年！

感谢您，李老师！我人生的转折点！！谢谢！！！

感谢中山大学法学院的程信和教授、王红一教授、杨小强教授、刘恒教授、张明安教授、于海涌教授、谢晓尧教授、王欢欢副教授、毛炜副教授在我学习、博士论文开题、答辩过程中所提出的充满智慧的指导意见和建议，使我受益匪浅。

此外，本书稿的完成还要感谢广西大学法学院的领导和老师们，特别是蒋超院长，没有他的鼓励和鞭策，我不会这么快地战胜自己的懒惰，将博士论文成书出版。本书的出版还有赖于广西大学法学院学生们的帮助，他们是杨雷、任珊、杨盛丰、刘漪韵、姚一鸣、张业洁、陈子涵、官韧慧等，在此一并感谢。

另将一份特别的祝福送给我的女儿熊钰洁，爸爸在读书期间没能更好地照顾你，希望这不是遗憾，而更多是一种锻炼和经历，你要像爸爸一样好好学习哦！祝你在以后的日子里永远都快乐，无忧无虑！

于广西大学法学院育林楼 305
2018 年 12 月 26 日